"十三五"职业教育国家规划教材

O2O 高等院校O2O新形态立体化系列规划教材

Photoshop CC

图像处理

立体化教程 | 微课版

刘信杰 张学金 ◎ 主编

李艳 张艳萍 金永亮 ◎ 副主编

人民邮电出版社

北京

图书在版编目（CIP）数据

Photoshop CC图像处理立体化教程 : 微课版 / 刘信杰, 张学金主编. -- 北京 : 人民邮电出版社, 2019.11(2023.2重印)
高等院校020新形态立体化系列规划教材
ISBN 978-7-115-52741-7

Ⅰ. ①P… Ⅱ. ①刘… ②张… Ⅲ. ①图象处理软件－高等学校－教材 Ⅳ. ①TP391.413

中国版本图书馆CIP数据核字(2019)第276144号

内 容 提 要

Photoshop 是目前主流的图像处理软件，通常用于平面、网页等领域的设计与制作。本书将以 Photoshop CC 版本为蓝本，介绍 Photoshop 软件各个功能和工具的使用方法。

本书由浅入深、循序渐进，首先采用情景导入案例讲解图像处理知识，然后通过“项目实训”和“课后练习”加强对学习内容的掌握，最后通过“技巧提升”来提升学生的综合应用能力。全书通过大量的案例和练习，着重培养学生实际应用能力，并将职业场景引入课堂教学，让学生提前进入工作的角色中。

本书可作为高等院校 Photoshop 相关课程的教材，也可作为各类社会培训学校相关专业的教材，还可供 Photoshop 初学者自学使用。

◆ 主　　编　刘信杰　张学金
副 主 编　李　艳　张艳萍　金永亮
责任编辑　马小霞
责任印制　王　郁　马振武

◆ 人民邮电出版社出版发行　　北京市丰台区成寿寺路 11 号
邮编　100164　　电子邮件　315@ptpress.com.cn
网址　https://www.ptpress.com.cn
固安县铭成印刷有限公司印刷

◆ 开本：787×1092　1/16
印张：15　　　　2019 年 11 月第 1 版
字数：373 千字　　　　2023 年 2 月河北第 9 次印刷

定价：49.80 元

读者服务热线：(010)81055256　印装质量热线：(010)81055316
反盗版热线：(010)81055315
广告经营许可证：京东市监广登字20170147号

前　言

PREFACE

根据现代教学的需要，我们组织了一批优秀的、具有丰富教学经验和实践经验的作者团队编写了本套“高等院校O2O新形态立体化系列规划教材”。

教材进入学校已有3年多的时间，在这段时间里，我们很庆幸这套图书能够帮助老师授课，得到广大老师的认可；同时我们更加庆幸，很多老师给我们提出了宝贵的建议。为了让本套书更好地服务于广大老师和同学，我们根据一线老师的建议，开始着手教材的改版工作。改版后的丛书拥有“案例更多”“行业知识更全”“练习更多”等优点。在教学方法、教学内容和教学资源3个方面体现出自己的特色，更能满足现代教学需求。

教学方法

本书采用“情景导入→课堂案例→项目实训→课后练习→技巧提升”5段教学法，将职业场景、软件知识、行业知识进行有机整合，各个环节环环相扣，浑然一体。

- **情景导入**：本书以日常办公中的场景展开，以主人公的实习情景模式为例引入本章教学主题，并贯穿于课堂案例的讲解中，让学生了解相关知识点在实际工作中的应用情况。教材中设置的主人公如下。

  米拉：职场新进人员，昵称小米。

  洪钧威：人称老洪，米拉的顶头上司。

- **课堂案例**：以来源于职场和实际工作中的案例为主线，以米拉的职场路引入每一个课堂案例。因为这些案例均来自职场，所以应用性非常强。在每个课堂案例中，不仅讲解了案例涉及的软件知识，还讲解了与案例相关的行业知识，并通过“行业提示”的形式展现出来。在案例的制作过程中，穿插有“知识提示”“多学一招”小栏目，以提升学生的软件操作技能，拓展知识面。
- **项目实训**：结合课堂案例讲解的知识点和实际工作需要的综合训练。训练注重学生的自我总结和学习，因此在项目实训中，只提供适当的操作思路及步骤提示供参考，要求学生独立完成操作，充分训练学生的动手能力。同时增加与本实训相关的“专业背景”，提升学生的综合能力。
- **课后练习**：结合本章内容给出难度适中的上机操作题，让学生强化和巩固所学知识。
- **技巧提升**：以本章案例涉及的知识为主线，深入讲解软件的相关知识，让学生可以更便捷地操作软件，或者学到软件的更多高级功能。

教学内容

本书的教学目标是帮助学生循序渐进地掌握Photoshop CC的相关应用，具体包括掌握 Photoshop 基本操作、图像选区的创建与编辑、使用图层合成图像、调整图像色彩、美化与修饰图像、绘制矢量图形、添加并编辑图像文字、使用滤镜制作特效、使用蒙版和通道以及综合应用等。全书共10章，讲解以下3个方面的内容。

- **第1章**：主要讲解Photoshop CC的基本操作，包括理论知识、辅助工具、画笔的使用等知识。
- **第2~9章**：主要讲解创建和编辑选区、图层的应用、调整图像色彩、美化和修饰图像、矢量图形的绘制、添加并编辑图像文字、使用滤镜制作特效以及蒙版和通道的运用等知识。
- **第10章**：使用Photoshop CC完成几个案例，在完成案例的过程中融汇前面所学的知识和操作，练习Photoshop CC的综合应用。

平台支撑

人民邮电出版社充分发挥在线教育方面的技术优势、内容优势、人才优势，潜心研究，为读者提供“纸质图书+在线课程”相配套，全方位学习Photoshop软件的方式。读者可根据个人需求，利用图书和“微课云课堂”平台上的在线课程进行碎片化、移动化的学习，以便快速、全面地掌握Photoshop软件以及与之相关联的其他软件。

“微课云课堂”目前包含近50 000个微课视频，在资源展现上分为“微课云”“云课堂”这两种形式。“微课云”是该平台中所有微课的集中展示区，读者可按需选择；“云课堂”是在现有微课云的基础上，为读者组建的推荐课程群，读者可以在“云课堂”中按推荐的课程进行系统化学习，或者将“微课云”中的内容自由组合，定制符合自己需求的课程。

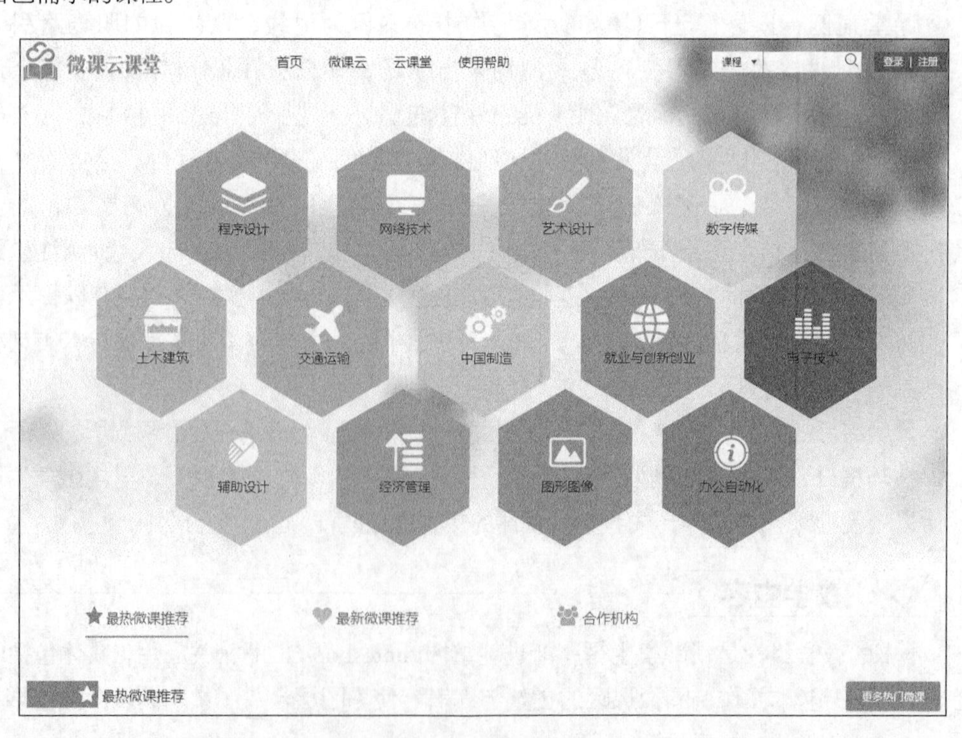

◇"微课云课堂"主要特点

海量微课资源，持续不断更新："微课云课堂"充分利用了出版社在信息技术领域的优势，以人民邮电出版社60多年的发展积累为基础，将资源经过分类、整理、加工以及微课化之后提供给读者。

资源精心分类，方便自主学习："微课云课堂"相当于一个庞大的微课视频资源库，按照门类进行一级和二级分类，以及难度等级分类，不同专业、不同层次的读者均可以在平台中搜索自己需要或者感兴趣的内容资源。

多终端自适应，碎片化移动化：绝大部分微课时长不超过10分钟，可以满足读者碎片化学习的需要；平台支持多终端自适应显示，除了在PC端使用外，读者还可以在移动端学习。

◇"微课云课堂"使用方法

扫描封面上的二维码或者直接登录"微课云课堂"（www.ryweike.com）→用手机号码注册→在用户中心输入本书激活码（ace46343），将本书包含的微课资源添加到个人账户，获取永久在线观看本课程微课视频的权限。

此外，购买本书的读者还将获得一年期价值168元的VIP会员资格，可免费学习50 000个微课视频。

教学资源

本书的教学资源包括以下几个方面的内容。

- **素材文件与效果文件：**包含书中实例涉及的素材与效果文件。
- **模拟试题库：**包含丰富的关于 Photoshop 的相关试题，读者可自动组合出不同的试卷进行测试。
- **PPT课件和教学教案：**包括PPT课件和Word文档格式的教学教案，以方便老师顺利开展教学工作。
- **拓展资源：**包含图片设计素材、笔刷素材、形状样式素材和Photoshop图像处理技巧等。

特别提醒：上述教学资源可访问人民邮电出版社人邮教育社区搜索书名下载。

本书涉及的所有案例、实训、讲解的重要知识点都提供了二维码，学生只需要用手机扫描即可查看对应的操作演示，以及知识点的讲解内容，方便学生灵活运用碎片时间即时学习。

本书由刘信杰、张学金担任主编，李艳、张艳萍、金永亮担任副主编，耿兴晓、田洁参编。虽然编者在编写本书的过程中倾注了大量心血，但恐百密之中仍有疏漏，敬请广大读者不吝赐教。

编　者

2019年9月

目 录

CONTENTS

第1章 Photoshop CC的基本操作 1

第2章 图像选区的创建与编辑 25

第3章 使用图层合成图像 45

第4章 调整图像色彩 69

第5章 美化与修饰图像 93

第6章 绘制矢量图形 111

第7章 添加并编辑图像文字 137

第8章 使用滤镜制作特效 155

CHAPTER 1

第1章 Photoshop CC的基本操作

情景导入

临近毕业，米拉决定找一份设计助理的工作，于是她开始学习Photoshop CC软件的操作方法，并在网上投递了关于设计师助理的岗位的简历。

学习目标

- 掌握图像处理的理论知识，如位图和矢量图、图像分辨率、图像的色彩模式和常用的图像文件格式等。
- 掌握制作风景拼图的方法，如新建图像文件、设置标尺、设置网格和参考线、置入图像、调整图像、存储并关闭图像以及查看图像等。
- 掌握制作“金秋”海报的方法，如设置绘图颜色、载入画笔样式、使用铅笔工具等。

案例展示

▲制作风景拼图

▲制作“金秋”海报

1.1 图像处理的理论知识

据米拉所知，Photoshop是一款常用的图像处理软件，为了更好地学习Photoshop的操作方法，米拉决定先了解图像处理的理论知识，包括位图和矢量图、图像分辨率、图像的色彩模式和常用图像文件格式等。

1.1.1 位图和矢量图

位图与矢量图是使用Photoshop时首先需要了解的内容，理解两者的区别，有助于在绘制图像时，使完成后的效果更能满足需求。

1．位图

位图也称像素图或点阵图，是由多个像素点组成的。将位图尽量放大后，可以发现图像是由大量的正方形色块构成的，不同的色块上显示不同的颜色和亮度。图1-1所示为正常显示和放大显示后的图像效果。

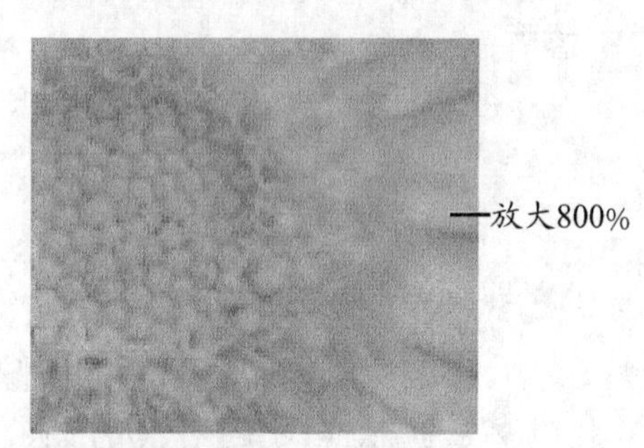

图1-1　位图放大前后的对比效果

2．矢量图

矢量图又称向量图，是以几何学进行内容运算，以向量方式记录的图像，主要以线条和色块为主。矢量图与分辨率无关，无论将矢量图放大多少倍，图像都具有平滑的边缘和清晰的视觉效果，不会出现锯齿状的边缘现象，而且文件小，通常只占用少量空间。矢量图在任何分辨率下均可以正常显示或打印，而不会损失细节。因此，矢量图在标志设计、插图设计及工程绘图上具有很大的优势，其缺点是所绘制的图像一般色彩简单，不容易绘制出色彩丰富的图像，也不便于在各种软件之间转换。图1-2所示为矢量图放大前后的对比效果。

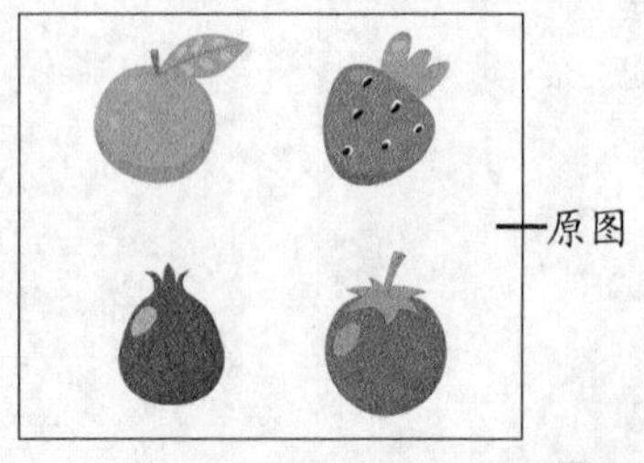

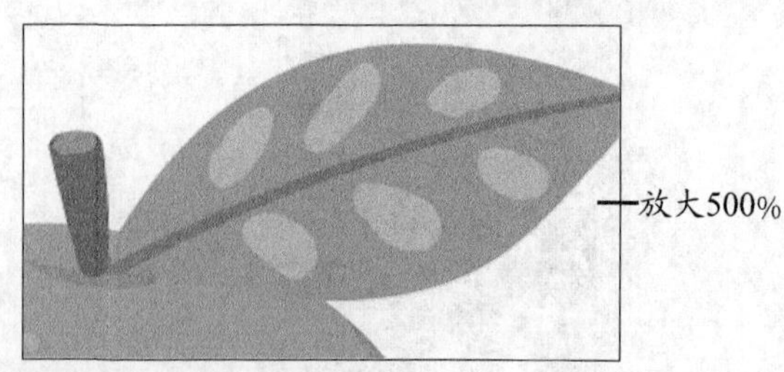

图1-2　矢量图放大前后的对比效果

1.1.2 图像分辨率

图像分辨率是指单位面积上的像素数量，通常用像素/英寸或像素/厘米表示。分辨率的高低直接影响图像的效果。单位面积上的像素越多，分辨率越高，图像就越清晰。图像的分辨率过低会导致图像粗糙，在排版打印时图片将会变得模糊，而图片分辨率较高会增加文件的大小，并降低图像的打印速度。

1.1.3 图像的色彩模式

图像的色彩模式可以决定图像中色彩的显示效果，常用的色彩模式有RGB模式、CMYK模式、Lab模式、灰度模式、位图模式、双色调模式、索引颜色模式、多通道模式等。色彩模式还影响图像通道的多少和文件大小，每个图像具有一个或多个通道，每个通道都存放着图像中颜色元素的信息。图像中默认的颜色通道数取决于色彩模式。

在Photoshop CC中选择【图像】/【模式】菜单命令，在弹出的子菜单中可以查看所有色彩模式，选择相应的命令可在不同的色彩模式之间转换。下面分别介绍各个色彩模式。

1．RGB模式

RGB模式是由红、绿、蓝3种颜色按不同的比例混合而成的，也称为真彩色模式，是Photoshop默认的模式，也是最为常见的一种色彩模式。图1-3所示为该色彩模式在“颜色”和“通道”面板中显示的颜色和通道效果。

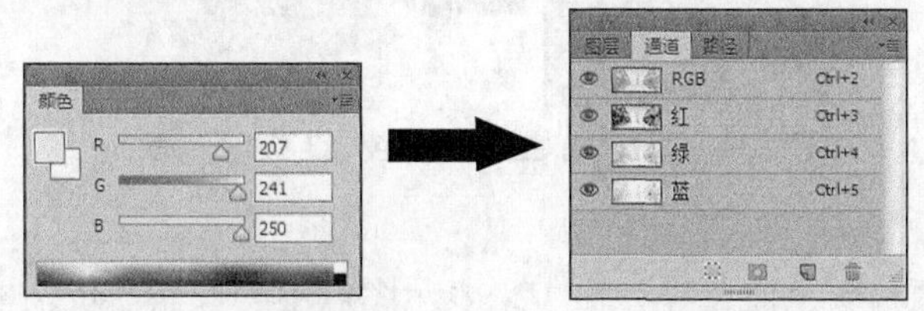

图1-3 RGB模式对应的“颜色”和“通道”面板

2．CMYK模式

CMYK模式是印刷时使用的一种颜色模式，由青色、洋红色、黄色和黑色4种色彩构成。为了避免和RGB三基色中的蓝色混淆，CMYK模式中的黑色用K表示，若在Photoshop中设计的图像需要印刷，在印刷前需要先将其转换为CMYK模式。图1-4所示为该色彩模式在“颜色”和“通道”面板中显示的颜色和通道效果。

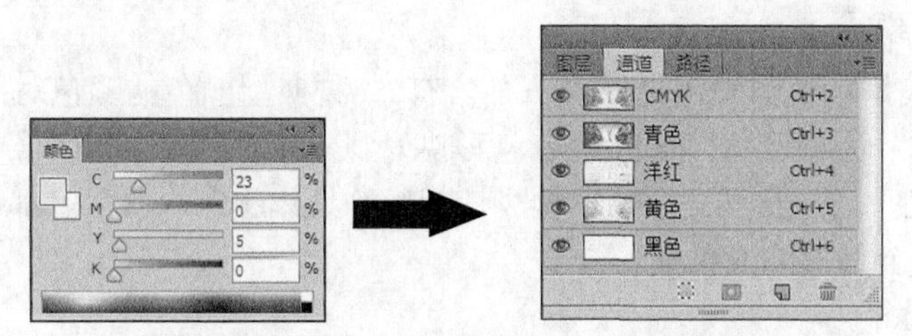

图1-4 CMYK模式对应的“颜色”和“通道”面板

3．Lab模式

Lab模式是Photoshop在不同色彩模式之间转换时使用的内部色彩模式，能毫无偏差地在不同系统和平台之间转换。该色彩模式有3个颜色通道，一个代表亮度（L），另外两个则代表颜色范围，分别用a、b表示，其中a通道包含的颜色从深绿色（低亮度值）到灰色（中亮度值）再到亮粉红色（高亮度值），b通道包含的颜色从深蓝色（低亮度值）到灰色（中亮度值）再到焦黄色（高亮度值）。图1-5所示为该色彩模式在“颜色”和“通道”面板中显示的颜色和通道效果。

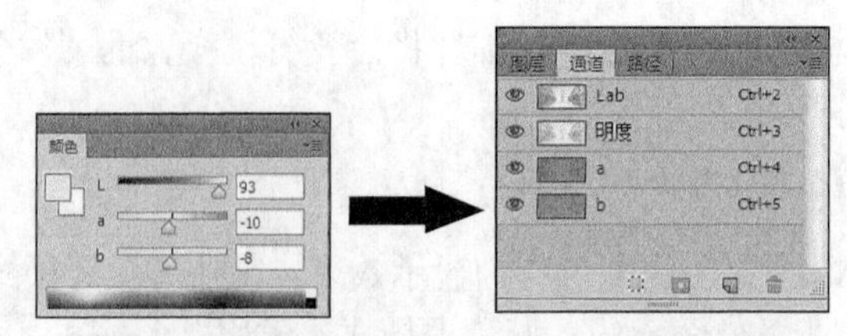

图1-5　Lab模式对应的“颜色”和“通道”面板

4．灰度模式

灰度模式只有灰度颜色而没有彩色。在灰度模式图像中，每个像素都有一个0（黑色）~255（白色）的亮度值。当一个彩色图像转换为灰度模式时，图像中的色相及饱和度等有关色彩的信息将消失，只留下亮度。图1-6所示为该色彩模式在“颜色”和“通道”面板中显示的颜色和通道效果。

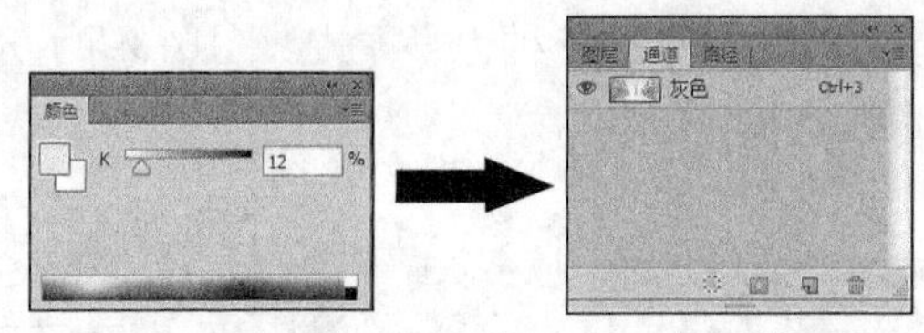

图1-6　灰度模式对应的“颜色”和“通道”面板

5．位图模式

位图模式使用两种颜色值（黑、白）来表示图像中的像素。位图模式的图像也叫作黑白图像，其中的每一个像素都是用1bit的位分辨率来记录的，所需的磁盘空间最小。但需注意：只有处于灰度模式或多通道模式下的图像才能转化为位图模式。

6．双色调模式

双色调模式是用灰度油墨或彩色油墨来渲染灰度图像的模式。双色调模式采用2~4种彩色油墨来创建双色调、三色调和四色调的图像。在此模式中，最多可向灰度图像中添加4种颜色。

7．索引颜色模式

索引颜色模式是系统预先定义好的一种含有256种典型颜色的颜色对照表。当图像转换为索引颜色模式时，系统会将图像的所有色彩映射到颜色对照表中，图像中的所有颜色都将在图像文件中定义。当打开该文件时，构成该图像的具体颜色的索引值都将被装载，用户可根据颜色对照表找到最终的颜色值。

8．多通道模式

多通道模式图像包含了多种灰阶通道。将图像转换为多通道模式后，系统将根据原图像生成相同数目的新通道，每个通道均由256级灰阶组成，常用于特殊打印。

当将RGB色彩模式或CMYK色彩模式图像中的任何一个通道删除时，图像模式将自动转换为多通道色彩模式。

1.1.4　常用图像文件格式

Photoshop CC共支持20多种格式的图像，并可对不同格式的图像进行编辑和保存，在使用时可以根据需要选用不同的图像文件格式，以便获得最理想的效果。下面介绍常用的图像文件格式。

- **PSD（*.psd）格式。**它是由Photoshop软件自身生成的文件格式，是唯一支持全部图像色彩模式的格式。以PSD格式保存的图像可以包含图层、通道、色彩模式等信息。
- **TIFF（*.tif、*.tiff）格式。**TIFF格式是一种无损压缩格式，主要用于应用程序之间或计算机平台之间交换图像的数据。TIFF格式是一种应用非常广泛的图像格式，可以在许多图像软件之间转换。TIFF格式支持带Alpha通道的CMYK、RGB和灰度文件，支持不带Alpha通道的Lab、索引颜色和位图文件。另外，它还支持LZW压缩文件。
- **BMP（*.bmp）格式。**BMP格式是一种与硬件设备无关的图像文件格式，它采用位映射存储格式，除了图像深度可选以外，不采用其他任何压缩。因此，BMP格式的文件占用空间较大。
- **JPEG（*.jpg）格式。**JPEG是一种有损压缩格式，支持真彩色，生成的文件较小，也是常用的图像格式之一。JPEG格式支持CMYK、RGB和灰度色彩模式，但不支持Alpha通道。在生成JPEG格式的文件时，可以设置压缩的类型，产生不同大小和质量的文件。压缩越大，图像文件就越小，相应的图像质量就越差。
- **GIF（*.gif）格式。**GIF格式的文件是8位图像文件，最多存储256色，不支持Alpha通道。GIF格式的文件较小，常用于网页显示与网络传输。GIF格式与JPEG格式相比，其优势在于GIF格式的文件可以保存动画效果。
- **PNG（*.png）格式。**PNG格式主要用于替代GIF格式。GIF格式文件虽小，但在图像的颜色和质量上较差。PNG格式可以使用无损压缩方式压缩文件，它支持24bit图像，因为产生的透明背景没有锯齿边缘，所以可以产生质量较好的图像效果。
- **EPS（*.eps）格式。**EPS格式可以包含矢量和位图图形，其最大的优点在于可以在排版软件中以低分辨率预览，而在打印时以高分辨率输出。EPS格式不支持Alpha通道，但支持裁切路径，支持Photoshop所有的色彩模式，可用来存储矢量图和位图。在存储位图时，还可以将图像的白色像素设置为透明的效果。
- **PCX（*.pcx）格式。**PCX格式与BMP格式一样支持1~24bit的图像，并可以用RLE的压缩方式保存文件。PCX格式还可以支持RGB、索引颜色、灰度和位图的色彩模式，但不支持Alpha通道。
- **PDF（*.pdf）格式。**PDF格式是Adobe公司开发的用于Windows、MAC OS、UNIX和DOS系统的一种电子出版软件的文档格式，适用于不同平台。该格式文件可以存储多页信息，其中包含图形和文件的查找和导航功能。因此，使用该格式文件不需要排版或图像软件即可获得图文混排的版面。由于该格式支持超文本链接，所以也是网络下载经常使用的文件格式。
- **PICT（*.pct）格式。**PICT格式广泛用于Macintosh图形和页面排版程序中，是作为应用程序间传递文件的中间文件格式。PICT格式支持带一个Alpha通道的RGB文件和不带Alpha通道的索引文件、灰度文件、位图文件。PICT格式对于压缩具有大面积单色的图像非常有效。

1.2 课堂案例：制作风景拼图

了解了图像处理的理论知识后，米拉决定制作一个“风景拼图”图像，以熟悉Photoshop CC的基本操作方法，完成后的效果如图1-7所示。

素材所在位置 素材文件\第1章\课堂案例\风景拼图\
效果所在位置 效果文件\第1章\课堂案例\风景拼图.psd

图1-7 “风景拼图”最终效果

1.2.1 新建“风景拼图”图像文件

新建图像文件是使用Photoshop CC进行设计的第一步，要在一个空白图像中制作图像，必须先新建图像文件，其具体操作如下。

（1）选择【文件】/【新建】菜单命令或按【Ctrl+N】组合键，打开“新建”对话框。

（2）在打开对话框的“名称”文本框中输入“风景拼图”，在“宽度”和“高度”文本框中分别输入“210”和“297”，在其后的下拉列表框中选择“毫米”选项，用于设置图像文件的尺寸，在“分辨率”文本框中输入“72”。

微课视频

新建“风景拼图”图像文件

（3）在“颜色模式”下拉列表框中选择“RGB颜色”选项，在其后的下拉列表框中选择“8位”选项，在“背景内容”下拉列表框中选择“白色”选项，设置图像文件的背景颜色，如图1-8所示。

（4）完成后单击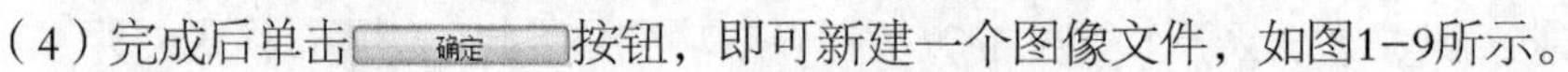按钮，即可新建一个图像文件，如图1-9所示。

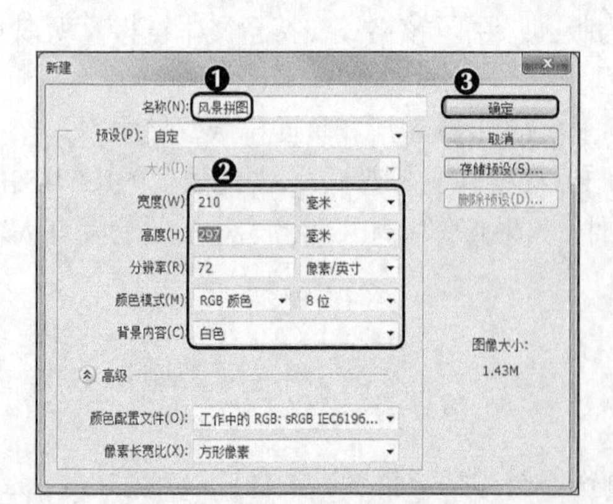

图1-8 打开“新建”对话框

图1-9 新建的图像文件

1.2.2　设置标尺、网格和参考线

Photoshop CC提供了多个辅助处理图像的工具。这些工具对图像不起任何编辑作用，仅用于测量或定位图像，使图像处理更加精确，以提高工作效率。下面对这些工具进行具体讲解。

1．设置标尺

标尺一般用于辅助用户确定图像中的位置，当不需要使用标尺时，可以将标尺隐藏。设置标尺的具体操作如下。

（1）选择【视图】/【标尺】菜单命令，或按【Ctrl+R】组合键即可显示标尺，如图1-10所示。

（2）在标尺上单击鼠标右键，在弹出的快捷菜单中选择“像素”命令，即可将标尺单位设置为像素，如图1-11所示。

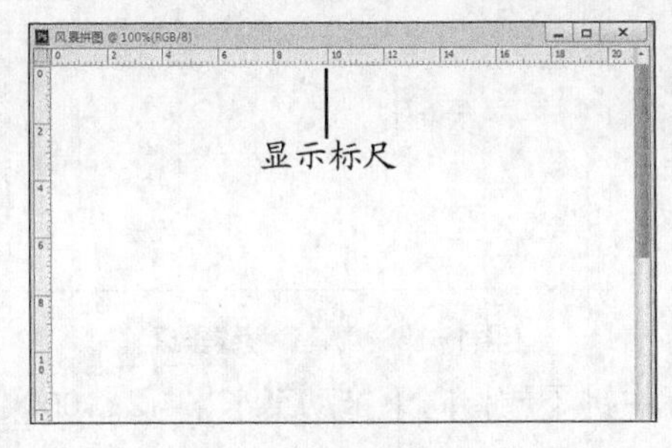

图1-10　显示标尺

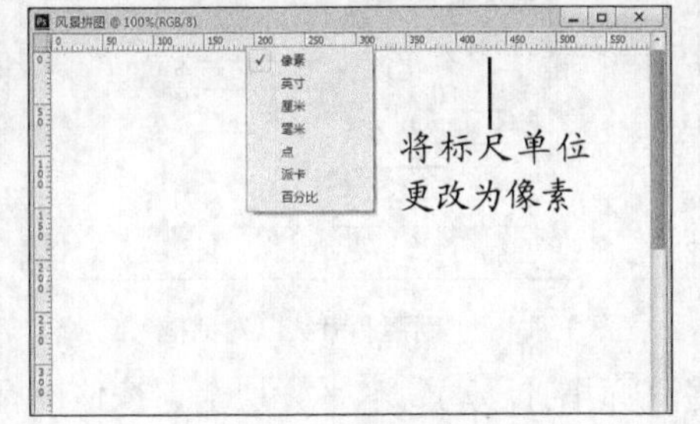

图1-11　选择标尺单位

（3）再次选择【视图】/【标尺】菜单命令，或按【Ctrl+R】组合键可隐藏标尺。

2．设置网格

网格主要用于辅助用户设计图像，使用网格可以使图像处理得更加精确。下面将讲解网格的设置方法，具体操作如下。

（1）选择【视图】/【显示】/【网格】菜单命令或按【Ctrl+'】组合键，可以在图像窗口中显示或隐藏网格线，如图1-12所示。

（2）按【Ctrl+K】组合键，打开“首选项”对话框，单击“参考线、网格和切片”选项卡，在右侧的“网格”栏下可以设置网格的颜色、样式、网格线间隔和子网格数量，如图1-13所示。

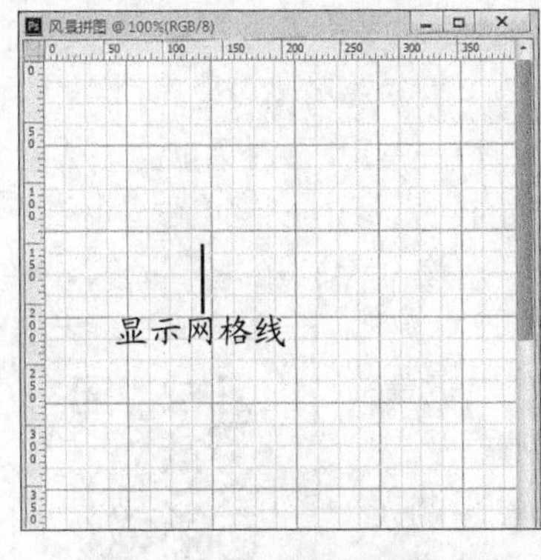

图 1-12　显示网格线效果

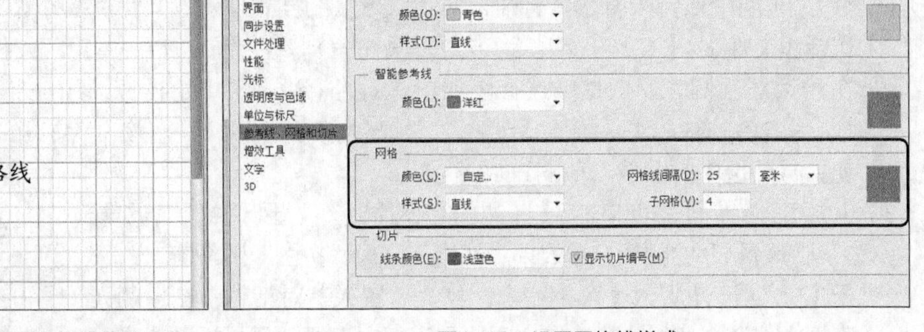

图1-13　设置网格线样式

3. 设置参考线

参考线是浮动在图像上的直线，只用于向设计者提供参考位置，该参考线不会被打印出来，多用于辅助设计。下面将讲解参考线的设置方法，具体操作如下。

（1）选择【视图】/【新建参考线】菜单命令，打开“新建参考线”对话框，在“取向”栏中单击选中“垂直”单选项，设置参考线方向，在“位置”文本框中输入“30像素”，设置参考线位置，如图1-14所示。

（2）单击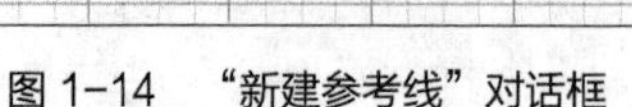按钮，即可新建一条垂直参考线，效果如图1-15所示。

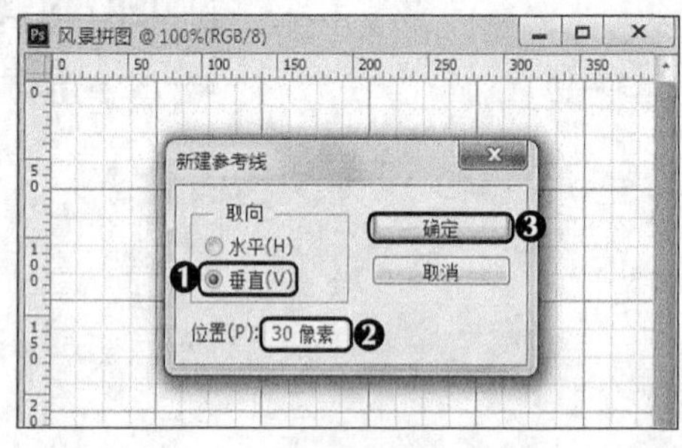

图 1-14 “新建参考线”对话框

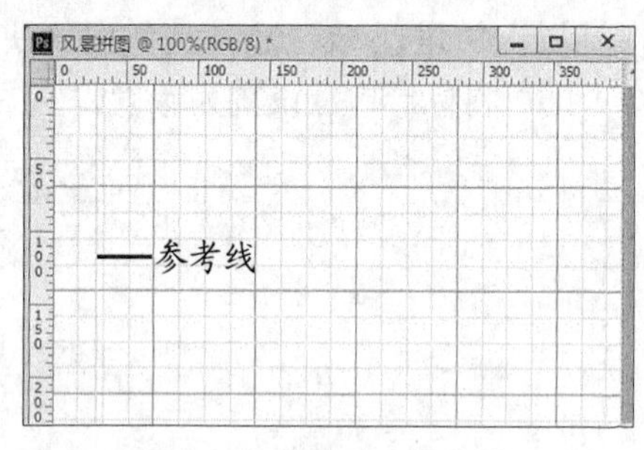

图1-15 创建参考线垂直

（3）将鼠标指针移动到水平标尺上，按住鼠标左键不放，向下拖动至水平标尺100像素处释放，即可创建参考线，如图1-16所示。

（4）选择【视图】/【显示】/【参考线】菜单命令，即可将参考线隐藏，效果如图1-17所示。

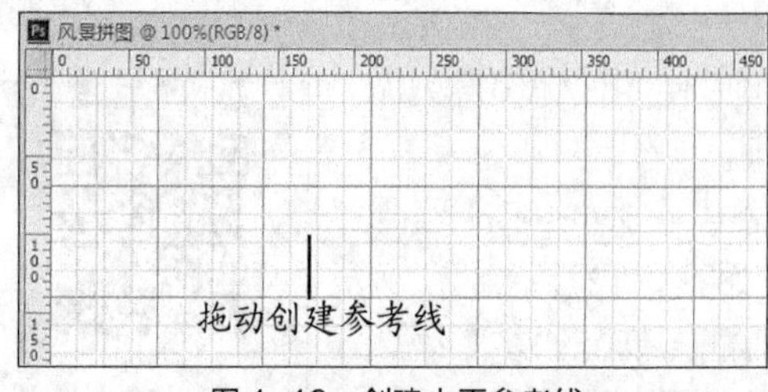

图 1-16 创建水平参考线

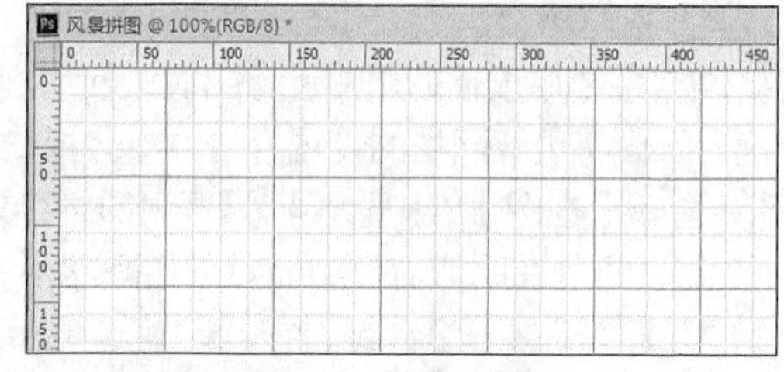

图1-17 隐藏参考线

1.2.3 打开文件和置入图像

打开文件是图像处理中必不可少的操作，在制作风景拼图时，需先将素材文件打开。打开图像后，再将图像置入背景素材中，使其以形状的样式显示，其具体操作如下。

（1）选择【文件】/【打开】菜单命令或按【Ctrl+O】组合键，打开“打开”对话框。

（2）在对话框左侧的列表框中选择图像的保存路径，在中间的列表框中按住【Ctrl】键不放，依次选择“风景1”“风景2”“风景3”“风景4”图像文件，单击 打开(O) 按钮，打开选中的图像，如图1-18所示。

（3）返回工作界面，可以看到打开的“风景1”“风景2”“风景3”“风景4”的图像显示效果。切换到“风景拼图”图像窗口，选择【文件】/【置入】菜单命令，打开“置入”对话框，在左侧列表框中选择图像的路径，在中间的列表框中选择“风景拼图背景”

图像文件，单击 置入(P) 按钮，将图像置入新建的文件中，如图1-19所示。

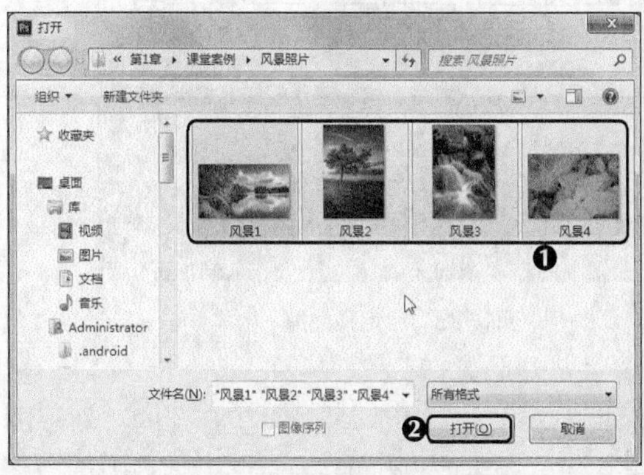

图1-18　打开图像文件

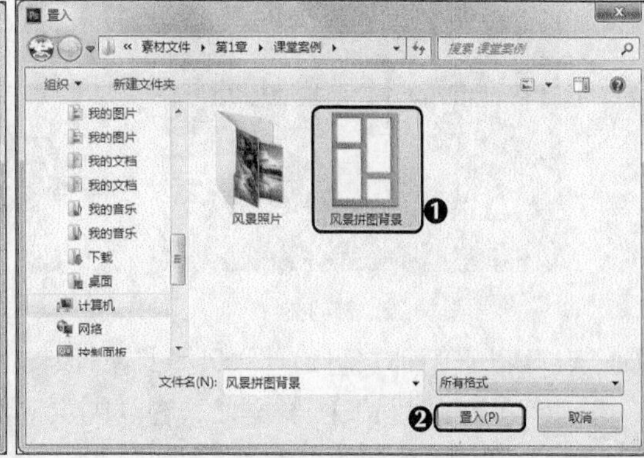

图1-19　置入图片

（4）返回工作界面，可以看到置入的图像效果。将鼠标指针移动到图像的右下角，当其呈形状时，按住【Shift】键不放向右拖动鼠标，等比例放大图像，使其与右侧的边线对齐，如图1-20所示。

（5）在工具箱中选择移动工具，弹出“要置入文件吗？”提示框，单击 置入(P) 按钮，完成图像的置入操作，如图1-21所示。

图1-20　调整图片大小

图1-21　完成图片的置入

1.2.4　编辑图像

在编辑图像的过程中，除了将图像直接拖动到需要制作的文件中外，还需要对图像进行基本的编辑操作，如裁剪图像、移动图像、变换图像等。下面将对“风景1”“风景2”“风景3”“风景4”进行图像处理，使其更加美观，具体操作如下。

（1）切换到“风景1”图像窗口，在工具箱中选择裁剪工具，此时图像周围出现黑色的网格线和不同的控制点。将鼠标指针移动到图像的下方，当其呈形状时，向上拖动，被裁剪的区域将呈灰色显示。使用相同的方法，将鼠标指针移动到图像左侧，当其呈形状时，向右拖动裁剪图像，如图1-22所示。

（2）切换到“风景4”图像窗口，在工具箱中选择裁剪工具，在工具属性栏的“比例”下拉列表框中选择“宽×高×分辨率”选项。在右侧的“宽度”“高度”和“分辨率”文本框中分别输入“2130厘米”“1810厘米”“72”，按【Enter】键确认设置，如图1-23所示。

图1-22　裁剪图片

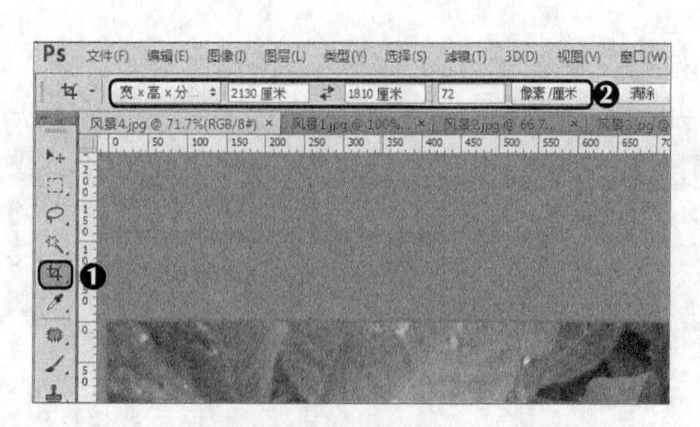

图1-23　自定义裁剪

（3）使用以上两种方法，对“风景2”“风景3”进行裁剪处理。

（4）切换到“风景1”图像窗口，在“图层”面板中双击“背景”图层，在打开的“新建图层”对话框中单击确定按钮，将“背景”图层转换为普通图层。在工具箱中选择移动工具，将鼠标指针移动到图像上方，按住鼠标左键不放将其拖动到“风景拼图”图像窗口上方，如图1-24所示。

（5）此时自动切换到“风景拼图”图像窗口，当鼠标指针变为形状后释放鼠标，可以查看“风景1”移动到“风景拼图”中的效果，如图1-25所示。

图1-24　移动图片

图1-25　完成移动

（6）选择【编辑】/【自由变换】菜单命令，或按【Ctrl+T】组合键，使图像呈变换显示，图像四周将显示定界框、中心点和控制点，拖动控制点可改变图像的大小。将鼠标指针移动到图像右下角的控制点上，按住【Shift】键不放并向上拖动图像，使其与背景图像中的相框契合，完成后按【Enter】键确认变换，如图1-26所示。

（7）使用相同的方法，继续将“风景2”“风景3”“风景4”图像拖动到“风景拼图”图像窗口中，调整其大小和位置，效果如图1-27所示。

图1-26　调整图像

图1-27　添加其他图片

调整图层顺序

图层的叠放顺序不同，图像的显示效果也不同。将鼠标指针移动到图层上，拖动图层，在“图层”面板中将会出现一条黑线，黑线移动到的位置就是释放鼠标后图层所在的位置。单击图层前面的按钮可显示或隐藏图层。

1.2.5 存储图像

完成“风景拼图”图像编辑操作后，还需要存储图像，在存储时需要选择合适的格式，具体操作如下。

（1）选择【文件】/【存储为】菜单命令，或按【Ctrl+Shift+S】组合键，打开“另存为”对话框，选择文件保存的位置，在“文件名”文本框中输入文件名称“风景拼图”，在“保存类型”下拉列表中选择“JPEG（*.JPG；*JPEG；*JPE）”选项，单击保存(S)按钮，如图1-28所示。

（2）打开“JPEG选项”对话框，在“品质”右侧的文本框中输入“12”，单击确定按钮保存文件，如图1-29所示。

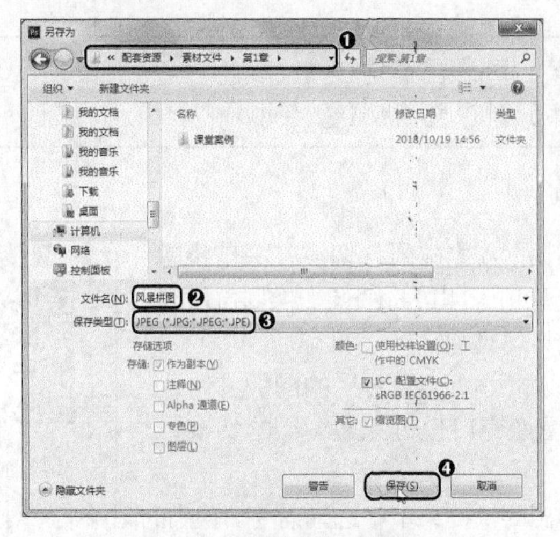

图1-28　“另存为”对话框

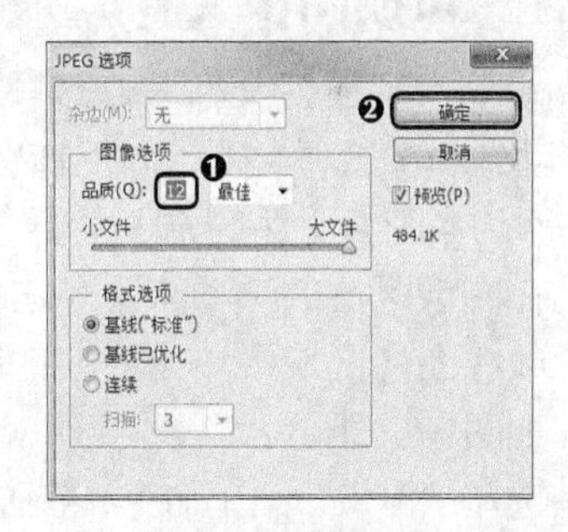

图1-29　保存文件

1.2.6 撤销与重做操作的应用

在编辑图像时常会有操作失误的情况出现，Photoshop的还原图像功能可以轻松还原失误前的状态，并可制作一些特殊效果。

1．使用撤销命令还原图像

编辑图像时，若发现操作不当或操作失误，应立即撤销失误操作，然后重新设置。可以通过下面两种方法来撤销失误操作。

- 按【Ctrl+Z】组合键可以撤销最近一次操作，再次按【Ctrl+Z】组合键又可以重做被撤销的操作；每按一次【Ctrl+Alt+Z】组合键可以向前撤销一步操作；每按一次【Ctrl+Shift+Z】组合键可以向后重做一步被撤销的操作。
- 选择【编辑】/【还原】菜单命令可以撤销最近一次操作；撤销后选择【编辑】/

【重做】菜单命令又可恢复该操作；每选择一次【编辑】/【后退一步】菜单命令可以向前撤销一步操作；每选择一次【编辑】/【前进一步】菜单命令可以向后重做一步操作。

2. 使用“历史记录”面板还原图像

如果在Photoshop中对图像上进行了误操作，还可以使用“历史记录”面板来恢复图像在某个阶段的效果。用户只需要单击“历史记录”面板中的操作步骤，即可返回到该步骤对应的图像效果，具体操作如下。

（1）在面板组中单击“历史记录”按钮，打开“历史记录”面板，在其中可以看到之前对图像进行的操作。

（2）在其中单击一条记录，可以将图像恢复到该记录操作，这之后所做的操作将被撤销，且操作记录都变成了灰色。如果用户没有做新的操作，可以单击这些状态来重做一步或多步操作。

1.3 课堂案例：查看和调整“建筑”图像

通过前面的学习，米拉觉得要通过面试，还需要熟悉切换图像文件、查看图像显示效果的方法。下面将具体讲解其操作方法。

素材所在位置 素材文件\第1章\课堂案例\建筑.jpg
效果所在位置 效果文件\第1章\课堂案例\建筑.jpg

1.3.1 切换图像文件

Photoshop CC图像文件常以选项卡的方式排列，切换方法是将鼠标指针移动到图像选项卡上，向下拖曳选项卡即可将图像切换到窗口排列方式，而切换图像文件的方法主要有以下两种。

- 在图像区域的选项卡上单击，即可切换到对应的图像文件，或在图像区域中单击对应的图像窗口也可完成图像的切换，如图1-30所示。
- 选择“窗口”菜单命令，在弹出的快捷菜单中选择需要切换到的图像文件对应的菜单命令即可完成切换，如图1-31所示。

图1-30 利用选项卡切换图像

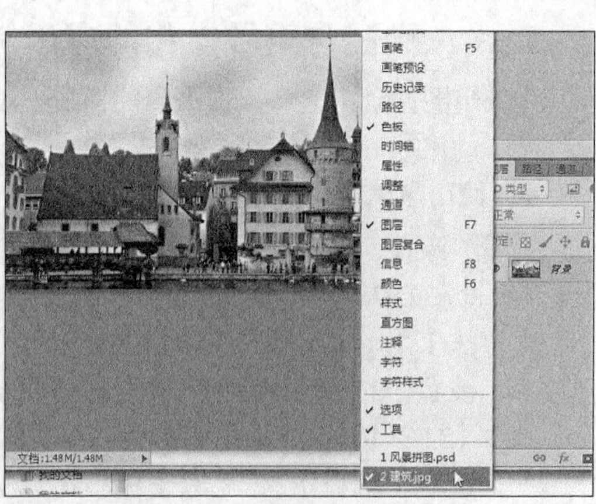

图1-31 利用菜单命令切换图像

1.3.2 查看图像的显示效果

使用Photoshop CC设计图像时，还应熟悉如何快速查看图像，提高工作效率。常用的查看工具包括导航器、缩放工具和抓手工具等，下面分别进行介绍。

1．使用导航器查看

导航器位于面板组的左侧，通过“导航器”面板可以精确设置图像的缩放比例，具体操作如下。

使用导航器查看

（1）打开“建筑.jpg”素材文件，在面板组中单击“导航器”按钮，打开“导航器”面板，其中显示了当前图像的预览效果。左右拖曳“导航器”面板底部滑动条上的滑块，可缩小与放大图像，如图1-32所示。

（2）当图像放大超过100%时，“导航器”面板中的图像预览区中便会显示一个红色的矩形线框，表示当前视图中只能观察到矩形线框内的图像。将鼠标指针移动到预览区，鼠标指针变成形状，这时拖曳图像可调整图像的显示区域，如图1-33所示。

图1-32 左右拖动滑块后图像显示缩小与放大效果

图1-33 调整图像显示区域

2．使用缩放工具查看

使用缩放工具可放大和缩小图像，也可使图像100%显示，具体操作如下。

使用缩放工具查看

（1）在工具箱中选择缩放工具，在图像中向下或向左拖动鼠标可缩小图像，向上或向右拖动鼠标可放大图像，如图1-34所示。

（2）也可直接使用缩放工具单击放大图像，如图1-35所示。此外，按住【Alt】键，当鼠标指针变为形状时，单击要缩小的图像区域的中心，每单击一次，视图便缩小为上一个视图的1/2。当图像到达最大缩小级别时，鼠标指针为形状。

图1-34 通过拖曳鼠标查看图像

图1-35 通过单击查看图像

"缩放工具"工具属性栏中的主要按钮

在工具箱中选择缩放工具后，可在工具属性栏中单击实际像素按钮将图像以实际像素大小显示，单击适合屏幕按钮，图像将以最适合屏幕大小的方式显示，单击填充屏幕按钮，图像将填充整个屏幕。

3. 使用抓手工具查看

使用工具箱中的抓手工具可以在图像窗口中移动和查看图像，具体操作如下。

（1）使用缩放工具放大图像，如图1-36所示。

（2）在工具箱中选择抓手工具，在放大的图像窗口中随意拖曳图像，可以查看图像的任意位置，如图1-37所示。

图1-36 放大图像

图1-37 使用抓手工具查看图像

图像的显示比例与图像实际尺寸的区别

图像的显示比例与图像实际尺寸是有区别的，图像的显示比例是指图像的像素与屏幕的比例，而不是与实际尺寸的比例。改变图像的显示比例是为了操作方便，与图像本身的分辨率及尺寸无关。

1.4 课堂案例：制作"金秋"节气海报

为了能通过面试，米拉决定制作一张"金秋"节气海报，如图1-38所示，为面试做准备，下面具体讲解制作方法。

素材所在位置 素材文件\第1章\课堂案例\枫叶.abr、树木.abr
效果所在位置 效果文件\第1章\课堂案例\"金秋"节气海报.psd

图1-38 “金秋”节气海报最终效果

1.4.1 设置绘图颜色

在使用绘图工具前需要先设置前景色和背景色，其中前景色用于显示当前绘图工具的颜色，背景色用于显示图像的底色，即画布的底色。设置前景色和背景色可通过拾色器、“颜色”面板、“色板”面板、吸管工具来完成，下面分别进行介绍。

1. 使用拾色器设置颜色

使用拾色器设置颜色是日常生活中设置颜色最为常用的方法。下面将新建图像文件，并使用拾色器设置背景色，其具体操作步骤如下。

微课视频
使用拾色器设置颜色

（1）选择【文件】/【新建】菜单命令或按【Ctrl+N】组合键，打开“新建”对话框。在“名称”文本框中输入图像名称“‘金秋’节气海报”，设置“宽度”和“高度”分别为“21”厘米和“29.7”厘米，设置“分辨率”为“300”像素/英寸，单击 确定 按钮，如图1-39所示。

（2）单击工具箱中的背景色色块，打开“拾色器（背景色）”对话框，将中间的颜色滑块拖到需要设置的颜色处，如图1-40所示。

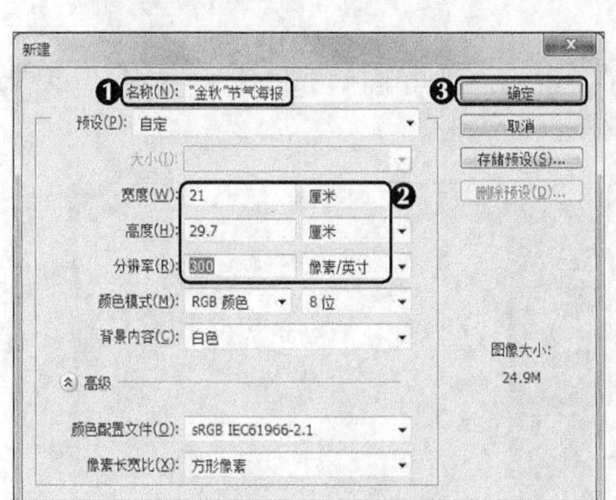

图1-39 新建文件

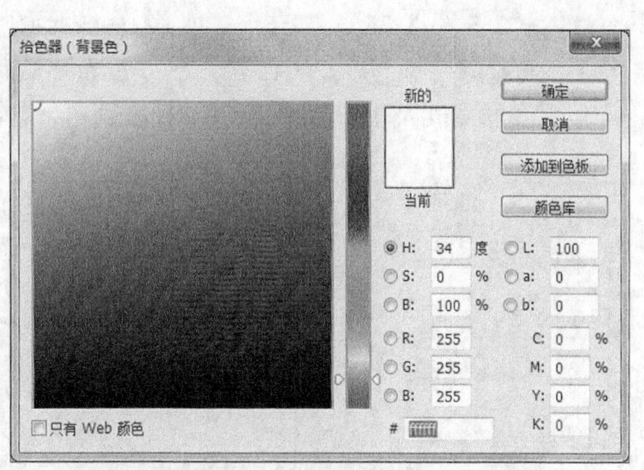

图1-40 打开“拾色器（背景色）”对话框

（3）将鼠标指针移动到左侧颜色显示窗口中，此时鼠标指针变成一个小圆圈，在需要设置为背景色的颜色处单击，或在右下角处输入颜色值，这里输入“ffe3c4”，单击 确定 按钮，如图1-41所示。

（4）按【Ctrl+Delete】组合键，对背景色进行填充。查看填充背景色后的效果，如图1-42所示。

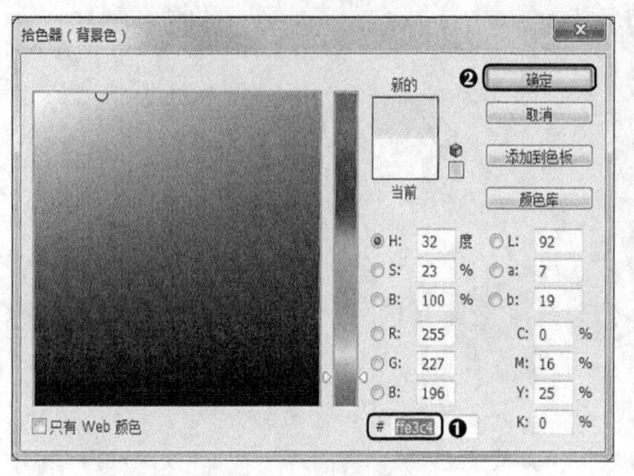

图1-41　设置颜色

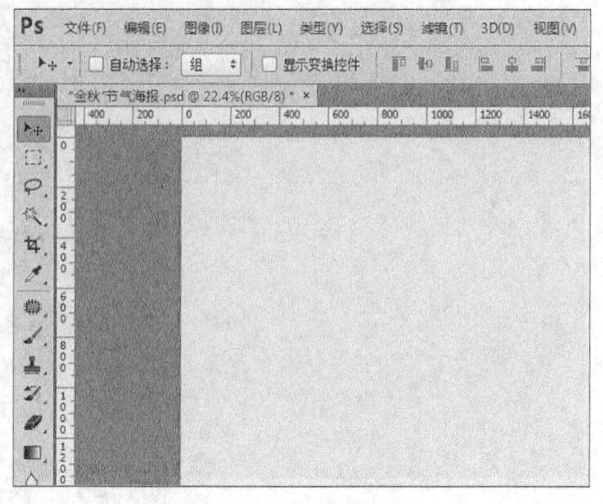

图1-42　填充背景色

多学一招

认识拾色器

拾色器左侧的彩色方框称为色彩区域，用于选择颜色；中部的竖直长条为颜色滑杆，用于选择不同的颜色；右上方矩形窗口的上半部分显示当前新选区的颜色，下半部分显示原来设置的颜色。

2. 使用“颜色”面板和“色板”面板设置颜色

“颜色”面板和“色板”面板的设置方法与拾色器基本相同。下面将使用“颜色”面板和“色板”面板设置前景色，具体操作步骤如下。

微课视频

使用“颜色”面板和“色板”面板设置颜色

（1）选择【窗口】/【颜色】菜单命令，打开“颜色”面板，面板的左上角有两个颜色方框，上面的方框表示前景色，下面的方框表示背景色，这里单击选择前景色方框。将鼠标指针移动到下方的色彩条上，当鼠标指针变为吸管工具时，单击所需设置的颜色，或是在滑块右侧的文本框中输入数值也可设置新的颜色，这里输入“255”“255”“255”，如图1-43所示。

（2）选择画笔工具，将画笔大小设置为“1 000像素”，将画笔硬度设置为“0%”，涂抹图像的中间及下方区域，添加背景颜色，如图1-44所示。

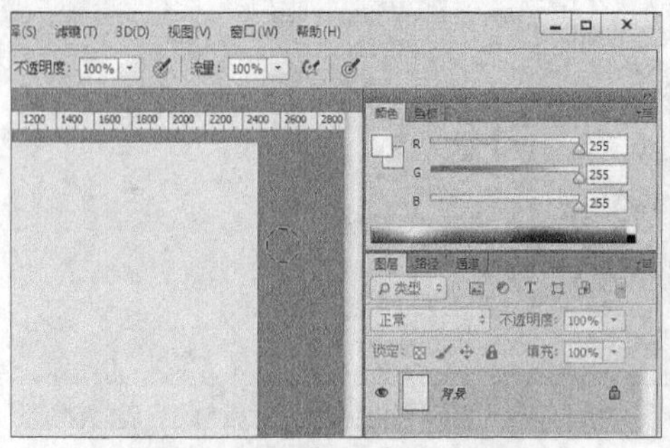

图1-43　使用“颜色”面板设置颜色

图1-44　使用画笔工具涂抹图像

（3）单击“颜色”面板右侧的“色板”选项卡，将鼠标指针移至“色板”面板的色样方格中，此时鼠标指针变为吸管工具，选择所需的颜色方格，即可设置前景色，此处选择“浅黄橙”颜色，如图1-45所示。

（4）选择画笔工具 ，将画笔大小设置为“125像素”，将画笔硬度设置为“50%”，涂抹图像下方区域，添加叠加的颜色效果，如图1-46所示。

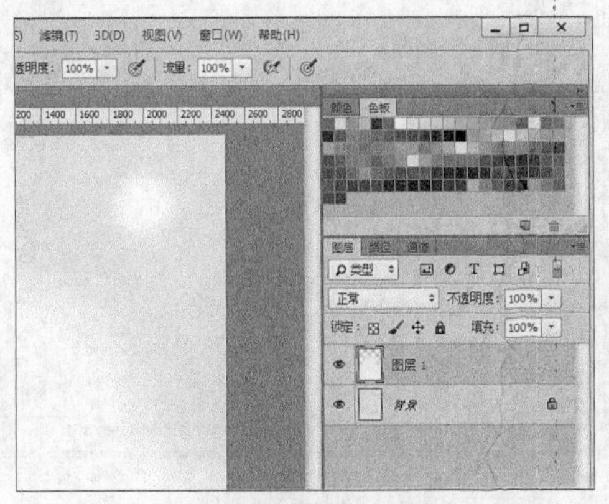

图1-45　使用“色板”面板设置颜色

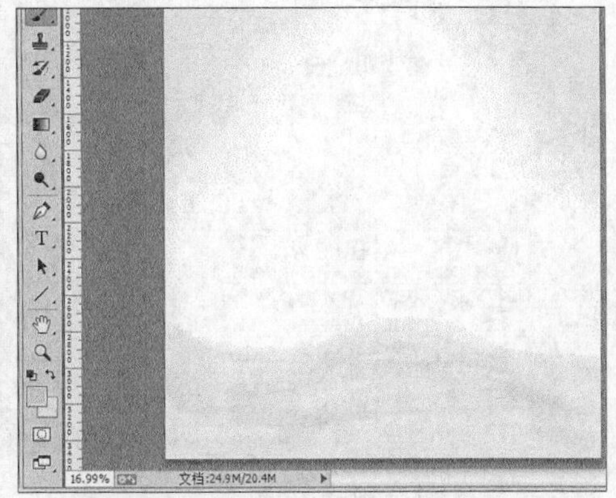

图1-46　使用画笔工具添加叠加的颜色效果

1.4.2　载入画笔样式

树木的枝叶较大，如果使用普通的画笔绘制，比较复杂、费时，此时可载入合适的画笔样式载入，让画面更加完整。载入画笔的具体操作如下。

（1）在工具箱中选择画笔工具 ，在工具属性栏中单击“画笔预设”后的下拉按钮，打开“画笔预设”下拉列表框，如图1-47所示。

（2）单击“画笔预设”下拉列表框中的 按钮，在打开的下拉列表框中选择“载入画笔...”选项，打开“载入”对话框，选择“枫叶.abr”笔刷，单击 载入(L) 按钮，如图1-48所示。按同样的方法载入“树木.abr”笔刷。

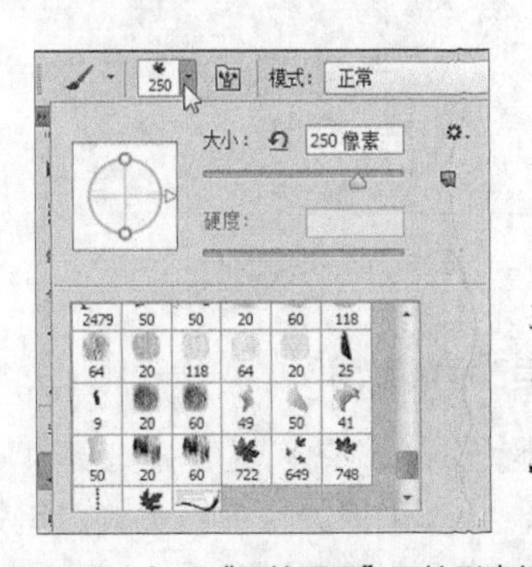

图1-47　打开“画笔预设”下拉列表框

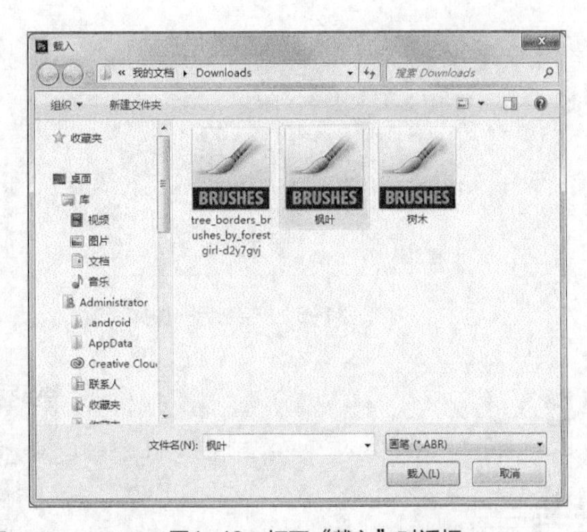

图1-48　打开“载入”对话框

（3）此时在“画笔预设”下拉列表框中显示了载入的画笔样式，如图1-49所示。

（4）新建图层，在工具箱中选择画笔工具 ，设置前景色为“#ff7633”，选择“2253”画笔样式，设置画笔大小为“1 600像素”，在图像编辑区单击鼠标绘制大树。然后将前景色设置为“#ffe600”，画笔大小设置为“1 500像素”，在原大树上单击鼠标绘制另一棵大树，如图1-50所示。

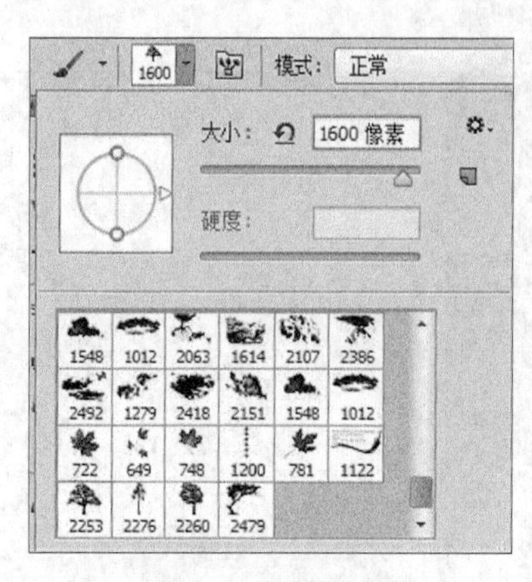

图1-49　画笔样式

图1-50　绘制大树

（5）新建图层，设置前景色为“#ff7633”，选择“2260”画笔样式，设置画笔大小为“700像素”，在大树旁边单击鼠标绘制另一棵树，如图1-51所示。

（6）新建图层，选择“748”笔刷样式，在图像编辑区中单击鼠标随机绘制枫叶，在“画笔预设”下拉列表框中改变画笔的大小和角度以更改枫叶的大小和方向。完成后的效果如图1-52所示。

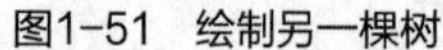

图1-51　绘制另一棵树

图1-52　绘制枫叶

快速更改画笔大小

在使用画笔工具绘制图像的过程中，有时需要频繁更改画笔的大小，但输入画笔大小值比较耗时，此时可通过快捷键更改画笔大小。其方法为：将输入法切换到英文状态或退出输入状态后，按【[】或【]】键放大或缩小画笔半径，按键次数越多，放大或缩小画笔半径的幅度就越大。

1.4.3 使用铅笔工具

铅笔工具的使用方法与画笔工具相似，只是使用铅笔工具绘制的线条比画笔工具绘制的线条更加生硬。下面输入文字对海报进行说明，并且使用铅笔工具绘制线条，使整个图像更加精致，其具体操作如下。

（1）在工具箱中选择直排文字工具，在工具属性栏中设置“字体”为“方正行楷简体”，“字号”为“106点”，“字体颜色”为“#ff7633”，在图像的空白处单击，并输入“金秋”，按【Ctrl+Enter】组合键确认输入，如图1-53所示。

（2）再次选择直排文字工具，在工具属性栏中设置“字号”为“32点”，在“金秋”文字的左侧输入其他两列文字，按【Ctrl+Enter】组合键确认输入，使用移动工具调整文本位置，如图1-54所示。

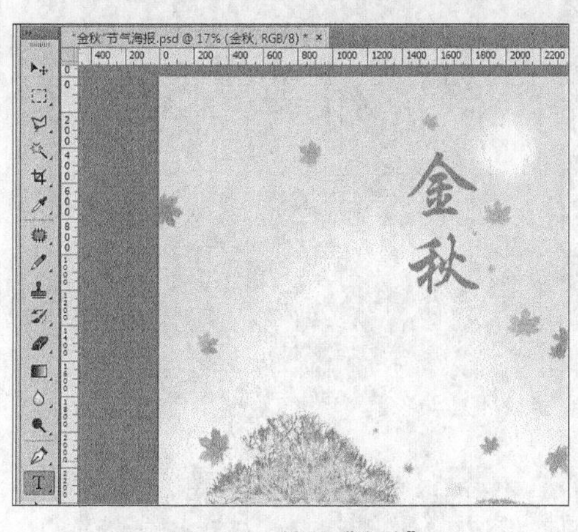

图1-53 输入“金秋”

图1-54 输入其他文字

（3）在“图层”面板中单击右下角的“创建新图层”按钮，新建图层，在工具箱中选择铅笔工具，在工具属性栏中单击“铅笔工具”右侧的下拉按钮，在打开的下拉列表框中设置大小为“2像素”，按住【Shift】键不放，在左侧文字的右侧区域绘制两条竖直线条，如图1-55所示。

（4）按【Ctrl+S】组合键保存文件，查看完成后的效果，如图1-56所示。

图1-55 绘制竖直线条

图1-56 查看完成后的效果

1.5 项目实训

1.5.1 制作寸照

1. 实训目标

本实训的目标是将提供的照片制作成寸照，要求照片清晰严谨，满足各种证件寸照的要求。本实训照片处理前后的对比效果如图1-57所示。

素材所在位置 素材文件\第1章\项目实训\照片.jpg
效果所在位置 效果文件\第1章\项目实训\照片.jpg

图1-57 照片处理前后对比效果

2. 专业背景

照片的尺寸一般以英寸为单位，为了方便使用，可将其换算成厘米。通用标准照片的尺寸有较严格的规定，现在国际通用的照片尺寸如下。

- 1英寸证件照的尺寸为3.6厘米×2.7厘米。
- 2英寸证件照的尺寸为3.5厘米×5.3厘米。
- 5英寸（最常见的照片大小）照片的尺寸为12.7厘米×8.9厘米。
- 6英寸（国际上比较通用的照片大小）照片的尺寸为15.2厘米×10.2厘米。
- 7英寸（放大）照片的尺寸为17.8厘米×12.7厘米。
- 12英寸照片的尺寸为30.5厘米×25.4厘米。

微课视频

制作寸照

3. 操作思路

本实训主要使用裁剪工具来完成，只需按要求对照片进行裁剪和调整即可，其操作思路如图1-58所示。

① 打开素材

② 设置裁剪区域

③ 完成裁剪

图1-58 制作寸照的操作思路

【步骤提示】

（1）打开“照片.jpg”素材文件，在工具箱中选择裁剪工具。

（2）在工具属性栏中设置一寸照片对应的尺寸和像素。

（3）在图像编辑区拖动鼠标确定裁剪区域。

（4）单击按钮完成寸照制作。

1.5.2 制作漫天星空效果

1. 实训目标

本实训的目标是在夜晚背景上使用画笔工具载入笔刷绘制星星，使画面看起来更美。本实训图片处理前后的对比效果如图1-59所示。

素材所在位置 素材文件\第1章\项目实训\夜晚背景.jpg、星光.abr

效果所在位置 效果文件\第1章\项目实训\漫天星空.psd

图1-59 处理前后的对比效果

2. 专业背景

为了使图片更加美观，可以使用画笔工具在图片上绘制一些装饰物，但Photoshop自带的画笔样式是有限的，并不一定能够满足需求。此时，可以去网上下载一些符合需要的笔刷，通过载入画笔的方法添加画笔样式，并设置画笔笔尖大小和画笔硬度等参数，绘制出需要的图案。

3．操作思路

本实训主要使用画笔工具来完成，只需载入笔刷，并使用画笔工具绘制星星即可，其操作思路如图1-60所示。

① 打开素材

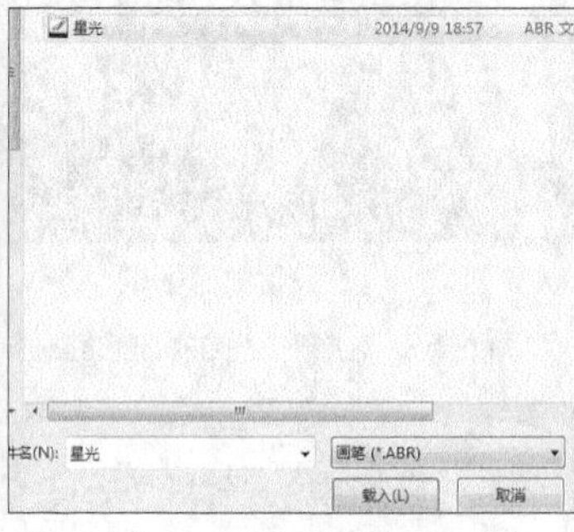

② 载入笔刷

③ 绘制星星

图1-60 制作漫天星空效果的操作思路

【步骤提示】

（1）打开“夜晚背景.jpg”素材文件，在工具箱中选择画笔工具。

（2）通过“载入”对话框，载入“星光.abr”笔刷，并在载入的画笔样式中选择“180”笔刷样式。

（3）随机绘制漫天繁星，完成后保存文件，查看完成后的效果。

1.6 课后练习

本章主要介绍了Photoshop CC的基本操作，包括图像处理的理论知识、辅助工具的使用、图像的查看与编辑、画笔工具的使用方法等。读者应认真学习本章的内容，为后面设计和处理图像打下坚实的基础。

练习1：查看和调整图片

本练习要求打开“风景.jpg”图像并放大，并使用抓手工具对图像进行移动和查看。

素材所在位置 素材文件\第1章\课后练习\风景.jpg

操作要求如下。

- 打开“风景.jpg”素材文件。
- 使用缩放工具将图像放大，查看图像细节，然后使用“导航器”查看图像的局部细节。
- 使用抓手工具移动图像，依次查看图像的各个部分。

练习2：制作下雪天效果

本练习要求打开“雪地.jpg”素材文件，使用画笔工具添加雪花效果，如图1-61所示。

素材所在位置 素材文件\第1章\课后练习\雪地.jpg、雪花.abr
效果所在位置 效果文件\第1章\课后练习\下雪天.jpg

图1-61 制作下雪天效果

操作要求如下。

- 打开“雪地.jpg”图像文件，载入提供的雪花笔刷。
- 新建几个空白图层，使用不同大小的画笔绘制雪花，以增加雪花的层次感。
- 保存文件，完成制作。

1.7 技巧提升

1．复制和粘贴图像

将图像粘贴到另一张图像中，可使图像效果更加丰富。其方法为：打开需要复制和粘贴的图像，在要复制的图像中按【Ctrl+A】组合键选择图像，选择【编辑】/【拷贝】菜单命令或按【Ctrl+C】组合键复制图层，再切换到另一张图像中，选择【编辑】/【粘贴】菜单命令或按【Ctrl+V】组合键粘贴图层。

2．更改Photoshop CC的历史记录数量

Photoshop CC默认的历史记录最多保留20条，选择【编辑】/【首选项】/【性能】菜单命令，在打开的对话框中即可更改历史记录的数量。需要注意的是，设置的历史记录数量越多，在处理图像时，运行速度就越慢。

3．Photoshop在设计中的应用

- **在平面设计中的应用**。Photoshop在平面广告设计方面的应用是非常广泛的，如制作招贴式宣传单、POP海报、公益广告或手册式的宣传广告等。
- **在插画设计中的应用**。利用Photoshop可以在计算机上模拟画笔绘制多样的插画和插图，不但能表现出逼真的传统绘画效果，还能制作出传统绘画无法实现的特殊效果。

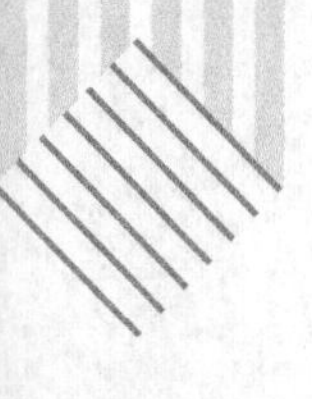

- **在网页设计中的应用。**利用Photoshop可在平面设计理念的基础上对网页进行版面设计，并将制作好的页面导入相应的动画软件中处理，以生成互动式的网页版面。
- **在界面设计中的应用。**界面设计这一行业现如今受到各软件企业及开发者的重视，从以前计算机端的软件界面和游戏界面，到现在的各种移动电子产品的界面，绝大多数都使用Photoshop的渐变、图层样式和滤镜等功能来制作各种真实的质感和特效。
- **在数码照片后期处理中的应用。**Photoshop提供的图像调色命令及图像修饰等功能，在数码照片后期处理中发挥着巨大作用，为数码爱好者提供了广阔的设计空间，通过这些功能可以快速制作出需要的照片特效。
- **在效果图后期处理中的应用。**通常在制作建筑、人物和配景等许多三维场景效果图后都需要通过Photoshop进行后期处理，如添加和调整颜色，这样不仅可以增强画面的美感，还可节省渲染时间。
- **在电子商务中的应用。**电子商务行业的飞速发展，使Photoshop在电子商务领域的应用越来越广泛，店铺设计、店标设计、商品效果图处理、商品促销海报设计等一系列操作，一般都需要通过Photoshop来完成。

CHAPTER 2

第2章 图像选区的创建与编辑

情景导入

米拉进入了公司，老洪了解了她的操作水平后，建议她从选区的创建与编辑开始学习，提升自己的图像处理能力，并让她试着制作一些简单的海报。

学习目标

- 掌握抠取一组商品图片的方法，如魔棒工具、套索工具和“色彩范围”命令的使用。
- 掌握房产海报的制作方法，如以蒙版形式编辑选区、平滑和羽化选区、变换选区等。

案例展示

▲抠取一组商品图片

▲制作房产海报

2.1 课堂案例：抠取一组商品图片

老洪给米拉的第一个工作是根据提供的素材，抠取一组商品图片，并放入合适的背景中。要完成该任务，需要使用各种选择工具创造选区，如快速选择工具、套索工具和色彩范围工具等。本例完成后的参考效果如图2-1所示，下面具体讲解制作方法。

素材所在位置 素材文件\第2章\课堂案例\抠取一组商品图片\
效果所在位置 效果文件\第2章\课堂案例\抠取一组商品图片\

图2-1 商品图片最终效果

2.1.1 使用快速选择工具组创建选区

快速选择工具组包括快速选择工具和魔棒工具，通过它们可快速抠取一些具有特殊效果的图像选区，并将抠取后的选区添加到背景中。

1．使用快速选择工具创建选区

选择快速选择工具，在选取图像的同时按住鼠标左键不放并拖动，可以为图像创建选区，该工具适合在具有强烈颜色反差的图像中绘制选区。下面打开“高跟鞋.jpg”图像文件并使用快速选择工具为图像创建选区，然后应用到“背景1.jpg”中，具体操作如下。

（1）打开“高跟鞋.jpg”图像文件，在工具箱中选择快速选择工具，将鼠标指针移动至图像编辑区中，此时鼠标指针变为⊕形状。在图像的高跟鞋区域拖动鼠标，鼠标指针经过的区域将被创建为选区，如图2-2所示。

（2）观察图片，发现高跟鞋的鞋跟、鞋底被漏选。在工具属性栏中单击“添加到选区”按钮，在“画笔”下拉列表框中设置画笔的大小为“175”。此时鼠标指针变为⊕形状，在高跟鞋的鞋跟、鞋底处继续拖动鼠标，加选该区域，如图2-3所示。

图2-2　绘制选区

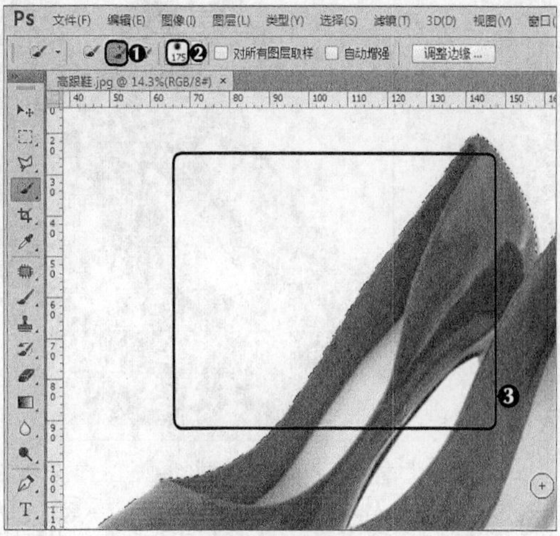

图2-3　添加选区

（3）继续观察图片，发现多选了鞋子之间的空白区域。在工具属性栏中单击“从选区减去”按钮，此时鼠标指针变为⊖形状，按住鼠标不放，在鞋子之间的空白处拖动鼠标，将不需要的选区删除，如图2-4所示。

（4）在图像编辑区中按住【Alt】键不放，向上滚动鼠标滚轮，放大图像在Photoshop CC界面中的显示比例，查看图像的选区，并使用上述方法，完善选区细节，如图2-5所示。

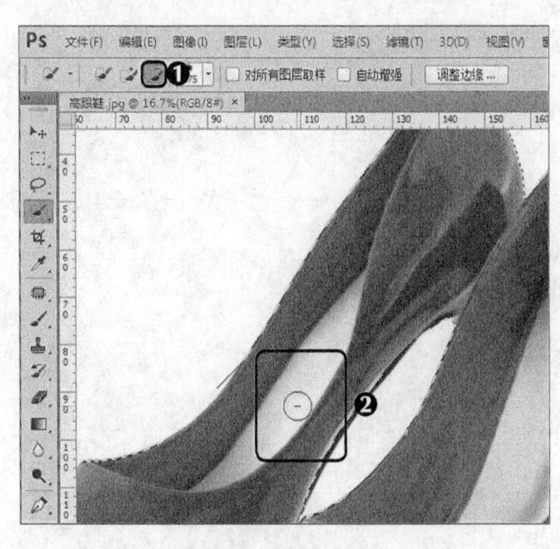

图2-4　减去选区

图2-5　完善选区细节

（5）完成后按住【Alt】键不放，向下滚动鼠标滚轮，将图像缩小到适合的比例，查看创建选区后的效果，然后在工具属性栏中单击[调整边缘...]按钮，如图2-6所示。

（6）打开“调整边缘”对话框，设置“边缘检测”栏下方的“半径”为“2”，设置“调整边缘”栏下方的“平滑”为“10”，“羽化”为“1”，“对比度”为“20%”，在“输出到”下拉列表框中选择“图层蒙版”选项，然后单击[确定]按钮，完成边缘的调整，如图2-7所示。

图2-6　完成选区的绘制

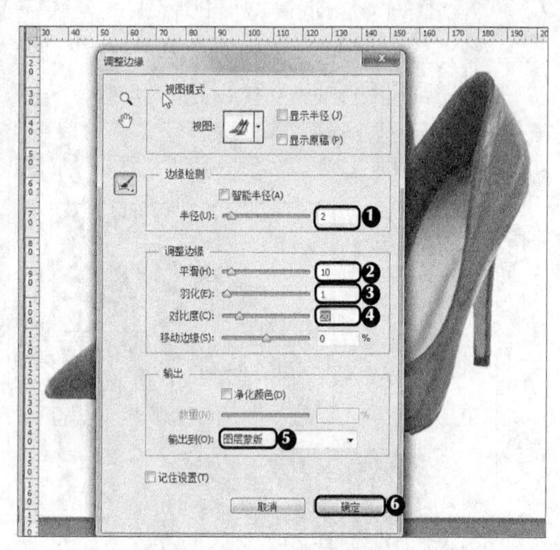

图2-7　设置“调整边缘”

（7）返回图像编辑窗口，可发现选区的图像单独显示在图层蒙版中，查看抠取后的高跟鞋效果。

（8）打开“背景1.jpg”图像文件，切换至“高跟鞋.jpg”图像窗口，选择移动工具，将鼠标指针移动到绘制的选区中，按住鼠标左键不放拖动选区到“背景1.jpg”图像文件中，释放鼠标。按【Ctrl+T】组合键对高跟鞋进行自由变换，将鼠标指针移动到图像四周的控制点上，当其变为形状时，按住【Shift】键不放拖动鼠标调整高跟鞋的大小和位置。然后按【Ctrl+S】组合键，打开“另存为”对话框，以“高跟鞋.psd”为名保存，即可完成商品图片的抠取与制作，如图2-8所示。

图2-8　将高跟鞋移动到背景图片中并进行调整

使用快速选择工具创建选区的技巧

缩放图像的显示比例后，选区中画笔的大小也会一起改变，此时可在英文输入法状态下，按【[】键减小选区画笔的大小，按【]】键增加选区画笔的大小，使其更符合选区的绘制要求。在工具属性栏中不仅可以设置选区画笔的大小，还可以设置硬度、间距、角度和圆度等，使绘制的选区能更切合图像轮廓。

2．使用魔棒工具创建选区

魔棒工具通常用于选取图像中颜色相同或相近的区域。下面打开“水果篮子.jpg”图像文件，使用魔棒工具为图像创建选区，最后应用到“背景2.jpg”中，其具体操作如下。

（1）打开“水果篮子.jpg”图像文件，在工具箱中的快速选择工具组上按住鼠标左键不放，在弹出的快捷菜单中选择魔棒工具，当鼠标指针呈形状时，在水果篮子的白色区域处单击，如图2-9所示。

（2）观察图片，发现白色背景未被全部选择。在工具属性栏中单击“添加到选区”按钮，在漏选的区域单击，继续添加选区，直至选择整个白色背景，如图2-10所示。添加选区时，若多选了不需要添加的区域，可在工具属性栏中单击“从选区减去”按钮，减去该区域。

图2-9　单击白色区域

图2-10　添加选区

（3）选择【选择】/【反向】菜单命令，或按【Shift+Ctrl+I】组合键，反向选择果篮选区，如图2-11所示。然后按【Ctrl+J】组合键，将果篮选区复制到新的图层。

（4）打开“背景2.jpg”图像文件，将抠取的果篮图片拖动到“背景2.jpg”图像文件中，调整位置并查看添加后的效果。按【Ctrl+S】组合键，打开“另存为”对话框，以“水果篮子.psd”为名保存，如图2-12所示。

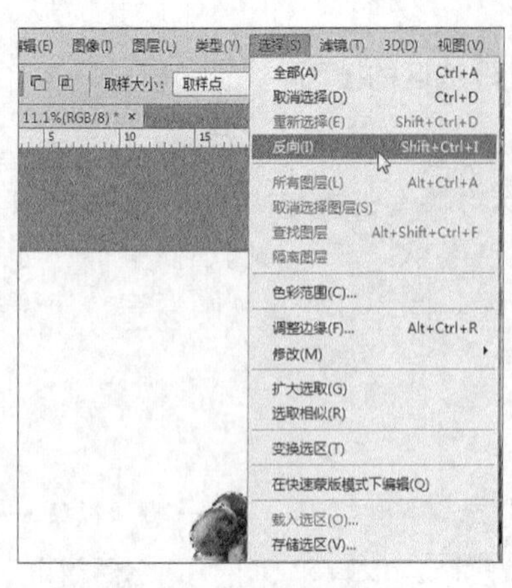

图2-11　反向选择选区

图2-12　将果篮移动到背景图片中并进行调整

使用魔棒工具的技巧

使用魔棒工具选取大范围或者小范围选区时，可调整容差值，容差值越大，选取的范围越大，容差值越小，选取的范围越小。

2.1.2　使用套索工具组创建选区

套索工具组主要由套索工具、多边形套索工具和磁性套索工具组成。通过套索工具组不但能创建不规则的图像选区，还能抠取图像。

1．使用套索工具创建选区

用套索工具绘制选区如同画笔在图纸上绘制线条一样，可以创建手绘类不规则选区。下面打开“电热水壶.jpg”图像文件，使用套索工具为图像创建选区，最后应用到“背景3.jpg”中，具体操作如下。

（1）打开“电热水壶.jpg”图像文件，按住【Alt】键不放，滑动鼠标滚轮调整商品图像的显示比例，在工具箱中选择套索工具，如图2-13所示。

（2）将鼠标指针移动到电热水壶的壶嘴位置，按住鼠标左键不放沿水壶边缘拖动，与壶嘴起始处重合时释放鼠标，闭合选区，即可为水壶创建选区，如图2-14所示。

图2-13　选择套索工具

图2-14　为水壶创建选区

（3）在工具属性栏中单击“从选区减去”按钮，此时鼠标指针变为形状，按住【Alt】键不放，放大图像，在电热水壶的多余区域绘制，减去多余选区如图2-15所示。

（4）完成抠取后，按【Ctrl+J】组合键，将抠取后的图像复制到新的图层中。打开“背景3.jpg”图像文件，将抠取后的电热水壶图片拖动到“背景3.jpg”图像文件中，调整位置并查看效果。完成后按【Ctrl+S】组合键打开“另存为”对话框，并将其以“电热水壶.psd”为名保存，如图2-16所示。

图2-15　减去多余选区

图2-16　将水壶移动到背景图片中并进行调整

2．使用磁性套索工具创建选区

磁性套索工具可以自动捕捉图像中色彩对比明显的图像边界，从而快速创建选区。下面打开“女包.jpg”图像文件，并使用磁性套索工具为图像创建选区，最后应用到“背景4.jpg”中，具体操作如下。

（1）打开“女包.jpg”图像文件，在套索工具上按住鼠标左键不放，在弹出的快捷菜单中选择磁性套索工具。此时鼠标指针变为形状，按住【Alt】键不放，向上滚动鼠标滚轮，将图像放大显示，如图2-17所示。

（2）将鼠标指针移动至需要绘制选区的起始点，单击鼠标左键以确定选区的起始点，拖动鼠标，此时产生一条附着在女包轮廓上的套索线。继续拖动鼠标直到回到起始点处，单击起始点闭合选区，完成选区的创建，如图2-18所示。

图2-17　放大图片

图2-18　为女包创建选区

（3）在工具属性栏中单击“从选区减去”按钮，此时鼠标指针变为形状，对女包手提处的空白区域绘制选区，减去该部分选区，完成后按【Ctrl+J】组合键，将女包图像复制到新的图层，如图2-19所示。

（4）打开“背景4.jpg”图像文件，将抠取的女包图片拖动到“背景4.jpg”图像文件中，调整位置并查看效果。再将其以“女包.psd”为名保存，如图2-20所示。

图2-19　减去选区

图2-20　将女包移动到背景图片中并进行调整

多学一招

使用磁性套索工具的技巧

顺着图像的周边拖动鼠标，可以发现有很多小的节点，如果勾画错误，可以按【Delete】键取消，重新勾画。在上方菜单栏中修改“频率”参数，可以修改勾画时图像中出现的节点密集程度，越密集效果越逼真。

3. 使用多边形套索工具创建选区

微课视频

使用多边形套索工具创建选区

使用多边形套索工具可以将图像中规则的形状从复杂的背景中选择出来，并可以绘制具有直线段或折线样式的多边形选区，让框选区域更加精确，常用于抠取规则物品，其具体操作如下。

（1）打开“蛋糕1.jpg”图像文件，在工具箱中选择多边形套索工具，在蛋糕左侧的棱角处单击，确定起始点，如图2-21所示，然后沿着轮廓移动鼠标指针。

（2）当鼠标指针移动到多边形的转折点时，单击转折点以确定多边形的一个顶点，用同样的方法确定多边形的其他顶点当回到起始点时，鼠标指针右下角将出现一个小的圆圈，单击该圆圈闭合选区，完成选区的创建，如图2-22所示。

图2-21　确定选区的起点

图2-22　完成选区的创建

（3）打开“蛋糕2.jpg”图像文件，在工具箱中选择魔棒工具，在图像的空白区域处单击创建选区，如图2-23所示。

（4）按【Ctrl+Shift+I】组合键反选选区，抠取蛋糕图像，如图2-24所示。

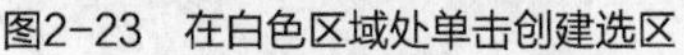
图2-23　在白色区域处单击创建选区

图2-24　反选选区

（5）打开“背景5.jpg”图像文件，将抠取的蛋糕图片依次拖动到“背景5.jpg”图像文件中，调整图像大小和位置。再将其以“蛋糕.psd”为名保存，如图2-25所示。

图2-25　将蛋糕移动到背景图片中并进行调整

2.1.3　使用色彩范围创建选区

“色彩范围”命令与魔棒工具的作用相似，但功能更为强大。该命令可以选取图像中某一颜色区域内的图像或整个图像内指定的颜色区域。下面打开“商务包.jpg”图像文件，通过“色彩范围”命令选取颜色为深蓝色的图像区域，从而创建选区，具体操作如下。

（1）打开“商务包.jpg”图像文件，选择【选择】/【色彩范围】菜单命令，打开“色彩范围”对话框，单击选中“图像”单选项，以便在对话框中查看原图像。在“选择”下拉列表框中选择需要选取的颜色，这里选择“取样颜色”选项，然后将鼠标指针移动到商务包颜色最深的部分单击，如图2-26所示。

（2）单击选中“选择范围”单选项，在“颜色容差”文本框中输入“150”，并分别单击右侧的“添加到取样”按钮和“从取样中减去”按钮，调整色彩的范围，让黑白的对比更明显，单击 确定 按钮完成选区的创建，如图2-27所示。

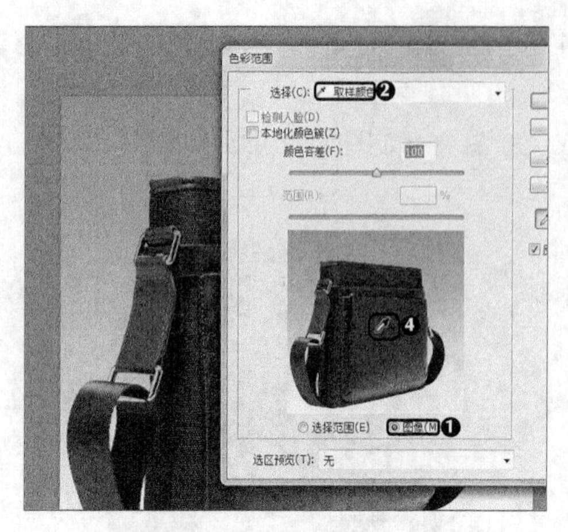

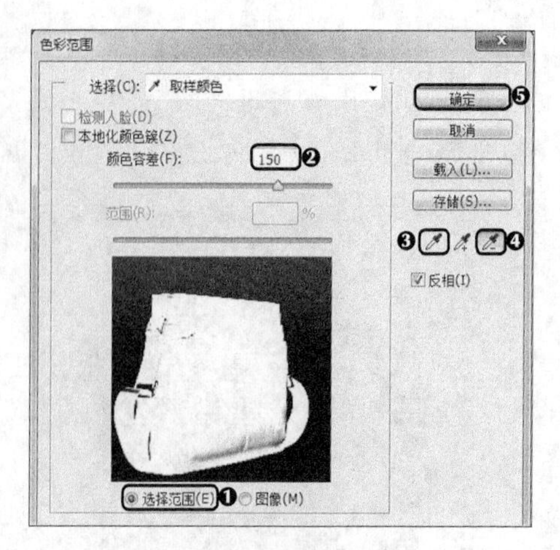

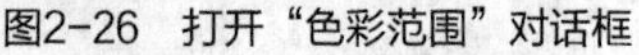
图2-26　打开“色彩范围”对话框　　　　图2-27　设置色彩范围

（3）返回图像编辑窗口，按【Ctrl+J】组合键复制选区到新图层，打开“背景6.jpg”图像文件，将抠取的商务包图片拖动到“背景6.jpg”图像文件中，调整图像位置和大小，并将其以“商务包.psd”为名保存，如图2-28所示。

图2-28　将商务包移动到背景图片中并进行调整

“选择范围”与“图像”模式的区别与联系

“选择范围”与“图像”模式分别用于显示图像的选区和原始效果。在这两种模式之间切换，可以快速取样并查看效果。拖动“颜色容差”滑块，还可在“选择范围”模式下查看不同容差下图像的效果，便于精确选择需要的选区。

2.2　课堂案例：制作房产海报

经过一段时间的工作之后，米拉已经能够很好地编辑图像选区了，老洪决定让米拉试着做一张简单的房产海报，在其中将学区房的优势展现出来。因此，米拉采用小区部分效果图、书本、跑道等元素来展示。要完成该任务，除了运用创建选区的方法制作外，还会涉及选区的调整、变换、复制和移动等内容。本例的参考效果如图2-29所示，下面具体讲解其制作方法。

素材所在位置　素材文件\第2章\课堂案例\房产海报\
效果所在位置　效果文件\第2章\课堂案例\房产海报.psd

图2-29 房产海报

2.2.1 以蒙版形式编辑选区

使用蒙版的形式编辑选区不但能让选区变得更加完整，还能手动控制选区范围，让选区更加符合需求。下面将在“小区建筑.jpg”图像文件中结合使用“快速蒙版”和“画笔工具”绘制并编辑选区，具体操作如下。

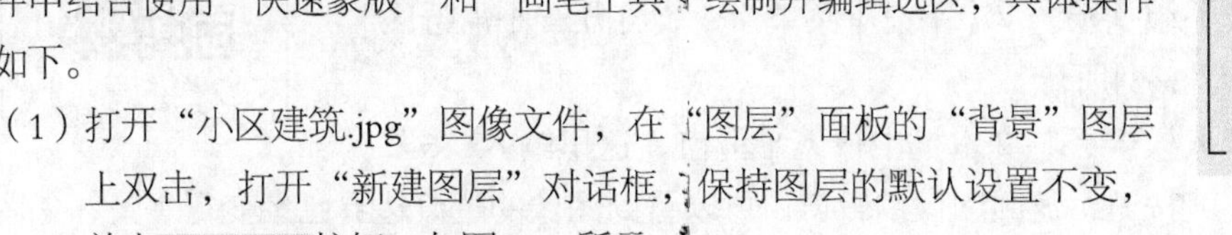

（1）打开“小区建筑.jpg”图像文件，在“图层”面板的“背景”图层上双击，打开“新建图层”对话框，保持图层的默认设置不变，单击 确定 按钮，如图2-30所示。

（2）将前景色设置为黑色，在工具箱中单击“以快速蒙版模式编辑”按钮，然后选择画笔工具，拖曳鼠标涂抹中间建筑楼区域，在涂抹过程中可按【[】或【]】键调整画笔大小，如图2-31所示。

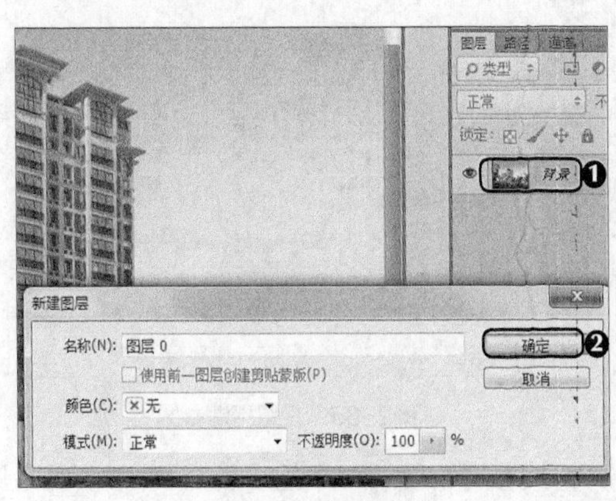

图2-30 新建图层

图2-31 使用画笔工具涂抹建筑楼

（3）单击工具箱中的“以标准模式编辑”按钮，退出蒙版编辑模式，此时图像中创建了与涂抹的区域相反的选区，如图2-32所示。

（4）按【Delete】键删除中间建筑楼以外的区域。选择【选择】/【反向】菜单命令，反选选区，创建“中间建筑楼”选区，如图2-33所示。

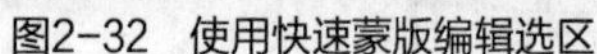

图2-32　使用快速蒙版编辑选区

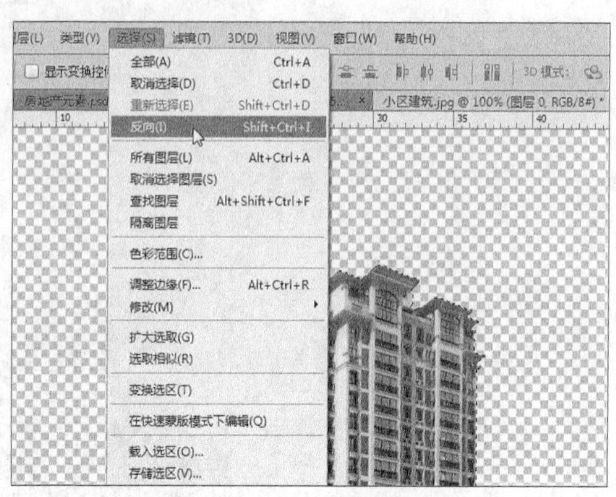

图2-33　反选选区

2.2.2　平滑和羽化选区

平滑和羽化选区可以使选区的边缘变得更加光滑、连续和柔和，使选区更加精确。下面对“建筑小区.jpg”图像文件进行平滑与羽化操作，让建筑物边界过渡得更加自然，具体操作如下。

（1）选择【选择】/【修改】/【平滑】菜单命令，打开“平滑选区”对话框，如图2-34所示。

（2）在其中的“取样半径”文本框中输入平滑值，这里输入“3”，单击 确定 按钮，返回图像编辑窗口可以看到图像的过渡边界已经变得平滑，如图2-35所示。

图2-34　平滑选区

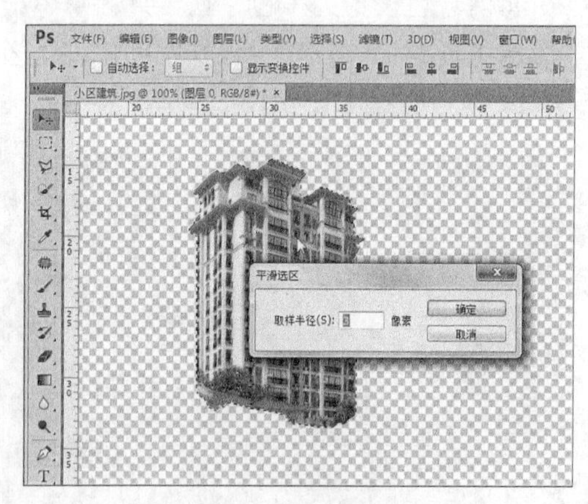

图2-35　设置平滑参数

（3）选择【选择】/【修改】/【羽化】菜单命令，或按【Shift+F6】组合键，打开“羽化选区”对话框，如图2-36所示。

（4）在“羽化半径”文本框中输入羽化值，这里输入“10”，单击 确定 按钮，返回图像编辑区可以看到图像的边缘已经羽化，如图2-37所示。

图2-36 打开“羽化选区”对话框

图2-37 设置羽化参数

羽化数值的设置方法

羽化半径越大，选区边缘将越平滑，在设置时，需要根据选区与被框选部分的间隙选择合适的值进行调整。

2.2.3 变换选区

变换选区是最常用的操作之一，利用该命令可以直接对选区的大小、形状和位置等进行调整，其具体操作如下。

（1）打开“操场素材.png”图像文件，选择【视图】/【标尺】菜单命令，打开标尺，将鼠标指针移动到垂直标尺上，按住鼠标左键不放向右拖动，移动到中间位置时，释放鼠标，创建一条垂直参考线，如图2-38所示。

图2-38 设置参考线

（2）在工具箱中选择矩形选框工具，在图像中沿参考线框选左侧操场区域，按【Ctrl+C】组合键复制选区内容，如图2-39所示。

（3）打开“翻开的书.png”图像文件，按【Ctrl+V】组合键粘贴选区，并生成“图层1”，如图2-40所示。

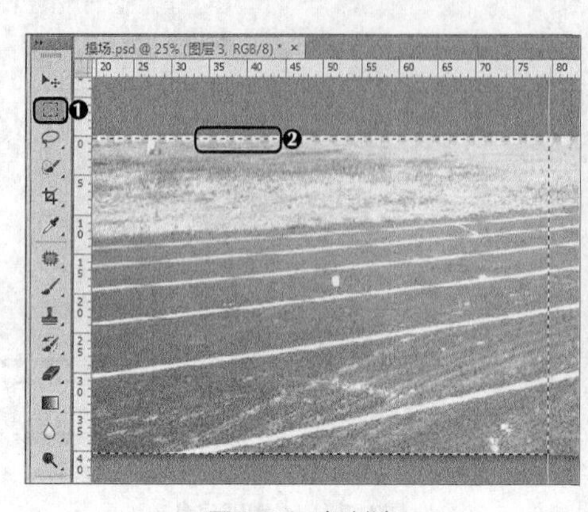

图2-39　复制选区

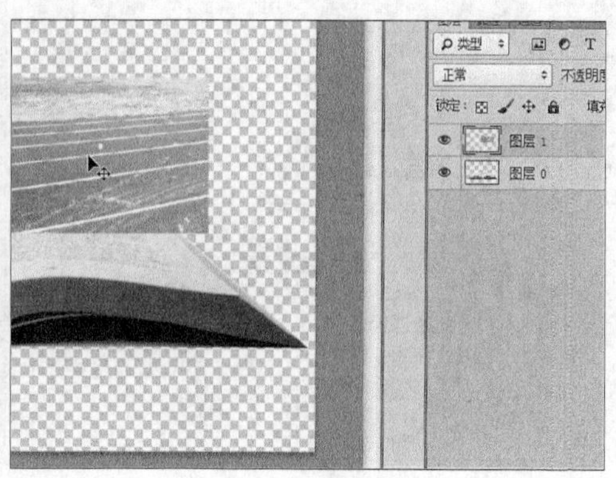

图2-40　粘贴选区

（4）按【Ctrl+T】组合键进入变换状态，将鼠标指针移动至图像四周的控制点上，当其变成↗时，在按住【Shift】键的同时拖动鼠标，等比例调整图像大小，如图2-41所示。

（5）在图像上单击鼠标右键，在弹出的快捷菜单中选择“变形”命令，然后拖动图像四周的控制点，将图像调整为书页的形状，如图2-42所示。

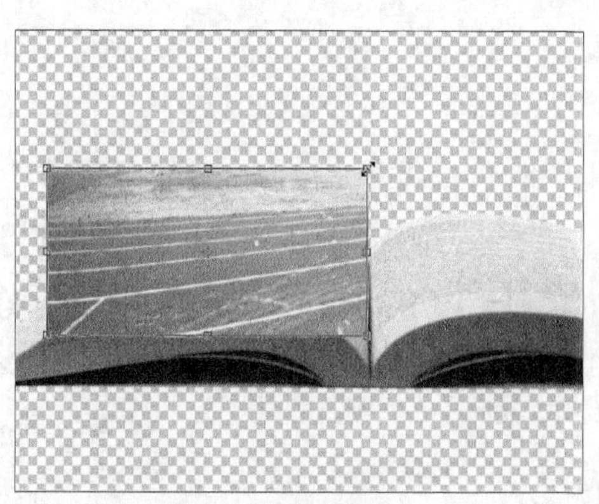

图2-41　变换选区

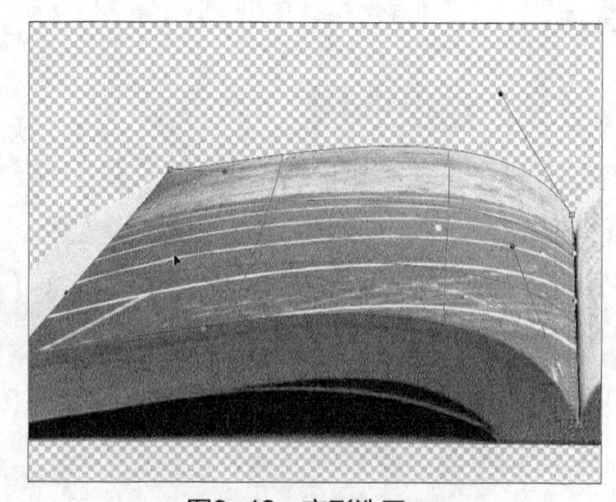

图2-42　变形选区

（6）使用相同的方法做好另一边书页，变形时注意对齐操场上的跑道线，如图2-43所示。

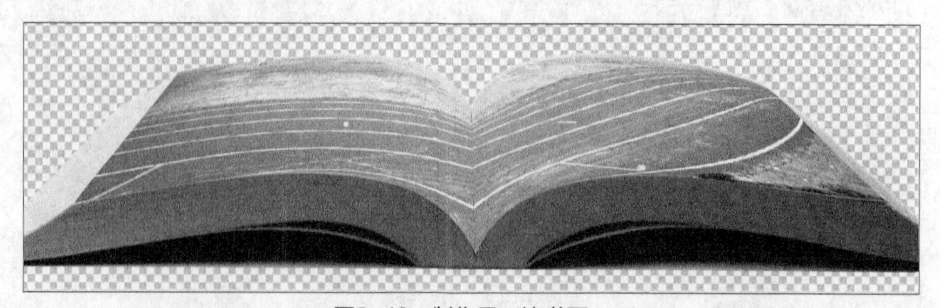

图2-43　制作另一边书页

（7）打开“商场建筑.jpg”图像文件，按照前面学过的抠图方法将蓝天背景去掉，将建筑区域复制并粘贴到“翻开的书.png”图像文件中，并将建筑区域底部贴合书页使他们成为一个整体，如图2-44所示。

（8）将前面抠取的“小区建筑.jpg”图像文件复制粘贴到“翻开的书.png”图像文件中，调整大小和位置，并置于商场建筑的前方，如图2-45所示。

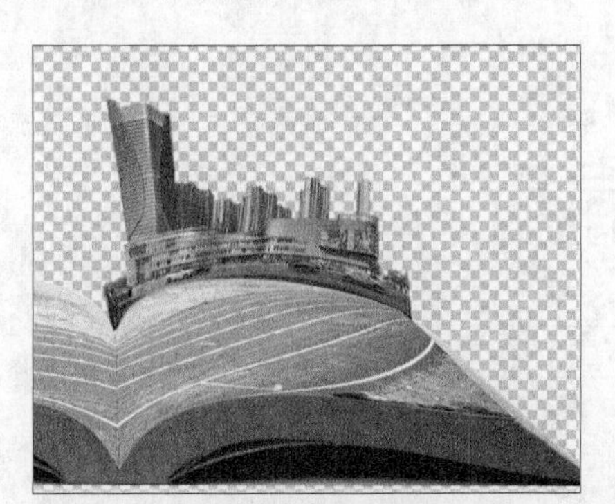

图2-44 粘贴选区

图2-45 添加小区建筑

（9）置入“植物.png”和“人物.png”图像，调整大小和位置，完成房产广告元素的制作，如图2-46所示。

（10）将制作好的房产广告元素全部拖至“房产海报.jpg”图像文件中，调整大小和位置，完成房产海报的制作，如图2-47所示。

图2-46 置入图像

图2-47 完成制作

2.3 项目实训

2.3.1 制作店铺横幅广告

1. 实训目标

本实训为钟表店铺制作一个横幅广告。该店铺主要销售各类钟表，要求画面干净整洁，店铺整体装修风格偏向文艺清爽风格，最终效果如图2-48所示。

素材所在位置 素材文件\第2章\项目实训\背景7.jpg、素材.jpg、文字.psd
效果所在位置 效果文件\第2章\项目实训\店铺横幅广告.psd

图2-48 店铺横幅广告效果图

2. 专业背景

电商促销活动是拉动消费的一种手段，而店铺横幅广告则能很好地展示活动的内容。设计时需注意以下4点，以提高作品的制作水平。

- 横幅广告的尺寸一般是1 024像素×768像素或1 920像素×900像素，尺寸可以在一定范围内变化。横幅广告通常使用GIF格式的图像文件，也可使用静态图形，或SWF动画图像。
- 横幅广告分为全横幅广告、半横幅广告和垂直旗帜广告。
- 对于广告投放者而言，文件越小越好，一般不超过15KB。
- 横幅广告在网页中所占的比例应较小，设计要醒目、吸引人。

3. 操作思路

首先利用套索工具创建图像选区，然后编辑选区，最后复制文字图层到图像中，操作思路如图2-49所示。

① 拖入背景

图2-49 店铺横幅广告操作思路

②复制素材

③复制文字

图2-49　店铺横幅广告操作思路（续）

【步骤提示】

（1）新建一个"大小"为"1 920像素×900像素"，"分辨率"为"72像素/英寸"，"颜色模式"为"RGB模式"的图像文件，并将其命名为"店铺横幅广告.psd"。

（2）将"背景7.jpg"图像移动到新建的图像文件中，调整大小和位置。

（3）打开"素材.jpg"图像文件，利用快速选择工具和套索工具等为灯、冰箱、桌子、钟等图像创建图像选区。

（4）将创建选区后的图像拖动到新建的图像文件中，通过自由变换操作调整大小并移动到合适位置。

（5）打开"文字.psd"图像文件，将其中的文字图层移动到店铺横幅广告中，调整大小和位置。

（6）完成图像的调整后，按【Ctrl+S】组合键保存图像。

2.3.2　制作包装立体效果

1．实训目标

本实训将制作好的包装平面图处理成立体展示效果。最终效果如图2-50所示。

素材所在位置　素材文件\第2章\项目实训\包装盒平面图.jpg

效果所在位置　效果文件\第2章\项目实训\包装立体图.psd

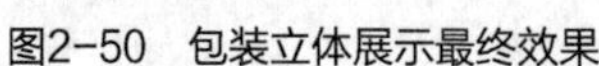
图2-50 包装立体展示最终效果

2. 专业背景

设计包装立体效果时需要注意：商标是企业、机构、商品和各项设施的象征。在包装设计中，商标是包装上必不可少的部分。

设计立体包装时，最好先创建参考线，这样可以帮助增强立体效果。

3. 操作思路

使包装盒平面图的各个面进入变换状态，然后调整和变换选区，操作思路如图2-51所示。

图2-51 包装立体效果操作思路

【步骤提示】

（1）新建名为“包装立体图”的图像文件。

（2）打开“包装盒平面图.jpg”图像文件，使用多边形套索工具将包装的每一面分割成单独的图层，并将其移动到“包装立体图”中。

（3）按【Ctrl+T】组合键对平面图中的各个板块进行变换，使其拥有立体效果，完成后调整图像大小和位置。

（4）羽化和描边各个板块，做最后的调整。

（5）按【Ctrl+S】组合键保存图像。

2.4 课后练习

本章主要介绍了对选区的基本操作，包括创建选区的各种工具，调整选区，变换选区，移动、复制和变换选区内的图像，以及羽化和描边选区等操作。读者应认真学习和掌握本章的内容，为后面设计和处理图像打下良好的基础。

练习1：替换背景

将素材中的衣服抠取出来，合并到已制作好的背景中，使海报更加完整，参考效果如图2-52所示。

素材所在位置 素材文件\第2章\课后练习\衣服.jpg、背景.jpg
效果所在位置 效果文件\第2章\课后练习\秋冬上新.psd

操作要求如下。

- 打开“衣服.jpg”和“背景.jpg”素材文件。
- 用魔棒工具抠取衣服。
- 对选区进行扩展和羽化。
- 将选区衣服移动到背景图像中，再调整到合适位置和大小。
- 将图像文件保存为“秋冬上新.psd”。

图2-52 最终效果

练习2：制作飞鸟效果

使用提供的素材制作图像中鸟在飞行的效果，参考效果如图2-53所示。

素材所在位置 素材文件\第2章\课后练习\背景8.tif、鸟.jpg
效果所在位置 效果文件\第2章\课后练习\飞鸟效果.psd

图2-53　飞鸟效果前后对比图

操作要求如下。

- 打开“鸟.jpg”图像，对图像中的鸟建立选区。
- 打开“背景8.tif”图像，将鸟图像移动到“背景8.tif”图像中。
- 使用“自由变换”命令调整鸟的展现效果。

微课视频

制作飞鸟效果

2.5　技巧提升

1. 边界选区

边界选区是在选区边界处向外增加一条边界，只需选择【选择】/【修改】/【边界】菜单命令，在打开的“边界选区”对话框中的“宽度”文本框中输入相应的数值，单击确定按钮，返回图像编辑窗口，即可看到增加边界选区后的效果。

2. 扩展与收缩选区

扩展选区是指在原有选区的基础上向外扩张，收缩选区则是向内缩小。扩展选区的方法为：选择【选择】/【修改】/【扩展】菜单命令，打开“扩展选区”对话框，在“扩展量”文本框中输入1~100的扩展量，单击确定按钮。收缩选区的方法为：选择【选择】/【修改】/【收缩】菜单命令，打开“收缩选区”对话框，在“收缩量”文本框中输入1~100的收缩量，单击确定按钮。

3. 扩大选取与选取相似

扩大选取是指扩大与现有选取范围相邻且颜色相近的颜色区域，而选取相似则是扩大整个图像中与现有选取范围颜色相同的区域。扩大选取的方法为：创建选区后，选择【选择】/【扩大选取】菜单命令，系统将自动创建与选取范围相邻且颜色相近的区域作为新选区。选取相似的方法为：创建选区后，选择【选择】/【选取相似】菜单命令，系统将自动创建整个图像中与现有选取范围颜色相同的区域作为新选区。

CHAPTER 3

第3章 使用图层合成图像

情景导入

米拉在广告公司实习了两周，Photoshop的操作水平有了进一步的提升，老洪让米拉使用图层合成图像，以提升设计水平。

学习目标

- 掌握合成“啤酒广告”图像的方法，如认识图层、新建图层、选择并修改图层名称、调整图层堆叠顺序、复制图层、创建图层组、链接图层、锁定和合并图层等。
- 掌握制作“colours”特效字的方法，如设置颜色叠加、渐变叠加、斜面与浮雕、内发光等图层样式。

案例展示

▲合成“啤酒广告”图像

▲制作“colours”特效字

3.1 课堂案例：合成“啤酒广告”图像

老洪让米拉为某品牌啤酒设计一幅电商海报，米拉在收集了相关素材后，就开始了制作。首先打开素材图片，将其移动到“啤酒广告”图像文件中，生成相应的图层，然后通过重新组织图层中的图像来完成图像的合成操作，涉及的知识点主要有图层的新建与编辑。本例完成后的参考效果如图3-1所示。

素材所在位置 素材文件\第3章\课堂案例\啤酒广告\
效果所在位置 效果文件\第3章\课堂案例\啤酒广告.psd

图3-1 “啤酒广告”图像最终效果

行业提示

合成图像时的注意事项

为了使合成图像的效果更加逼真，在合成图像时，通常需对各图层的颜色基调进行调整，使其更加匹配；其次，应让各图层与背景融合自然，特别是纹理要过渡自然。

3.1.1 认识图层

“图层”面板是查看和管理图层的场所，因此在制作本例前，需先认识“图层”面板的各个组成部分。在“图层”面板中将显示相关图层信息，如图3-2所示。

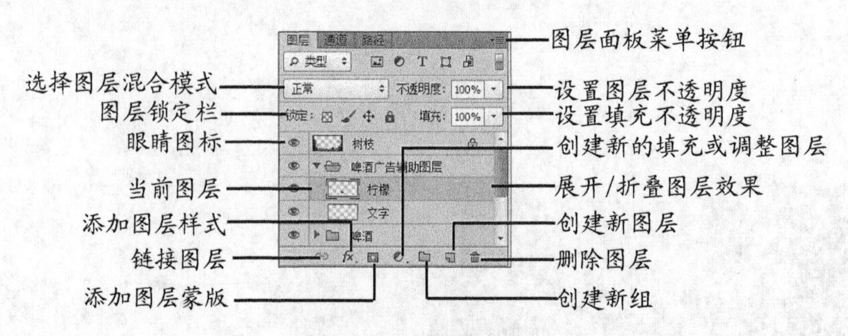

图3-2 “图层”面板

“图层”面板中主要组成部分及作用如下。

- **选择图层混合模式**。用于选择当前图层的混合模式，使其与下图层混合。
- **图层锁定栏**。用于锁定当前图层的透明像素、图像像素、位置和全部属性，使其不能编辑。
- **眼睛图标**。单击可以隐藏或再次显示图层。当在图层左侧显示此图标时，表示图像窗口将显示该图层的图像；单击后图标消失，隐藏图层。
- **当前图层**。当前选择或正在编辑的图层，以蓝色条显示。
- **“添加图层样式”按钮**。用于为图层添加图层样式效果，如“描边”“投影”等。
- **链接图层**。将选择的多个图层链接在一起，若图层名称右侧显示图标，则表示该图层为链接图层。
- **“添加图层蒙版”按钮**。用于为图层添加一个蒙版，编辑蒙版可达到需要的效果。
- **图层面板菜单按钮**。单击该按钮，在弹出的下拉菜单栏中罗列了常用的菜单命令。
- **设置图层不透明度**。用于设置图层的不透明度，使其呈透明状态显示。
- **设置填充不透明度**。用于设置图层的填充不透明度，但不会影响图层效果。
- **“创建新的填充或调整图层”按钮**。为图层新建填充或调整图层，如“渐变填充”“曲线”及“色阶”等。调整图层可将颜色和色调调整应用于图像或照片，而不会永久更改像素值。
- **展开/折叠图像效果**。单击箭头图标，可以展开或折叠显示为图层添加的效果。
- **“创建新图层”按钮**。用于新建一个普通透明图层。
- **“删除图层”按钮**。单击该按钮可删除当前选择的图层。
- **“创建新组”按钮**。用于新建一个图层组。

3.1.2 新建图层

在使用Photoshop进行图像处理时，需要先新建空白图层，再在图层中进行操作，制作出需要的效果，下面介绍新建图层的方法。

1. 新建空白图层

要创建一个新的图层，首先要新建或打开一个图像文件。下面将新建“啤酒广告.psd”图像文件，并在其上新建图层，具体操作如下。

新建空白图层

（1）打开“背景.jpg”图像文件，然后将其存储为“啤酒广告.psd”，单击“图层”面板底部的“创建新图层”按钮，新建“图层1”。在工具箱中选择渐变工具，如图3-3所示。

通过命令新建图层

除了单击“创建新图层”按钮可以新建图层外，还可以使用命令新建图层，其方法为：选择【图层】/【新建】/【图层】菜单命令，打开“新建图层”对话框，进行相应设置后，单击确定按钮即可新建图层。还可以按【Ctrl+Shift+N】组合键新建图层。

（2）在工具属性栏中单击“渐变编辑器”按钮，打开“渐变编辑器”对话框，在“预设”列表框中选择“前景色到透明渐变”选项，单击确定按钮，如图3-4所示。

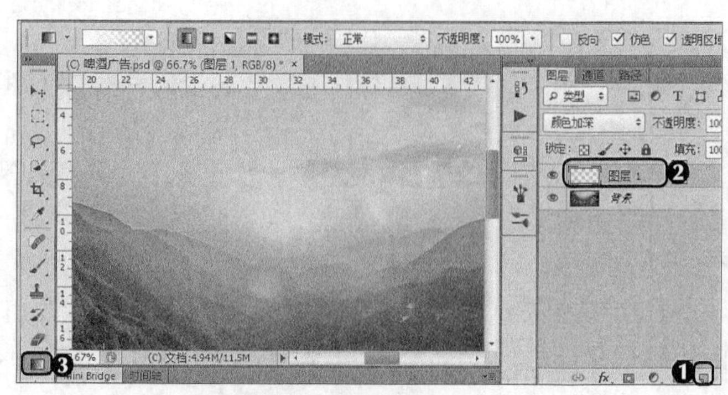

图3-3 新建图层

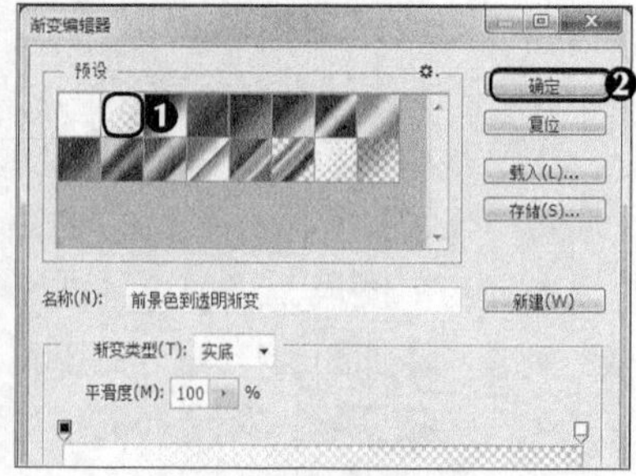

图3-4 设置渐变颜色

（3）在工具属性栏中单击“径向渐变”按钮，在图像中间向外拖动鼠标，径向填充渐变颜色，然后在“图层”面板的混合模式下拉列表框中选择“颜色加深”选项，返回图像编辑窗口查看添加图层混合模式后的图像效果，如图3-5所示。

图3-5 设置图层混合模式

2. 新建背景图层

背景图层是新建文档或打开图像时创建的图层，常为锁定状态，且图层名称为“背景”，位于“图层”面板底部。如果图像文件中没有背景图层，则可以将图像文件中的某个图层新建为背景图层。其方法为：选择需要新建为背景图层的图层，选择【图层】/【新建】/【图层背景】菜单命令，此时被选择的图层自动转换为背景图层并置于“图层”面板的最下方，呈锁定状态，图层上未填充的区域将自动填充为背景色。

3. 新建文本图层

文本图层是在使用文字工具时自动创建的图层，可以使用文字工具对其中的文字进行编辑。其方法为：选择横排文字工具，在图像中需要输入文字的区域单击，在其中输入文字，如“水色”。此时，“图层”面板中将自动新建名为“水色”的图层。

4. 新建填充图层

填充图层是指使用某种单一颜色、渐变颜色或图案对图像或选区进行填充。填充后的内容单独位于一个图层中，并且可以随时改变填充的内容。其方法为：打开需要设置填充图层的图像文件，选择【图层】/【新建填充图层】/【渐变】菜单命令，打开“新建图层”对话框，在“名称”文本框中输入图层的名称，在“颜色”下拉列表框中选择颜色，在“不透明度”文本框中设置不透明度，单击 确定 按钮即可完成填充图层的新建。新建填充图层后，可根据需要编辑图层的填充效果，如渐变填充等。

5．新建形状图层

使用形状工具组绘制图形时将自动创建形状图层。其方法为：选择矩形工具，在图像中需要绘制矩形的区域拖动鼠标，绘制矩形。“图层”面板中将自动新建名为“形状1”的图层。

6．新建调整图层

调整图层是将“曲线”“色阶”或“色彩平衡”等调整命令的效果单独存放在一个图层中，而调整图层下方的所有图层都会受到这些调整命令的影响。其方法为：选择【图层】/【新建调整图层】菜单命令，在弹出的子菜单中将显示调整图层的类型，如选择“色阶”命令，在打开的对话框中设置相关参数，单击 确定 按钮即可新建调整图层。双击新建的图层，打开“属性”面板，在其中拖动滑块可以调整图层的色阶。

3.1.3 选择并修改图层名称

要对图层进行编辑，需先选择图层。为了区分各个图层，可修改图层名称。下面将选择并修改“啤酒广告”图像中的图层名称，其具体操作如下。

（1）打开“啤酒.jpg”素材文件，使用魔棒工具为“啤酒”图像创建选区。

（2）使用移动工具将“啤酒”图像拖动到“啤酒广告.psd”图像中，按【Ctrl+T】组合键进入变换状态，按住【Shift】键不放，拖动鼠标调整图像大小，并放置到合适的位置，如图3-6所示。

（3）在“图层”面板中选择“图层2”图层，选择【图层】/【重命名图层】菜单命令，此时所选图层呈可编辑状态，在其中输入“啤酒”，如图3-7所示。

图3-6 调整啤酒图像大小

图3-7 修改图层名称

（4）打开“装饰树枝.png”素材文件，使用移动工具将其拖动到“啤酒广告.psd”图像中，按【Ctrl+T】组合键进入变换状态，按住【Shift】键不放，拖动鼠标调整图像大小，并放置到合适的位置，如图3-8所示。

（5）在打开的“图层”面板中选择“图层2”图层，在图层名称上双击鼠标左键，此时图层名称呈可编辑状态，在其中输入新名称，这里输入“树枝”，如图3-9所示。

图3-8 调整树枝图像大小

图3-9 双击重命名图层

3.1.4 调整图层的堆叠顺序

由于图层中的图像具有上层覆盖下层的特性，所以适当调整图层排列顺序可以制作出更加丰富的图像效果。下面继续添加素材，并调整图层的堆叠顺序，具体操作如下。

微课视频

调整图层的堆叠顺序

（1）打开“桌台.png”素材文件，使用移动工具将其拖动到“啤酒广告.psd”图像中，按【Ctrl+T】组合键调整图像大小，并放置到合适的位置。将图层名称命名为“桌台”，如图3-10所示。

（2）使用相同的方法，在图像中添加“柠檬.png”“文字.png”素材文件，按【Ctrl+T】组合键调整图像大小，并放置到合适的位置，将图层分别命名为“柠檬”和“文字”，如图3-11所示。

图3-10 添加和调整“桌台”素材文件

图3-11 为图层命名

（3）在“图层”面板中选择“桌台”图层，选择【图层】/【排列】/【后移一层】菜单命令，或按【Ctrl+[】组合键将其向下移动一个图层，使其位于树枝的下方，返回图像编辑窗口查看效果，如图3-12所示。

（4）选择“啤酒”图层，按住鼠标左键不放，将该图层拖动到“桌台”图层的上方，如图3-13所示。

图3-12 使用命令移动图层

图3-13 使用拖动鼠标的方法移动图层

3.1.5 复制图层

复制图层是指为已存在的图层创建相同的图层副本，并通过调整图层副本让相同的图像以不同的样式展现。下面复制“啤酒广告.psd”图像文件中的“啤酒”图层，并编辑复制后的图层，具体操作如下。

（1）在“图层”面板中选择“啤酒”图层，选择【图层】/【复制图层】菜单命令，打开“复制图层”对话框，单击 确定 按钮，如图3-14所示。

（2）在工具箱中选择移动工具，将鼠标指针移动到图像编辑区域“啤酒”上，拖动鼠标，可以看到复制的图层与原图层分离，按【Ctrl+T】组合键调整复制图层的大小和位置，效果如图3-15所示。

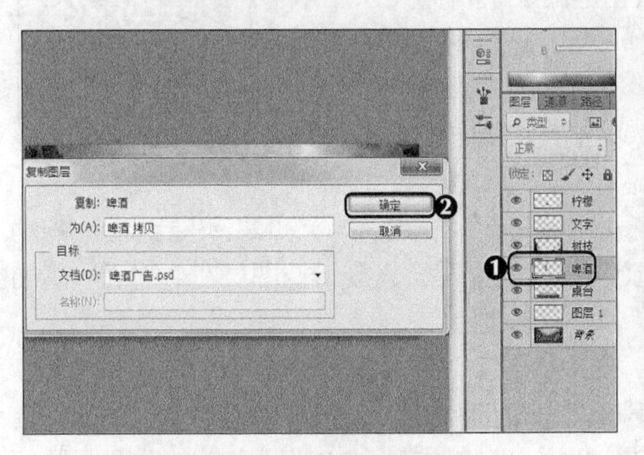

图3-14 通过命令复制图层

图3-15 调整复制图层的大小

（3）继续选择“啤酒”图层，向下拖动到面板底部的“创建新图层”按钮上，即可复制选择的图层，通过自由变换，调整“啤酒”的大小和位置，如图3-16所示。

（4）在“图层”面板中选择“啤酒 拷贝”图层，按住【Ctrl】键不放选择“啤酒 拷贝2”图层，使两个图层同时被选中，选择【图层】/【排列】/【后移一层】菜单命令，或按【Ctrl+[】组合键将其向下移动一个图层，使其位于“啤酒”图层的下方，如图3-17所示。

图3-16 通过按钮复制图层

图3-17 调整复制图层的位置

多学一招

复制图层的其他方法

复制图层时，可按住【Ctrl】键不放并单击图层缩略图快速载入图层选区，然后按住【Alt】键不放进行拖动，复制出图像但不生成图层。如果要在不同图像中复制图层，可在图层上单击鼠标右键，在弹出的快捷菜单中选择“复制图层”命令，然后在打开的对话框中的目标文档栏中选择需复制图层的图像名称，将该图层复制到所选择的目标图像中。

3.1.6 创建图层组

由于图像中需要添加的素材很多，若依次重命名图层会很烦琐，此时可创建图层组统一放置同类型图层或相关图层。下面将在“啤酒广告.psd”图像文件中为与“啤酒”相关的图层创建图层组，其具体操作如下。

（1）选择【图层】/【新建】/【组】菜单命令，打开“新建组”对话框，在“名称”文本框中输入组名称“啤酒”，单击 确定 按钮，完成新建组操作，如图3-18所示。

（2）按住【Shift】键不放，分别选择“啤酒”“啤酒 拷贝”“啤酒 拷贝2”图层，向上拖动鼠标到“啤酒”文件夹上，将图层添加到新组中，此时会发现所选图层在“啤酒”组的下方显示。

（3）在“图层”面板下方单击“创建新组”按钮，新建“组1”图层组，双击文件夹名称，使其呈可编辑状态，在其中输入“啤酒广告辅助图层”。选择需要移动到该文件夹中的图层，这里选择“柠檬”和“文字”图层，将其拖动到“啤酒广告辅助图层”组中，如图3-19所示。

图3-18 使用命令新建组

图3-19 使用按钮创建新组

知识提示

嵌套图层组

图层组是可以多级嵌套的，在一个图层组下还可以创建新的图层组，通俗地说就是组中组。一个psd文件中最多可以创建5级图层组。

多学一招

图层组快捷键

当文件中有多个图层组并且嵌套显示时，可以使用以下3个快捷键来提高工作效率。

（1）按住【Ctrl】键单击顶层图层组的箭头来一次性打开/关闭所有的顶层图层组。

（2）按住【Alt】键单击图层组箭头来打开/关闭所有的嵌套图层组。

（3）按住【Ctrl+Alt】组合键单击顶级图层组的箭头来打开/关闭所有的顶级图层组和所有的嵌套图层组。

3.1.7 链接图层

链接图层是指将多个图层链接到一起，以便同时对链接的多个图层进行对齐、分布、移动和复制等操作。本例中由于需要调整三罐啤酒的位置，所以可将啤酒所在的图层链接起来，具体操作如下。

（1）按住【Ctrl】键不放的同时选择“啤酒”图层和“啤酒 拷贝”图层，在“图层”面板底部单击“链接”按钮，将所选图层链接起来，如图3-20所示。

（2）继续按住【Ctrl】键选择“啤酒 拷贝2”图层，单击鼠标右键，在弹出的快捷菜单中选择“链接图层”命令，将选择的图层链接，如图3-21所示。

图3-20 通过按钮链接图层

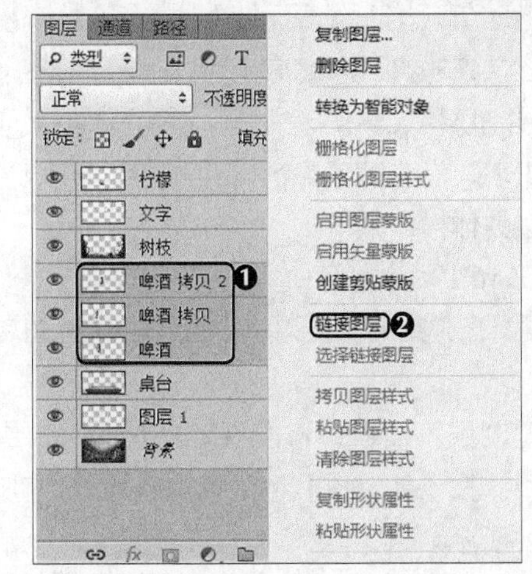

图3-21 使用命令链接图层

撤销图层链接

选择所有链接的图层，单击“图层”面板底部的“链接图层”按钮可取消所选图层的链接，若只想取消某一个图层与其他图层间的链接，只需选择该图层，再单击“图层”面板底部的“链接图层”按钮即可。

3.1.8 锁定和合并图层

锁定图层能够保护图层中的内容不被编辑，而合并图层能够减少图层占用的空间，提高系统工作效率。

1．锁定图层

在“图层”面板中的“锁定”栏中提供了锁定图层透明区域、图像像素、位置和全部信息等功能。下面对“啤酒广告”图像文件中的图层进行锁定操作，具体操作如下。

（1）在“图层”面板中选择“啤酒”图层组，在其上单击“锁定全部”按钮，图层将被全部锁定，不能再对其进行任何操作，如图3-22所示。

（2）按住【Ctrl】键不放选择“树枝”和“桌台”所在的2个图层，在其上单击“锁定位置”按钮，如图3-23所示。此时，将不能移动图层位置。

图3-22 锁定图层组　　图3-23 锁定位置

2．合并图层

合并图层能将两个或多个不同的图层合并到一个图层中显示。下面合并“背景”和“图层1”图层，具体操作如下。

（1）按住【Ctrl】键不放选择“图层1”和“背景”图层，在其上单击鼠标右键，在弹出的快捷菜单中选择“合并图层”命令，如图3-24所示。

（2）返回“图层”面板，可发现“图层1”图层已被合并到“背景”图层中。按【Ctrl+S】组合键保存图像，查看完成后的效果，如图3-25所示。

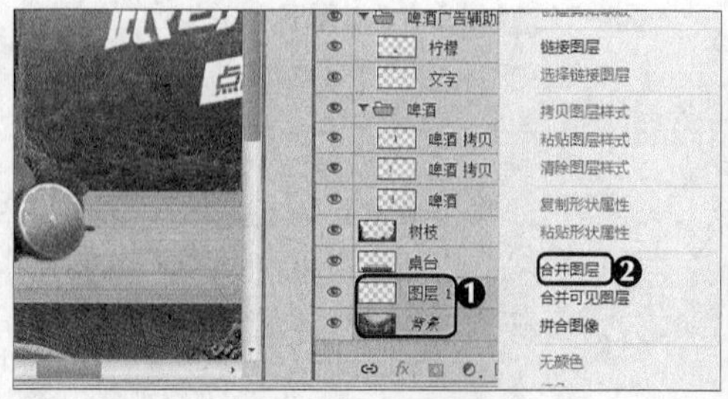

图3-24 合并图层

图3-25 完成后的效果

合并图层的其他方法

合并图层有以下4种方法。

（1）合并图层：选择多个图层后，选择【图层】/【合并图层】菜单命令，可以将选择图层合并成一个图层，合并图层后将使用上面图层的名称。

（2）向下合并图层：选择【图层】/【向下合并】菜单命令或按【Ctrl+E】组合键，可以将当前选择图层与它下面的一个图层合并。

（3）合并可见图层：先隐藏不需要合并的图层，然后选择【图层】/【合并可见图层】菜单命令或按【Shift+Ctrl+E】组合键，可以将当前所有的可见图层合并成一个图层。

（4）拼合图像：选择【图层】/【拼合图像】菜单命令，可将所有可见图层合并为一个图层。

3.2 课堂案例：制作“colours”特效字

为了满足广告对特效字的需求，老洪决定让米拉试试做一组特效字，这需要通过图层样式来完成。本例的参考效果如图3-26所示，下面具体讲解其制作方法。

素材所在位置 素材文件\第3章\课堂案例\背景1.jpg
效果所在位置 效果文件\第3章\课堂案例\colours特效字.psd

图3-26 colours特效字最终效果

3.2.1 设置颜色叠加

微课视频 设置颜色叠加

“颜色叠加”图层样式是将设置后的颜色叠加在图层上，再对其进行相应设置，实现不同的效果。下面将新建图像文件，然后在其中输入文本，再添加“颜色叠加”图层样式，具体操作如下。

（1）新建一个大小为“2 008像素×831像素”，背景色为“黑色”，名称为“colours特效字”的图像文件，在工具箱中选择横排文字工具T，在图像编辑区的中间部分输入文字“colours”，在工具属性栏中设置字体为

"Arista 2.0 Alternate"，字号为"105点"，如图3-27所示。

（2）单击"图层"面板下方的"添加图层样式"按钮fx，在打开的下拉列表框中选择"颜色叠加"选项，如图3-28所示。

图3-27　输入文字并设置其格式

图3-28　选择"颜色叠加"选项

（3）打开"图层样式"对话框，可发现已自动选中了"颜色叠加"复选框，如图3-29所示。

（4）在右侧的面板中单击"混合模式"后面的色块，打开"拾色器（叠加颜色）"对话框，在"#"右侧的文本框中输入"ad0000"，单击 确定 按钮，如图3-30所示。

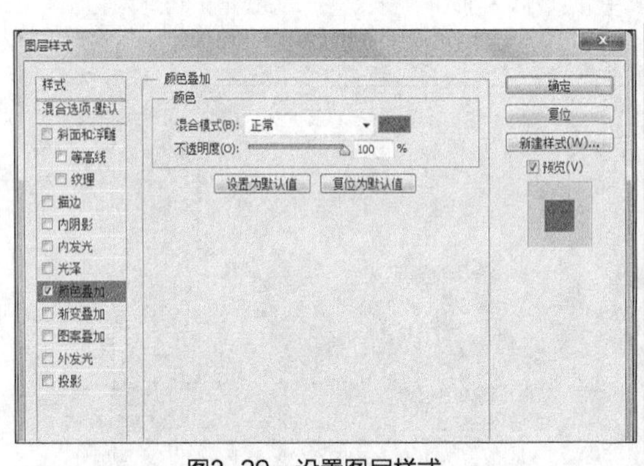

图3-29　设置图层样式

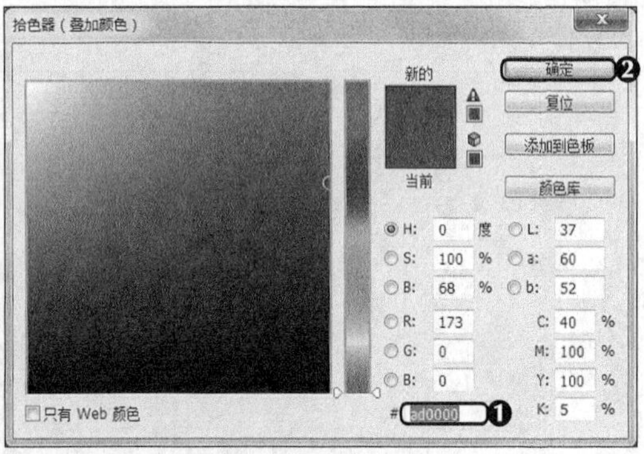

图3-30　设置"颜色叠加"

（5）返回"图层样式"对话框，单击 确定 按钮应用图层样式，如图3-31所示。

（6）返回图像编辑窗口可看到文字的颜色叠加效果，如图3-32所示。

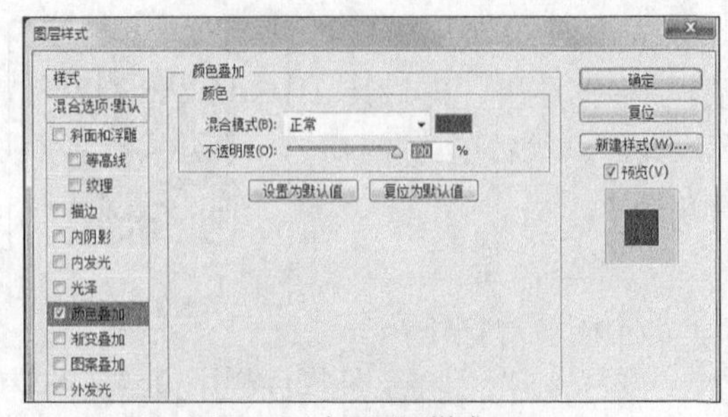

图3-31　应用图层样式

图3-32　设置"颜色叠加"后的效果

3.2.2 设置渐变叠加

微课视频

设置渐变叠加

“渐变叠加”图层样式是在图层上叠加渐变颜色，对其进行相应设置，实现不同的效果。下面在“colours”图层中添加“渐变叠加”图层样式，具体操作如下。

（1）在“图层”面板中选择“colours”图层，选择【图层】/【图层样式】/【渐变叠加】命令，打开“图层样式”对话框，如图3-33所示。

（2）在打开的“图层样式”对话框中，单击“渐变”后面的颜色条，打开“渐变编辑器”窗口，在“渐变编辑器”中添加颜色滑块的位置和颜色分别为“10%、#8a171a”“20%、#9880a4”“30%、#478866”“40%、#c4d566”“50%、#55abd7”“60%、#fac034”“70%、df646a”“80%、#e3e888”“90%、#9a1d1d”，单击 确定 按钮，如图3-34所示。

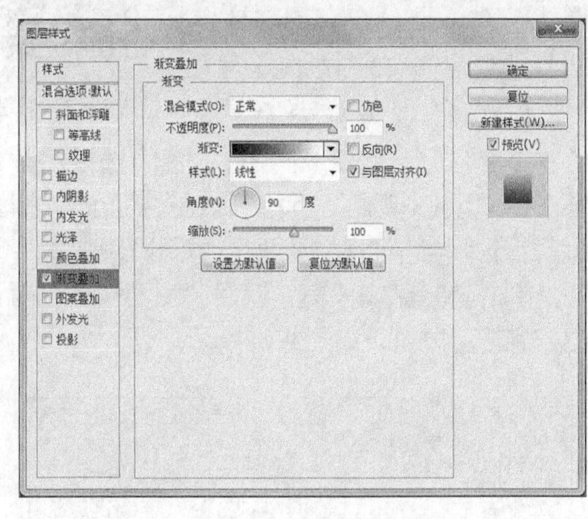

图3-33 “图层样式”对话框

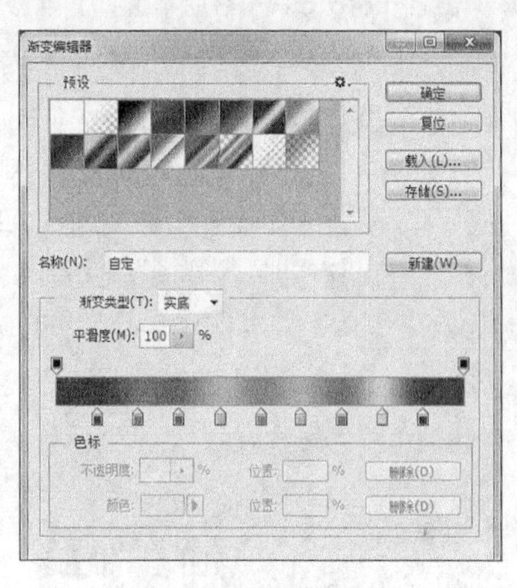

图3-34 渐变编辑器

（3）在“样式”下拉列表中选择“径向”选项，在“角度”文本框中输入“-1”，在“缩放”文本框中输入“150”，单击 确定 按钮完成设置，如图3-35所示。

（4）返回图像编辑窗口即可看到渐变叠加效果，如图3-36所示。

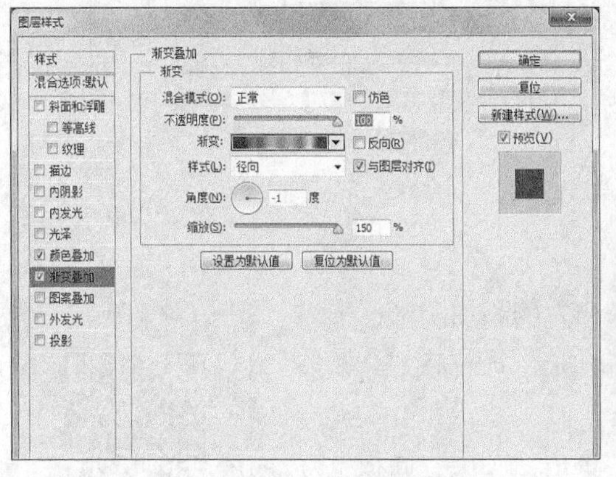

图3-35 设置“渐变叠加”参数

图3-36 设置“渐变叠加”后的效果

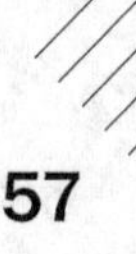

保存渐变预设

有时渐变颜色过多而后面的步骤中还会用到该渐变效果，再次输入颜色就会很麻烦，这时可以将该渐变效果保存为渐变预设，方便下一次使用。其方法为：在“渐变编辑器”中，设置好渐变颜色，名称可输入，也可默认为“自定”，单击名称后面的 确定 按钮，就可以看到在“预设”列表框出现了设置好的渐变颜色块。

3.2.3 设置斜面与浮雕

“斜面与浮雕”图层样式是通过设置不同参数使图像形成各种雕刻般的立体效果。下面在“colours”图层中添加“斜面与浮雕”图层样式，具体操作如下。

（1）双击“colours”图层，打开“图层样式”对话框，在右侧“样式”列表框中单击选中“斜面和浮雕”复选框，如图3-37所示。

（2）在“深度”文本框中输入“281”，“大小”文本框中输入“16”，“软化”文本框中输入“7”；在“高光模式”下拉列表框中选择“颜色减淡”，设置“不透明度”为“52%”；在“阴影模式”下拉列表框中选择“颜色加深”，单击“阴影模式”栏后的色块，打开“拾色器（斜面和浮雕阴影颜色）”对话框，在“#”文本框中输入“640000”，单击 确定 按钮，返回“图层样式”对话框再设置“不透明度”为“43%”，单击 确定 按钮，如图3-38所示。

图3-37 单击选中“斜面和浮雕”复选框

图3-38 设置参数

（3）返回图像编辑窗口可看到文字的斜面与浮雕效果。

3.2.4 设置内阴影

“内阴影”图层样式是在图层内容的边缘和内侧添加阴影，形成陷入的效果。下面在“colours”图层中添加“内阴影”图层样式，具体操作如下。

（1）在“图层”面板中选择“colours”图层，单击“图层”面板下方的“添加图层样式”按钮 fx，在打开的下拉列表框中选择“内阴影”选项。

（2）在“混合模式”下拉列表框中选择“正常”选项，单击“混合模式”后的色块，打开“拾色器（内阴影颜色）”对话框，在“#”文本框中输入“ffa200”，单击 确定 按钮完成设置，如图3-39所示。

（3）在“阻塞”和“大小”右侧的文本框中分别输入“37”和“2”，单击 确定 按钮完成设置，如图3-40所示。

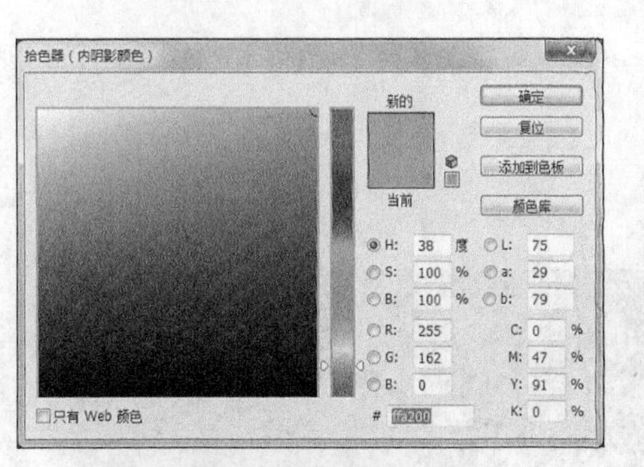

图3-39　设置内阴影颜色

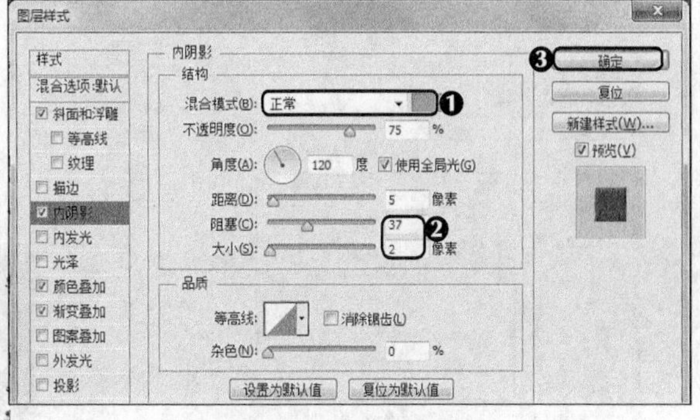

图3-40　设置内阴影参数

（4）返回图像编辑窗口可看到文字的内阴影效果。

3.2.5　设置内发光

使用“内发光”图层样式可沿着图层内容的边缘添加发光效果。下面在“colours”图层中添加“内发光”图层样式，具体操作如下。

（1）双击“colours”图层，打开“图层样式”对话框，单击选中“内发光”复选框，如图3-41所示。

（2）在“混合模式”下拉列表框中选择“正常”选项，设置“不透明度”为“100%”，单击选中“可编辑渐变”前的单选项，并单击渐变条，打开“渐变编辑器”对话框，选择之前保存好的自定预设渐变条，单击 确定 按钮，如图3-42所示。

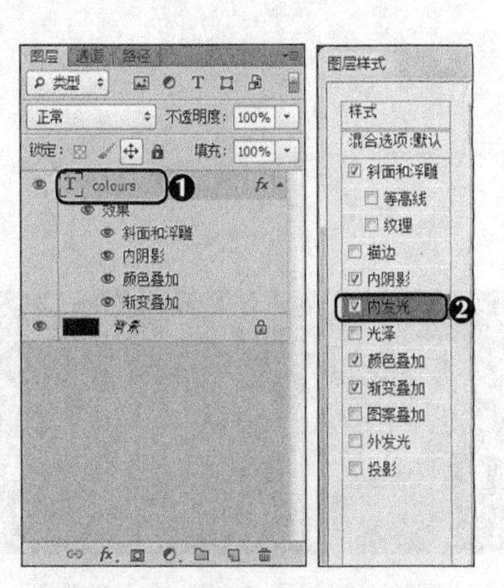

图3-41　选择“内发光”选项

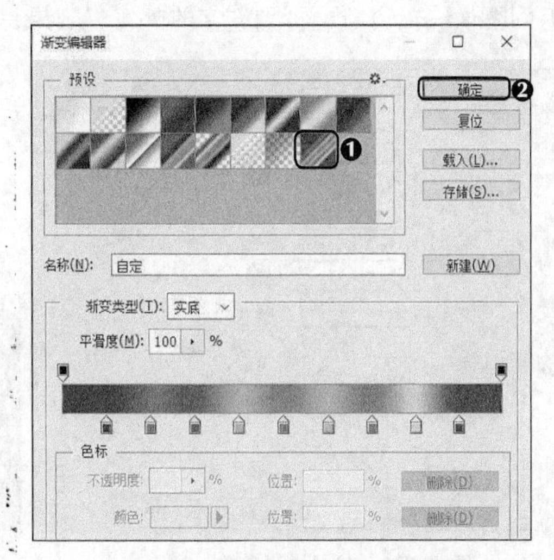

图3-42　选择设置好的预设渐变条

（3）返回“图层样式”对话框，在“方法”下拉列表框中选择“精确”选项，在“源”右侧单击选中“居中”单选项，设置“大小”和“范围”分别为“27”和“57”，如图3-43所示。

（4）单击 确定 按钮，返回图像编辑窗口可看到设置内发光后的文字效果，如图3-44所示。

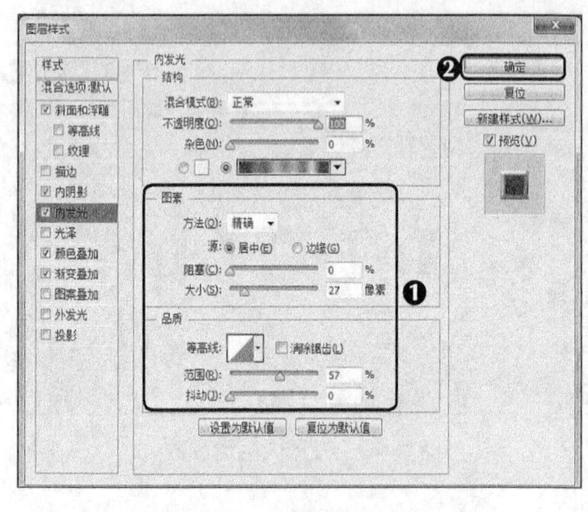

图3-43 设置内发光参数

图3-44 设置“内发光”后的效果

3.2.6 设置外发光

使用“外发光”图层样式，可以沿图像边缘向外创建发光效果，下面为“colours”图层添加外发光效果，具体操作如下。

微课视频

设置外发光

（1）单击“图层”面板下方的“添加图层样式”按钮 fx，在打开的下拉列表框中选择“外发光”选项。

（2）打开“图层样式”对话框，设置“不透明度”为“100%”，渐变色设置为与内发光一样的渐变色，在“方法”下拉列表框中选择“柔和”选项，设置“大小”为“29”，完成后单击 确定 按钮，如图3-45所示。

（3）返回图像编辑窗口可看到文字的外发光效果，如图3-46所示。

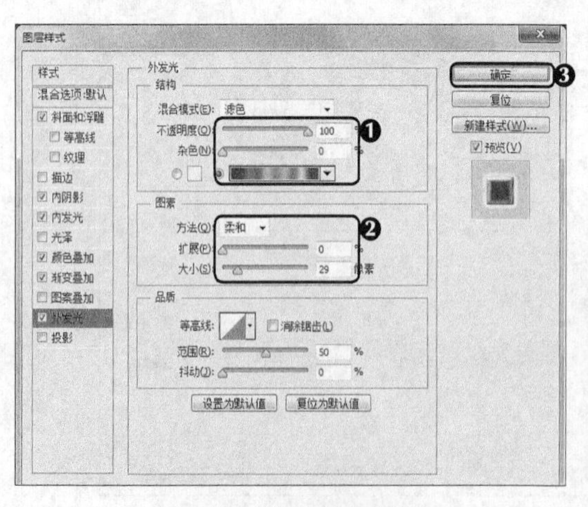

图3-45 设置外发光参数

图3-46 设置“外发光”后的效果

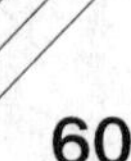

（4）复制“colours”图层，使颜色更加饱满，如图3-47所示。

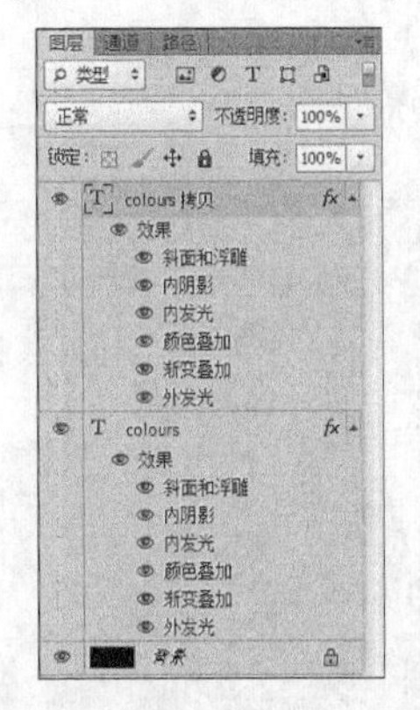

图3-47　复制图层

多学一招

设置其他图层样式

在“图层样式”对话框中，除了前面讲解的图层样式外，还包含描边、光泽、图案叠加和投影等内容，下面分别介绍。

- 描边：可以使用颜色、渐变或图案等对图层边缘进行描边。
- 光泽：可以为图层图像添加光滑而又有内部阴影的效果。
- 图案叠加：可以为图层图像添加指定的图案。
- 投影：可以为图案添加投影效果，常用于增加图像的立体感。

3.2.7　设置图层不透明度

通过设置不透明度可以淡化图层中的图像，从而使下方的图层显示出来，设置的不透明度值越小，就越透明。下面就在“colours”文字下方绘制白色矩形，并设置矩形的不透明度，具体操作如下。

（1）在“colours”文字图层下方新建图层，将前景色设置为白色，在工具箱中选择矩形选框工具，在文字的下方绘制大小为1 650像素×500像素的矩形，再按【Alt+Delete】组合键填充颜色，如图3-48所示。

（2）在“图层”面板中选择矩形所在的图层，设置“不透明度”为“60%”，如图3-49所示。

图3-48　绘制矩形并填空颜色

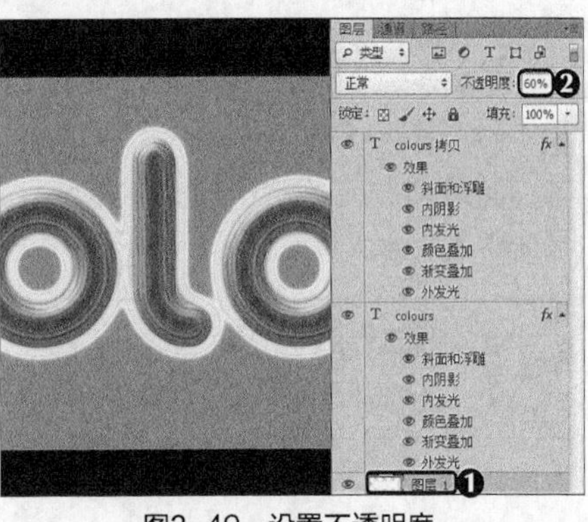

图3-49　设置不透明度

（3）双击矩形所在的图层，打开“图层样式”对话框，单击选中“描边”复选框，设置“大小”为“1”像素，再次单击选中“投影”复选框，保持默认设置不变，单击 确定 按钮，如图3-50所示。

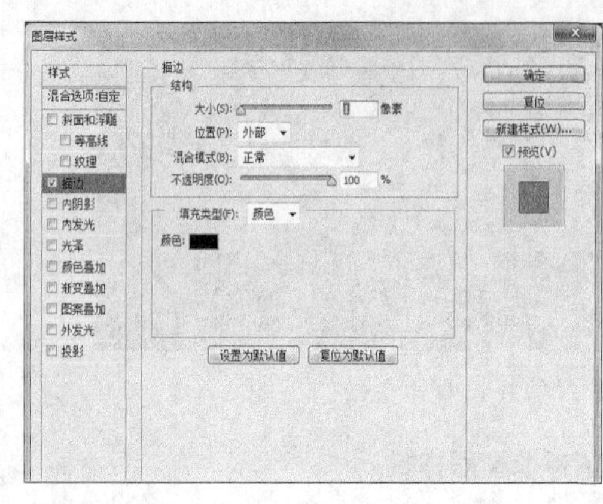

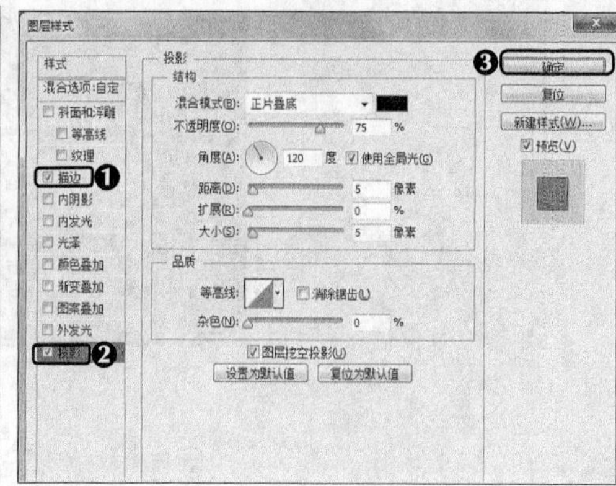

图3-50　添加描边和投影

（4）将“背景1.jpg”文件拖入图像中，置于“背景”图层上方，查看完成后的效果，如图3-51所示。

图3-51　添加背景

3.3　项目实训

3.3.1　合成“蜗牛房子”效果

1. 实训目标

本实训合成“蜗牛房子”效果，要求房屋部件要与蜗牛的壳契合，同时，在细节处理上必须遵循实际，比例和色彩协调一致。本实训完成前后的对比效果如图3-52所示。

素材所在位置　素材文件\第3章\项目实训\蜗牛房子\
效果所在位置　效果文件\第3章\项目实训\蜗牛房子.psd

图3-52 蜗牛房子处理前后的对比效果

2. 专业背景

随着广告行业的发展，视觉表达效果越来越天马行空，当需要体现某个特殊效果时，除了通过单一的图像处理体现外，还可将一些图像和场景合在一起，增加图像的视觉效果，使图像更具创意。

3. 操作思路

本实训主要通过合成图像来完成，包括添加素材、调整素材大小和图层顺序等，操作思路如图3-53所示。

① 打开素材

② 拖入素材

③ 调整大小和顺序

图3-53 蜗牛房子效果的操作思路

【步骤提示】

（1）打开“蜗牛.jpg”图像文件。

（2）将“草.png”“窗.png”“灯.png”“门.png”“烟囱.png”图像素材依次拖入“蜗牛.jpg”图像文件中。

（3）调整各个素材的大小、位置和图层顺序。

（4）完成图像的整合后，将文件另存为“蜗牛房子.psd”，完成制作。

3.3.2 制作霓虹灯文字效果

1. 实训目标

本实训制作一款霓虹灯文字效果，要求为文字添加图层样式，使文字呈现出霓虹灯效果。完成前后的对比效果如图3-54所示。

效果所在位置 效果文件\第3章\项目实训\霓虹灯文字.psd

图3-54 霓虹灯效果前后对比

2. 专业背景

霓虹灯文字效果是一种促销中常用的文字效果，不论是在商业招牌还是电子商务中，都有广泛的应用，霓虹灯文字的使用，能使内容更加醒目及有特色。

微课视频

制作霓虹灯文字效果

3. 操作思路

本实训主要通过图层样式来完成，包括输入文字、添加图层样式和旋转图层3步操作，其操作思路如图3-55所示。

① 输入文字 ② 添加图层样式 ③ 旋转图层

图3-55 霓虹灯文字展示效果的操作思路

【步骤提示】

（1）新建“霓虹灯文字.psd”图像文件。

（2）输入文字“SUPER SALE”，设置字体为“Stencil Std”，调整字体大小和位置。

（3）为文字添加“斜面与浮雕”“描边”及“外发光”图层样式。

（4）对文字图层进行旋转操作。

3.4 课后练习

本章主要介绍了图层的基本操作，包括创建图层、选择和重命名图层、复制图层、调整图层顺序、链接图层、合并图层、设置图层样式等知识。应认真学习和掌握本章的内容，这些是图像处理人员必须掌握的操作技能。

练习1：合成瓶子中的世界

本练习要求合成瓶子中的世界效果，可通过改变图层顺序来完成本练习，完成后的参考效果如图3-56所示。

素材所在位置 素材文件\第3章\课后练习\瓶子.png、世界.png
效果所在位置 效果文件\第3章\课后练习\瓶子中的世界.psd

图3-56 “瓶子中的世界”效果

操作要求如下。

- 打开“瓶子.png”图像文件，将其另存为“瓶子中的世界.psd”。
- 将“世界.png”图像文件拖入“瓶子中的世界.psd”文件中，调整图层顺序，使“世界”图像看起来在瓶子里。
- 将“瓶子”复制一层，使画面看起来更加饱满。

练习2：制作玻璃字效果

本练习要求制作一个玻璃字效果，可打开本书提供的素材文件进行操作，参考效果如图3-57所示。

素材所在位置 素材文件\第3章\课后练习\彩色背景.png、竖条背景.png
效果所在位置 效果文件\第3章\课后练习\玻璃字.psd

图3-57 玻璃字效果

操作要求如下。

微课视频

制作玻璃字效果

- 新建空白图像文件，填充为黑色。输入文字“shine on”，字体为“Freehand521 BT”，然后复制一层。
- 为下面一层文字添加“斜面和浮雕”“描边”“投影”图层样式。
- 为上面一层文字添加“斜面和浮雕”“内发光”图层样式。
- 将“彩色背景.png”“竖条背景.png”文件拖动到文字图层下方，调整图层顺序。
- 将图像文件另存为“玻璃字.psd”，完成制作。

练习3：合成鞋子广告效果

本练习要求合成鞋子广告效果，可通过导入素材，并调整素材的位置和大小以及改变图层顺序来完成本练习。完成后的参考效果如图3-58所示。

素材所在位置 素材文件\第3章\课后练习\鞋子广告\
效果所在位置 效果文件\第3章\课后练习\鞋子广告.psd

图3-58 鞋子广告

操作要求如下。

- 打开“背景.jpg”图像文件。
- 将“鞋子.png”图像文件拖入“背景.jpg”文件中，调整大小和位置，确定主体图像。
- 将“鞋子广告”文件夹的素材全部拖入“背景.jpg”文件中，用于装饰主体图像。
- 完成图像的装饰后，将图像文件另存为“鞋子广告.psd”。

3.5 技巧提升

1. 对齐图层

对齐图层时，若要对齐的图层与其他图层存在链接关系，可对齐与之链接的所有图层，其方法为：打开图像文件，按住【Ctrl】键选择需对齐的图层。选择【图层】/【对齐】/【水平居中】菜单命令，可将选定图层中的图像按水平中心像素对齐；选择【图层】/【对齐】/【左边】或【右边】菜单命令，可使选定图层中的图像于左侧或右侧对齐。

在图像中创建选区后，选择需与其对齐的图层。选择【图层】/【将图层与选区对齐】子菜单中的相应对齐命令，即可基于选区对齐所选图层。

2．分布图层

分布图层与对齐图层的操作方法相似，在选择移动工具后，单击工具属性栏中“分布”按钮组中的按钮可分布图层，从左至右分别为按顶分布、垂直居中分布、按底分布、按左分布、水平居中分布和按右分布。

3．盖印图层

盖印图层可以将多个图层中的图像内容合并到一个新的图层中，同时保持其他图层的内容不变，盖印图层的方法有以下3种。

- **向下盖印图层**。选择一个图层，按【Ctrl+Alt+E】组合键，可将图层中的图像盖印到下面的图层中，而原图层中的内容保持不变。
- **盖印多个图层**。选择多个图层，按【Ctrl+Alt+E】组合键，可将这几个图层盖印到一个新的图层中，而原图层中的内容保持不变。
- **盖印可见图层**。选择多个图层，按【Shift+Ctrl+Alt+E】组合键，可将可见图层盖印到新的图层中。

4．删除图层

如果不再需要图像中的某个图层，可将其删除。删除图层的方法有以下3种。

- **通过“删除图层”按钮删除图层**。选择要删除的图层，单击“图层”面板底部的“删除图层”按钮或将图层拖动到该按钮上，即可删除该图层。
- **通过菜单命令删除图层**。选择要删除的图层，选择【图层】/【删除】/【图层】菜单命令即可。
- **通过快捷键删除图层**。选择要删除的图层，按【Delete】键直接删除图层。

5．查找图层

当图层太多时，可以通过“查找图层”命令快速查找图层。其方法是：选择【选择】/【查找图层】菜单命令，在“图层”面板顶部将出现一个文本框，在其中输入要查找的图层名称，即可查找到该图层，且图层面板中将只显示该图层。

6．栅格化图层

通常情况下，包含矢量数据的图层，如文字图层、形状图层、矢量蒙版和智能对象图层等都需栅格化后，才能进行相应的编辑。其方法为：选择【图层】/【栅格化】菜单命令，在弹出的子菜单中选择相应命令即可栅格化图层。或是选择需要栅格化的图层，在其上单击鼠标右键，在弹出的快捷菜单中选择“栅格化图层”命令，也可对所选图层进行栅格化操作。

7．认识图层混合模式

在图层混合模式中，基色是下层像素的颜色，混合色是上层像素的颜色，结果色是混合后看到的像素颜色。下面介绍常用的图层混合模式的作用及原理。

- **正常**。该模式编辑或绘制每个像素，使其成为结果色。该选项为默认模式。

- **溶解**。根据像素位置的不透明度，结果色由基色或混合色的像素随机替换。
- **变暗**。查看每个通道中的颜色信息，选择基色或混合色中较暗的颜色作为结果色。
- **正片叠底**。该模式将当前图层中的图像颜色与其下层图层中图像的颜色混合相乘，得到比原来的两种颜色更深的第3种颜色。
- **颜色加深**。查看每个通道中的颜色信息，通过增加对比度使基色变暗以反映混合色。
- **线性加深**。查看每个通道中的颜色信息，并通过减小亮度使基色变暗以反映混合色。
- **深色**。比较混合色和基色的所有通道值的总和并显示值较小的颜色。
- **变亮**。查看每个通道中的颜色信息，并选择基色或混合色中较亮的颜色作为结果色。
- **滤色**。查看每个通道中的颜色信息，并将混合色的互补色与基色复合。结果色总是较亮的颜色，用黑色过滤时颜色保持不变，用白色过滤时将产生白色。
- **颜色减淡**。查看每个通道中的颜色信息，通过减小对比度使基色变亮以反映混合色。
- **线性减淡**。查看每个通道中的颜色信息，并通过增加亮度使基色变亮以反映混合色。
- **叠加**。图案或颜色在现有像素上叠加，同时保留基色的明暗对比。不替换基色，但基色与混合色相混以反映原色的亮度或暗度。
- **差值**。查看每个通道中的颜色信息，并从基色中减去混合色，或从混合色中减去基色，具体取决于哪一个颜色的亮度值更大。
- **色相**。用基色的亮度和饱和度及混合色的色相创建结果色。
- **饱和度**。用基色的亮度和色相及混合色的饱和度创建结果色。
- **颜色**。用基色的亮度及混合色的色相和饱和度创建结果色，这样可以保留图像中的灰阶，对给单色图像着色和给彩色图像着色都非常有用。
- **明度**。用基色的色相和饱和度及混合色的亮度创建结果色。

CHAPTER 4

第4章 调整图像色彩

情景导入

色彩处理是图像处理中非常重要的部分，但是老洪发现，米拉在图像色彩的处理上还有所欠缺，所以决定为米拉补习一下调整色彩这方面的知识。

学习目标

- 掌握制作唯美写真照片的方法，如“自动调色”命令、“自动颜色”命令等的使用。
- 掌握矫正照片色调的方法，如“色阶”命令、“曲线”命令等的使用。
- 掌握风景照处理的方法，如“黑白”命令、“阴影/高光”命令等的使用。
- 掌握三色海效果的制作方法，如“替换颜色”命令、“可选颜色”命令等的使用。

案例展示

▲制作唯美写真

▲矫正照片色调

4.1 课堂案例：制作唯美写真照片

今天早上，老洪将米拉叫到办公桌前，指着一张照片说："这是一家摄影公司提供的一张人物照片，需要制作成唯美写真效果。由于颜色不是很饱满，需要适当调整照片的颜色。"米拉浏览照片后觉得很简单，可以使用"自动色调""自动颜色""自动对比度""色相/饱和度""色彩平衡"等菜单命令来调整，最后添加简单的文字，对写真内容稍加丰富即可。本例完成后的参考效果如图4-1所示，下面具体讲解其制作方法。

素材所在位置 素材文件\第4章\课堂案例\写真照.jpg、文字.psd
效果所在位置 效果文件\第4章\课堂案例\写真照.psd

图4-1 唯美写真照片的前后对比效果

4.1.1 使用"自动色调"命令调整颜色

"自动色调"命令能够调整颜色较暗的图像色彩，使图像中的黑色和白色变得平衡，以增加图像的对比度。下面打开"写真照.jpg"图像，并对图像进行自动调色操作，使其黑白平衡，其具体操作如下。

（1）打开"写真照.jpg"图像文件，选择【图像】/【自动色调】菜单命令，调整图像的对比度，如图4-2所示。

（2）返回图像编辑窗口，发现调整后图像的颜色加深了，如图4-3所示。

微课视频

使用"自动色调"命令调整颜色

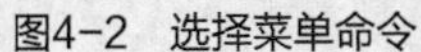
图4-2 选择菜单命令

图4-3 调整前后的效果对比

4.1.2 使用“自动颜色”命令调整颜色

“自动颜色”命令能够对图像中的阴影、中间调、高光、对比度和颜色进行调整，常被用于校正偏色。下面在“写真照.jpg”图像文件中，对图像进行“自动颜色”操作，纠正图像中的偏色，具体操作如下。

（1）选择【图像】/【自动颜色】菜单命令，调整图像的颜色，如图4-4所示。

（2）返回图像编辑窗口，发现调整后图像的颜色向深色过渡，如图4-5所示。

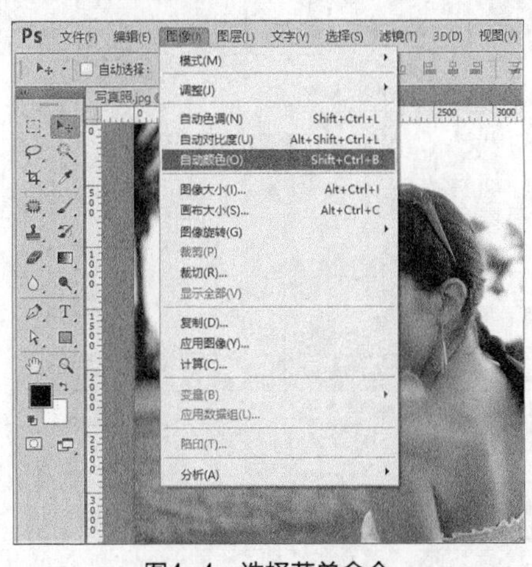

图4-4 选择菜单命令

图4-5 调整前后的效果对比

4.1.3 使用“自动对比度”命令调整颜色

“自动对比度”命令可以自动调整图像的对比度，使阴影颜色更暗，高光颜色更亮。下面在“写真照.jpg”图像文件中，对图像进行“自动对比度”的操作，增强图像的对比效果，具体操作如下。

（1）选择【图像】/【自动对比度】菜单命令，调整图像的对比度，如图4-6所示。

（2）返回图像编辑窗口，发现调整后图像的颜色更加温馨，不再显得那么苍白，如图4-7所示。

图4-6 选择菜单命令

图4-7 调整前后的效果对比

4.1.4 使用“色相/饱和度”命令调整颜色

使用“色相/饱和度”命令可以调整图像全图或单个颜色的色相、饱和度和明度，常用于处理图像中不协调的单个颜色。下面通过“色相/饱和度”命令来调整“写真照.jpg”图像文件的色相和饱和度，具体操作如下。

微课视频

使用“色相/饱和度”命令调整颜色

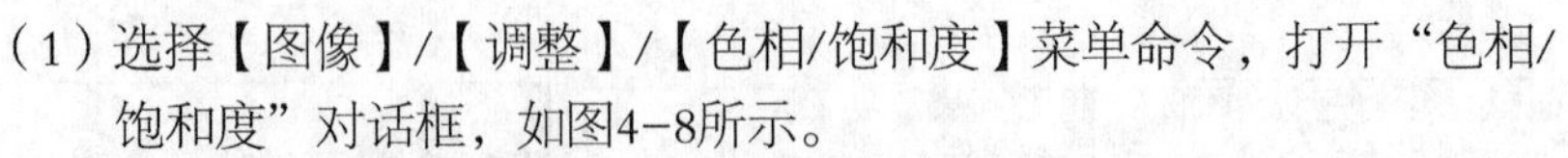

（1）选择【图像】/【调整】/【色相/饱和度】菜单命令，打开“色相/饱和度”对话框，如图4-8所示。

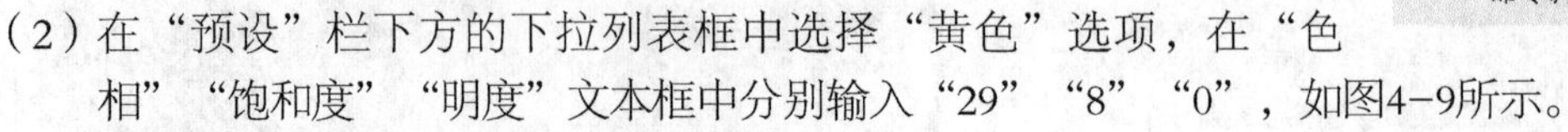

（2）在“预设”栏下方的下拉列表框中选择“黄色”选项，在“色相”“饱和度”“明度”文本框中分别输入“29”“8”“0”，如图4-9所示。

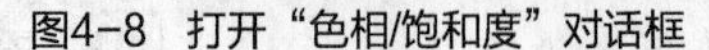

图4-8 打开“色相/饱和度”对话框

图4-9 调整黄色的色相/饱和度

（3）在“预设”栏下方的下拉列表框中选择“青色”选项，在“色相”“饱和度”“明度”

文本框中分别输入“24”“-4”“7”，单击确定按钮，如图4-10所示。

（4）返回图像编辑窗口，发现图像的颜色已经偏绿色，如图4-11所示。

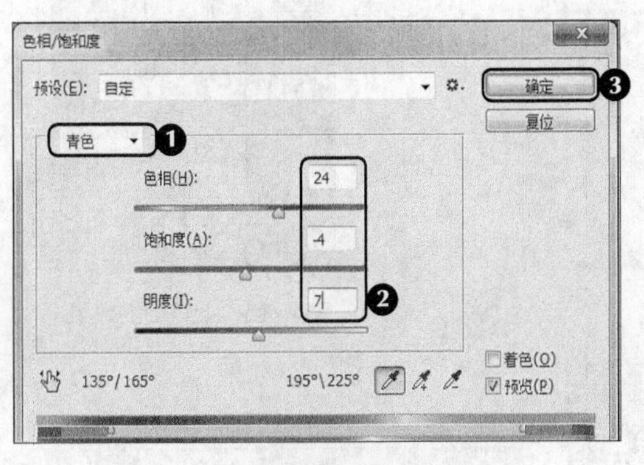

图4-10　调整绿色的色相/饱和度

图4-11　调整后的效果

4.1.5　使用“色彩平衡”命令调整颜色

使用“色彩平衡”命令可以调整图像的阴影、中间调和高光，使整个图像效果更加鲜亮和明快。下面在“写真照.jpg”图像中，通过“色彩平衡”命令调整图像的整体颜色，具体操作如下。

（1）选择【图像】/【调整】/【色彩平衡】菜单命令，打开“色彩平衡”对话框，单击选中“阴影”单选项，在“色阶”文本框中依次输入“7”“-5”和“-10”，调整图像中的阴影，如图4-12所示。

（2）单击选中“中间调”单选项，在“色阶”文本框中依次输入“24”“-4”和“-7”，调整图像的中间调，如图4-13所示。

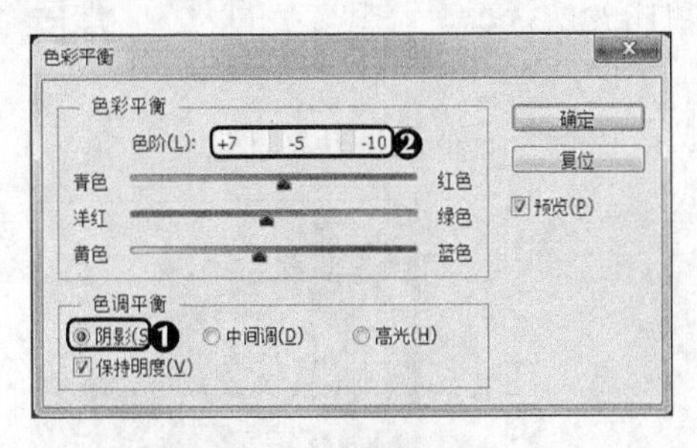

图4-12　调整图像阴影

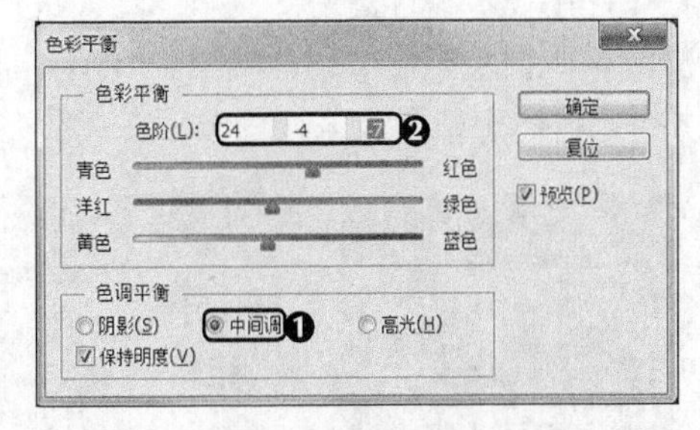

图4-13　调整图像中间调

（3）单击选中“高光”单选项，在“色阶”文本框中依次输入“14”“7”和“-11”，调整图像的高光，单击确定按钮，如图4-14所示。

（4）完成设置后，返回图像窗口可以看到调整后的图像效果，如图4-15所示。

（5）新建一个图层，选择矩形选框工具，在图像左下角绘制一个矩形，按【Alt+Delete】组合键将选区填充为白色，将不透明度设置为“30%”，如图4-16所示。

（6）打开“文字.psd”图像文件，将其拖到图像窗口中，打开“图层样式”对话框，单击选中

“颜色叠加”复选框，设置颜色为“#ff0000”，单击 确定 按钮，如图4-17所示。

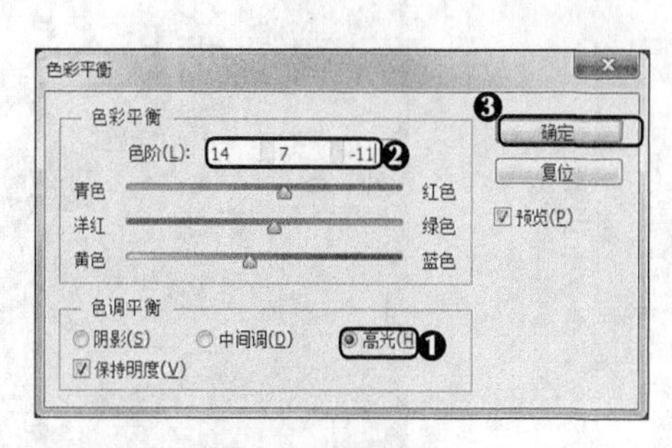

图4-14 调整高光

图4-15 调整后的效果

图4-16 绘制矩形

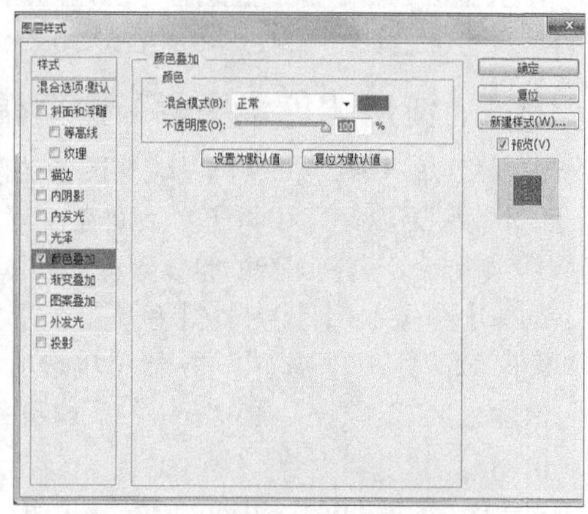

图4-17 为文字添加颜色叠加效果

（7）按【Ctrl+T】组合键使“文字”图像进入自由变换状态，调整文字的大小，然后将文字放到透明白色矩形中间，如图4-18所示。

（8）按【Ctrl+S】组合键保存图像，并查看完成后的效果，如图4-19所示。

图4-18 调整文字大小

图4-19 查看效果

4.2 课堂案例：矫正照片中的色调

在摄影公司提供的一系列照片中，除了人物照片外，还有一些风景照片，但是这些照片都存在颜色偏差。老洪让米拉处理这些颜色有偏差的照片，米拉观察了一下照片的色调，决定使用“色阶”“曲线”“亮度/对比度”“变换”等菜单命令来调整。本例完成后的参考效果如图4-20所示，下面具体讲解其制作方法。

素材所在位置 素材文件\第4章\课堂案例\照片1.jpg
效果所在位置 效果文件\第4章\课堂案例\调色.psd

图4-20 矫正照片色调前后的效果对比

行业提示

照片调色步骤

对照片调色时，首先要观察照片，查看哪些部分需要调整。确认需要调色部分后，即可使用调色工具调整照片颜色。调整完成后，还应对照片的色调细节进行微调，观察颜色是否自然、饱和度是否合适等。

4.2.1 使用“色阶”命令调整灰暗图像

微课视频

使用“色阶”命令调整灰暗图像

使用“色阶”命令可以调整图像中的暗调、中间调和高光区域的色阶分布情况来增强图像的色阶对比。通过“色阶”命令不但能提高画面亮度，还能使画面变得清晰。下面打开“照片1.jpg”图像文件，调整图像的色阶，提高画面的亮度，具体操作如下。

（1）打开“照片1.jpg”图像文件，选择【图像】/【调整】/【色阶】菜单命令，打开“色阶”对话框。

（2）在“通道”下拉列表框中选择“RGB”选项，在“输入色阶”从左到右依次输入“5”“1.55”和“188”，单击 确定 按钮，如图4-21所示。

（3）返回图像编辑窗口，发现调整后的图像颜色更加明亮美观，如图4-22所示。

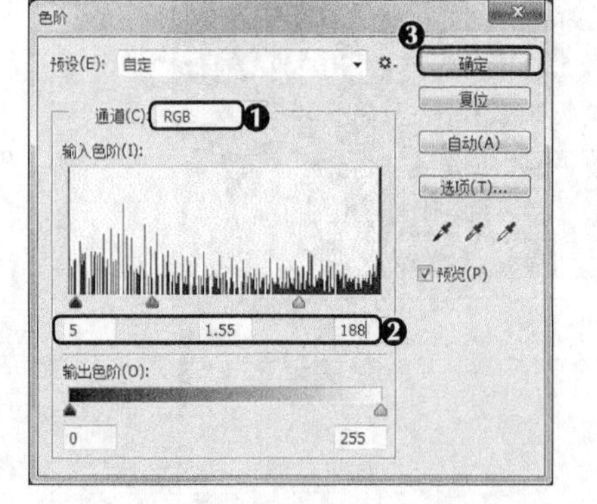

图4-21 设置“色阶”参数

图4-22 调整前后的效果对比

多学一招

使用“色阶”命令调色

“色阶”命令主要调整图像的阴影、中间调和高光的强度级别，矫正色调范围和色彩平衡。在“输入色阶”栏中，当阴影滑块位于色阶值“0”处时，对应的像素是纯黑色，如果向右移动阴影滑块，则Photoshop会将当前阴影滑块位置的像素值映射为色阶“0”，即滑块所在位置左侧的所有像素都为黑色；高光滑块位于色阶“255”处时，对应的像素是纯白色，若向左移动高光滑块，则滑块所在位置右侧的所有像素都会变为白色；中间调滑块位于色阶“128”处，主要用于调整图像中的灰度系数，可以改变灰色调中间范围的强度值，但不会明显改变高光和阴影。“输出色阶”栏中的两个滑块主要用于限定图像的亮度范围，拖动暗部滑块时，左侧的色调都会映射为滑块当前位置的灰色，图像中最暗的色调将不再为黑色，而是变为灰色，拖动白色滑块的作用与拖动暗部滑块相反。

4.2.2 使用“曲线”命令调整图像质感

“曲线”命令可对图片的色彩、亮度和对比度等进行调整，使图像颜色更具质感。这是图像处理中调整图像色彩最常用的一种方法。下面在“照片1.jpg”图像文件中，使用“曲线”命令对图像进行调整，提高图像色彩和亮度，从而调整图像质感，具体操作如下。

微课视频

使用“曲线”命令调整图像质感

（1）在打开的“照片1.jpg”图像文件中，选择【图像】/【调整】/【曲线】菜单命令，打开“曲线”对话框。

（2）在“通道”下拉列表框中选择“绿”选项，将鼠标指针移动到编辑区中的斜线上，单击鼠标创建一个控制点并向上或向下拖动控制点，调整亮度和对比度，或在“输出”和“输入”文本框中分别输入“191”和“177”，单击确定按钮，如图4-23所示。

（3）按【Ctrl+M】组合键再次打开“曲线”对话框，在“通道”下拉列表框中选择“RGB”选项，在“输出”和“输入”文本框中分别输入“148”和“133”，单击确定按钮，如图4-24所示。

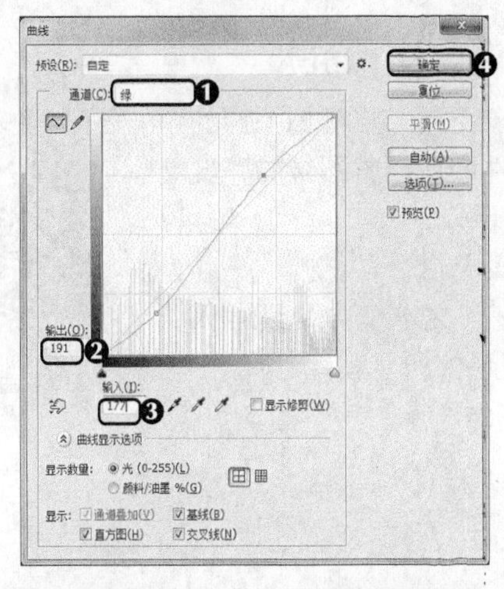

图4-23 设置“绿曲线”参数

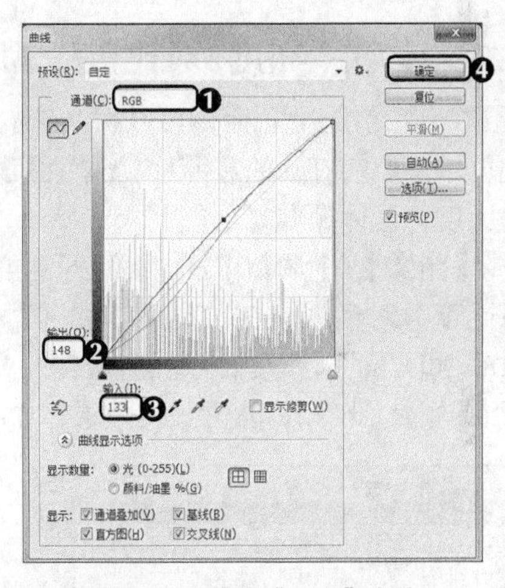

图4-24 设置“RGB”参数

（4）返回图像显示窗口，查看调整后的效果，如图4-25所示。

图4-25 调整前后的效果对比

知识提示

曲线原理

曲线分为RGB曲线和CMYK曲线，调整RGB曲线改变亮度，调整CMYK曲线改变油墨量，下面分别进行介绍。

- **RGB曲线**。RGB曲线的横坐标是原来的亮度，纵坐标是调整后的亮度。在未调整时，曲线是45° 的直线，曲线上任何一点的横坐标和纵坐标都相等，这意味着调整前的亮度和调整后的亮度一样。如果把曲线上的一点往上拖动，曲线的纵坐标大于横坐标，调整后的亮度就大于原来的亮度，也就是说，亮度增加了。
- **CMYK曲线**。CMYK曲线的横坐标是原来的油墨量，纵坐标是调整后的油墨量，取值范围是0~100。"油墨量"是网点面积覆盖率，是单位面积的纸被油墨覆盖的百分比。油墨覆盖得越多，颜色越深。
- **"曲线"对话框**。显示所调整的点的"输入""输出"值，也就是横坐标和纵坐标。亮度的取值范围是0~255。曲线下面的两个滑块表示曲线的明暗方向，黑滑块在左边，白滑块在右边，表示左边暗，右边亮。

4.2.3 使用"亮度/对比度"命令调整图像亮度

使用"亮度/对比度"命令可以将灰暗的图像变亮，并增加图像的明暗对比度。下面在打开的"照片1.jpg"图像文件中，调整图像的亮度和明暗对比度，具体操作如下。

微课视频

使用"亮度/对比度"命令调整图像亮度

（1）选择【图像】/【调整】/【亮度/对比度】菜单命令，打开"亮度/对比度"对话框，在"亮度"和"对比度"文本框中分别输入"18"和"30"，单击 确定 按钮，如图4-26所示。

（2）返回图像显示窗口，查看最终效果，如图4-27所示。

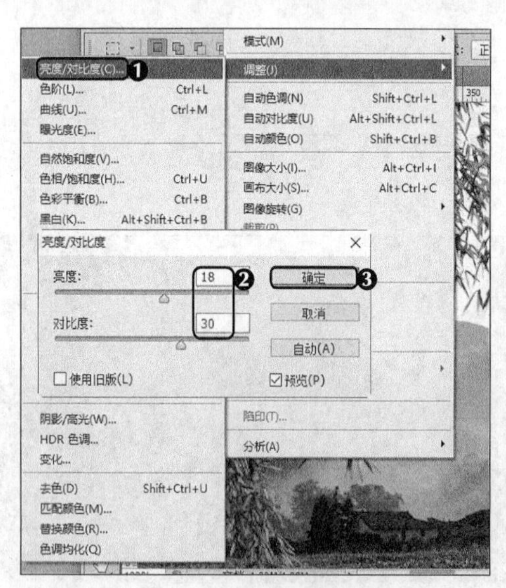

图4-26 设置"亮度/对比度"参数

图4-27 完成后的效果

4.2.4 使用“变化”命令调整图像色彩

微课视频

使用“变化”命令调整图像色彩

使用“变化”命令可以调整图像的中间色调、高光、阴影和饱和度等内容。下面在打开的“照片1.jpg”图像文件中，使用“变化”命令增加图像温暖感，具体操作如下。

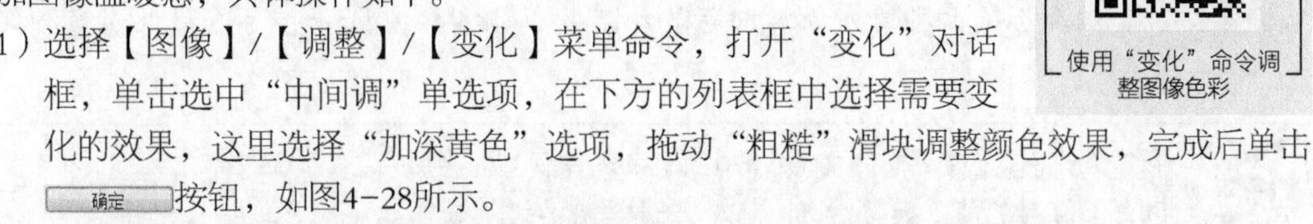

（1）选择【图像】/【调整】/【变化】菜单命令，打开“变化”对话框，单击选中“中间调”单选项，在下方的列表框中选择需要变化的效果，这里选择“加深黄色”选项，拖动“粗糙”滑块调整颜色效果，完成后单击 确定 按钮，如图4-28所示。

（2）返回图像显示窗口，查看调整后的最终效果，如图4-29所示。

图4-28 设置变化参数

图4-29 调整前后的效果对比

4.3 课堂案例：处理一组风景照

米拉处理的摄影公司照片中有一组风景照，摄影公司要求对风景照进行处理，使照片更加美观。米拉查看了照片，决定使用“曝光度”“自然饱和度”“黑白”“阴影/高光”“照片滤镜”等菜单命令来调整。本例完成后的参考效果如图4-30所示，下面具体讲解制作方法。

素材所在位置 素材文件\第4章\课堂案例\风景照\
效果所在位置 效果文件\第4章\课堂案例\风景照\

图4-30 风景照处理后的最终效果

行业提示

照片调色技巧

照片在拍摄时画面已经很漂亮了，后期一般只对色调进行相应的调整即可。需要注意的是：在调整照片颜色时应根据需要调整图像，否则图像的色调将会与画面风格冲突。常见的照片色调有冷色调、暖色调和单色调等。

4.3.1 使用“曝光度”命令调整图像色彩

使用“曝光度”命令可以调整曝光不足的照片。下面打开“风景照1.jpg”图像文件，并增加图像的曝光度，使图像颜色恢复到正常状态，具体操作如下。

（1）打开“风景照1.jpg”图像文件，选择【图像】/【调整】/【曝光度】菜单命令，打开“曝光度”对话框，在“曝光度”“位移”和“灰度系数校正”文本框中分别输入“1.6”“0.04”和“0.37”，单击 确定 按钮，如图4-31所示。

（2）返回图像编辑窗口，发现“风景照1.jpg”中的色彩发生了变化，调整后的颜色更加美观，如图4-32所示。

微课视频

使用“曝光度”命令调整图像色彩

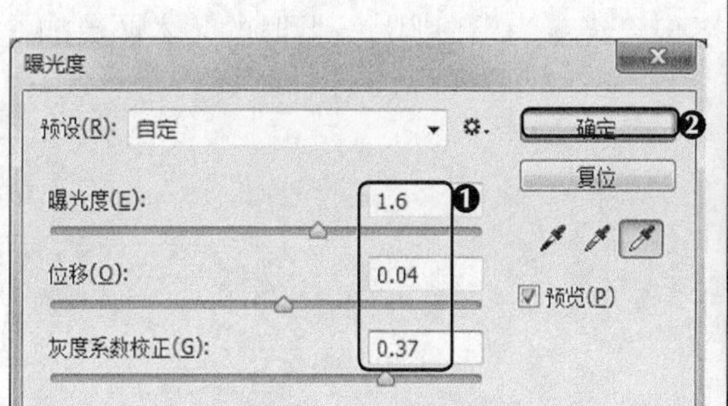

图4-31 调整曝光度

图4-32 完成后的效果

4.3.2 使用“自然饱和度”命令调整图像全局色彩

使用“自然饱和度”命令可增加图像色彩的饱和度，常用于在增加饱和度的同时，防止颜色过于饱和而溢色，适合处理人物图像。下面打开“风景照2.jpg”图像文件，对图像的饱和度进行处理，让风景照中的树叶颜色更加饱满，具体操作如下。

微课视频

使用“自然饱和度”命令调整图像全局色彩

（1）打开“风景照2.jpg”图像文件，选择【图像】/【调整】/【自然饱和度】菜单命令，打开“自然饱和度”对话框，在“自然饱和度”和“饱和度”文本框中分别输入“60”和“45”，单击 确定 按钮，如图4-33所示。

（2）返回图像编辑窗口，发现调整后图像的色彩更加鲜艳，如图4-34所示。

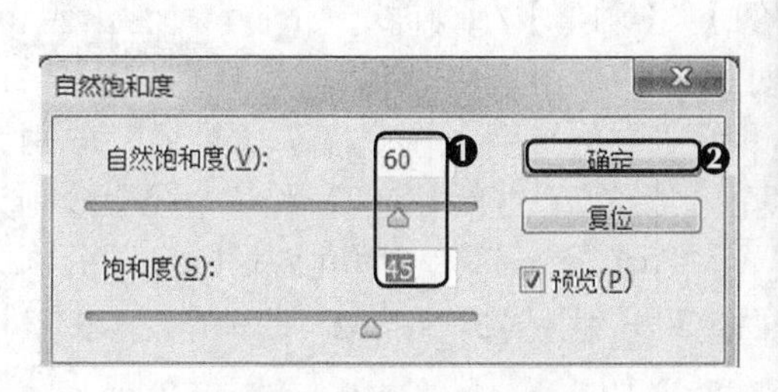

图4-33 调整自然饱和度

图4-34 调整后的效果

4.3.3　使用“黑白”命令制作黑白照

使用“黑白”命令可以将彩色的图像转换为黑白照片，并调整图像中各颜色的色调深浅，使黑白照片更有层次感。下面打开“艺术照3.jpg”图像文件，对图像进行黑白处理，让颜色丰富的照片变为黑白照，体现照片的怀旧感，具体操作如下。

（1）打开“风景照3.jpg”图像文件，选择【图像】/【调整】/【黑白】菜单命令。

（2）打开“黑白”对话框，保持默认设置不变，单击 确定 按钮，如图4-35所示。

（3）返回图像编辑窗口，发现“风景照3.jpg”图像已经变为黑白照片，此时的艺术照更加具有复古感，如图4-36所示。

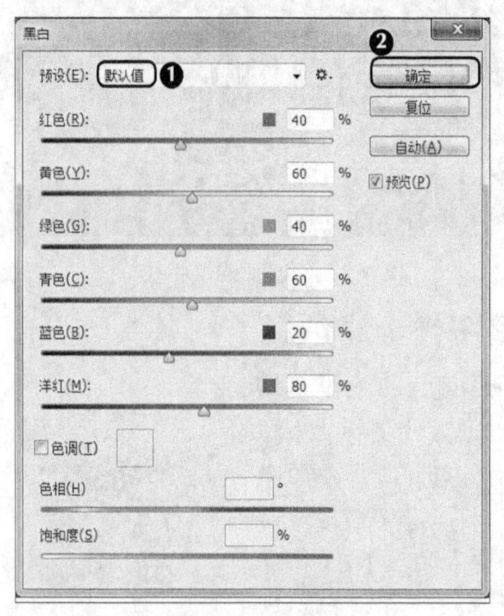

图4-35　设置黑白参数

图4-36　完成后的效果

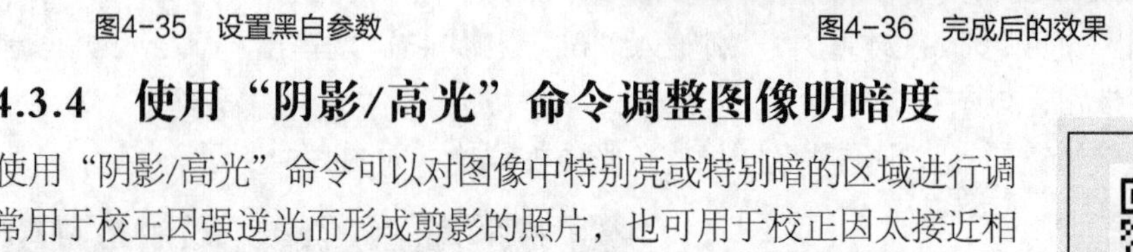

4.3.4　使用“阴影/高光”命令调整图像明暗度

微课视频

使用“阴影/高光”命令调整图像明暗度

使用“阴影/高光”命令可以对图像中特别亮或特别暗的区域进行调整，常用于校正因强逆光而形成剪影的照片，也可用于校正因太接近相机闪光灯而曝光过度的照片。下面打开“风景照4.jpg”图像文件，对图像的阴影和高光进行调整，使画面更加自然，具体操作如下。

（1）打开“风景照4.jpg”图像文件，选择【图像】/【调整】/【阴影/高光】菜单命令，打开“阴影/高光”对话框，单击选中“显示更多选项”复选框，在“阴影”栏中设置“数量”“色调宽度”“半径”分别为“11”“42”“30”，在“高光”栏中设置“数量”“色调宽度”和“半径”分别为“0”“50”“85”，在“调整”栏中设置“颜色校正”和“中间调对比度”分别为“39”和“19”，“修剪黑色”和“修剪白色”分别为“5”和“2”，单击 确定 按钮，如图4-37所示。

（2）返回图像编辑窗口，发现“风景照4.jpg”的亮度已经增加了，如图4-38所示。

图4-37 设置阴影与高光参数

图4-38 完成后的效果

4.3.5 使用“照片滤镜”命令调整图像色调

使用“照片滤镜”命令调整图像色调

使用“照片滤镜”命令可以模拟传统光学滤镜特效，使图像呈暖色调、冷色调或其他色调。下面打开“风景照5.jpg”图像文件，对照片添加浅蓝色的色调，完成后使用“曲线”命令提高照片的亮度，具体操作如下。

（1）打开“风景照5.jpg”图像，选择【图像】/【调整】/【照片滤镜】菜单命令，打开“照片滤镜”对话框。

（2）在“滤镜”后面的下拉列表框中选择“冷却滤镜（82）”选项，单击 确定 按钮，如图4-39所示。

（3）返回图像编辑窗口，发现“风景照5.jpg”图像中的色彩偏值已正常，如图4-40所示。

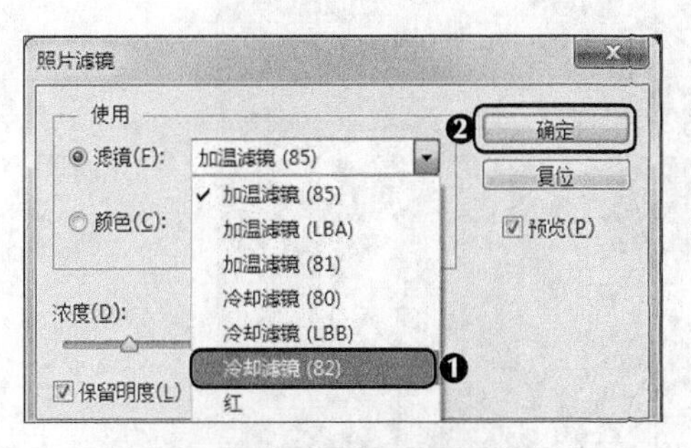

图4-39 设置照片滤镜颜色

图4-40 查看调整后的效果

（4）选择【图像】/【调整】/【曲线】菜单命令，打开“曲线”对话框，在“输出”和“输入”文本框中分别输入“148”和“102”，单击 确定 按钮，如图4-41所示。

（5）返回图像编辑区，发现图像已经提亮，如图4-42所示。

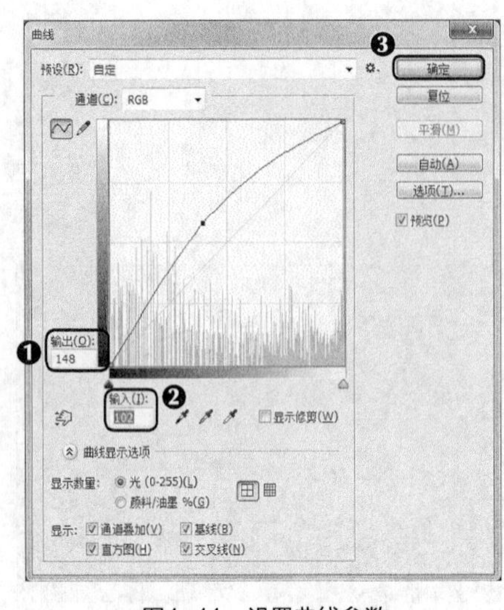

图4-41　设置曲线参数

图4-42　调整后的效果

4.4　课堂案例：制作三色海效果

在设计工作中，有时候需要制作一些特殊效果，老洪让米拉制作一款提升海岛美观度的效果，米拉决定使用“替换颜色”“匹配颜色”“可选颜色”等菜单命令来制作。本例完成后的参考效果如图4-43所示，下面具体讲解制作方法。

素材所在位置　素材文件\第4章\课堂案例\三色海.jpg
效果所在位置　效果文件\第4章\课堂案例\三色海.jpg

图4-43　三色海最终效果

4.4.1　使用“替换颜色”命令替换颜色

使用“替换颜色”命令可以指定图像的颜色，将选择的颜色替换为其他颜色。本例将打开“三色海.jpg”图像文件，使用“替换颜色”命令替换海洋区域的颜色，制作出三色海效果，具体操作如下。

（1）打开“三色海.jpg”图像文件，选择【图像】/【调整】/【替换颜色】菜单命令，打开“替换颜色”对话框，在图像左上角单击以提取要替换的颜色，在“替换颜色”对话框中设置“色相”“饱和度”“明度”分别为“4”“12”“0”，单击确定按钮，如图4-44所示。

（2）返回图像编辑窗口，发现替换颜色后图像外部的蓝色更加湛蓝，如图4-45所示。

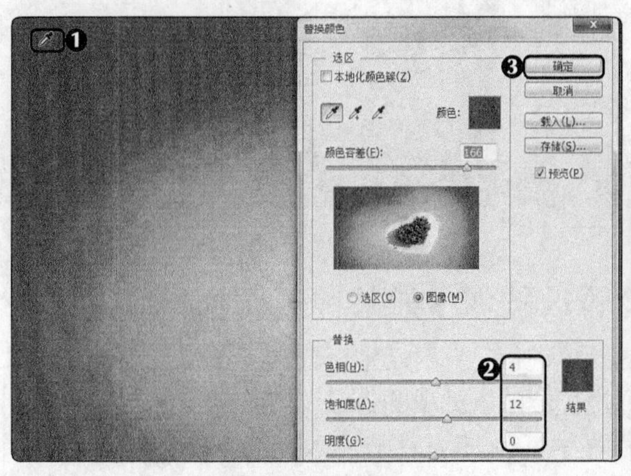

图4-44 替换颜色

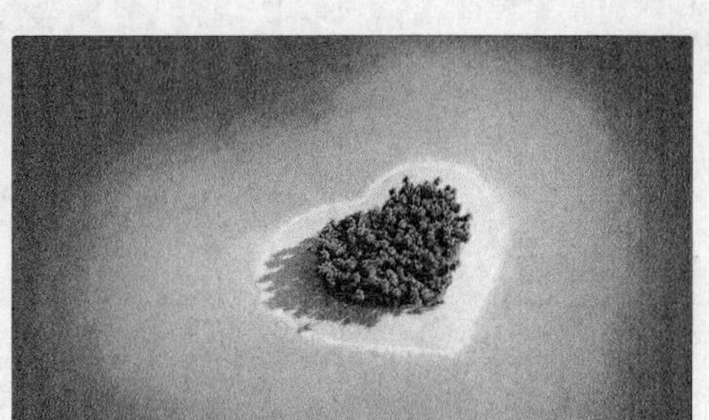

图4-45 调整后的效果

（3）再次打开“替换颜色”对话框，在图像靠中间的位置单击，在“替换颜色”对话框中设置“色相”“饱和度”“明度”分别为“-42”“8”“0”，单击确定按钮，如图4-46所示。

（4）返回图像编辑窗口，发现替换颜色后图像的中间区域由浅蓝色变成了浅绿色，如图4-47所示。

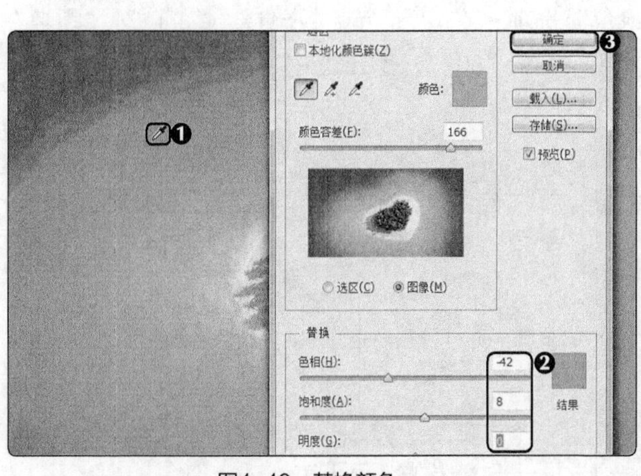

图4-46 替换颜色

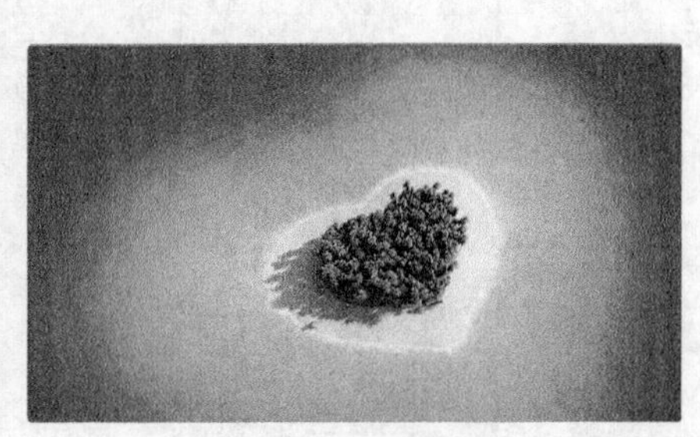

图4-47 调整后的效果

（5）打开“替换颜色”对话框，在图像沙滩边缘处单击，在“替换颜色”对话框中设置“颜色容差”“色相”“饱和度”“明度”分别为“120”“150”“15”“0”，单击确定按钮，如图4-48所示。

（6）返回图像编辑窗口，查看替换颜色后的效果，如图4-49所示。

图4-48　替换颜色

图4-49　完成后的效果

4.4.2　使用“可选颜色”命令修改图像中的某种颜色

使用“可选颜色”命令可以对图像中的颜色进行有针对性地修改，而不影响图像中的其他颜色。该命令主要通过控制印刷油墨的含量调整颜色，包括青色、洋红、黄色和黑色。下面在“三色海.jpg”图像文件中修改白色区域的颜色，具体操作如下。

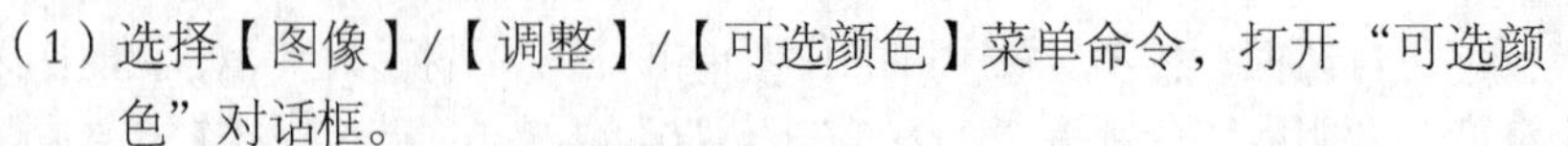

（1）选择【图像】/【调整】/【可选颜色】菜单命令，打开“可选颜色”对话框。

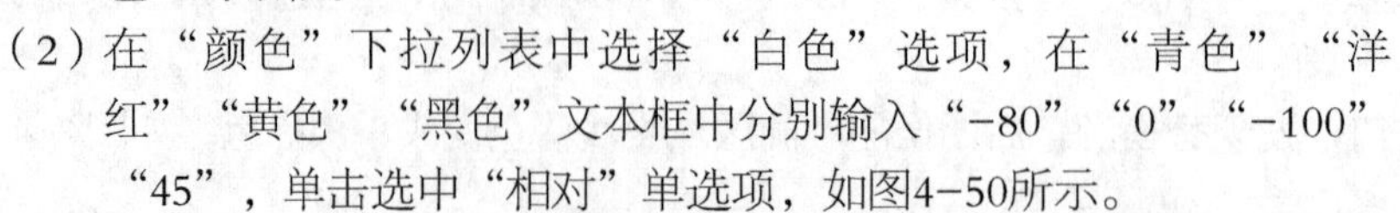

（2）在“颜色”下拉列表中选择“白色”选项，在“青色”“洋红”“黄色”“黑色”文本框中分别输入“-80”“0”“-100”“45”，单击选中“相对”单选项，如图4-50所示。

（3）在“颜色”下拉列表框中选择“绿色”选项，在“青色”“洋红”“黄色”“黑色”文本框中分别输入“30”“-35”“-90”“20”，单击选中“绝对”单选项，单击 确定 按钮完成设置，如图4-51所示。

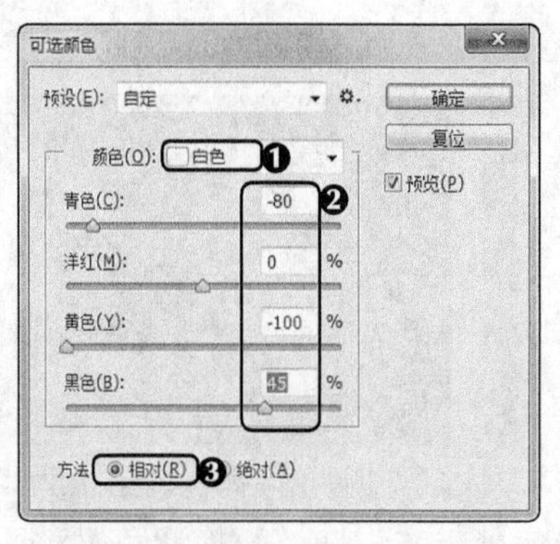

图4-50　设置白色可选颜色参数

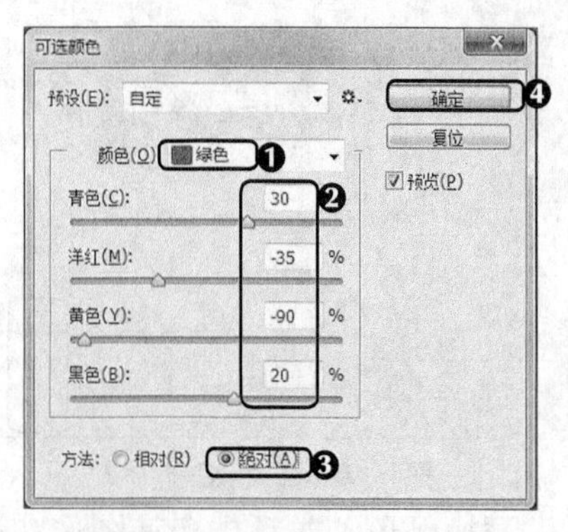

图4-51　设置绿色可选颜色参数

（4）返回图像编辑窗口，查看设置可选颜色后的效果，如图4-52所示。

图4-52 完成后的效果

4.5 项目实训

4.5.1 制作小清新风格照片

1. 实训目标

本实训主要制作一张小清新风格照片，要求画面干净，色彩漂亮。在制作时，主要运用“自然饱和度”和“可选颜色”等菜单命令，要注意照片整体色调的调整。本实训的参考效果如图4-53所示。

素材所在位置 素材文件\第4章\项目实训\小清新.jpg
效果所在位置 效果文件\第4章\项目实训\小清新.jpg

图4-53 小清新风格照片处理前后对比效果

2. 专业背景

小清新风格照片以朴素淡雅的色彩和明亮的色调为主，给人舒服、低调，而又温暖、惬意的感觉。

3．操作思路

完成本实训需要先调整照片的亮度和对比度，然后通过选取颜色来增强环境色，操作思路如图4-54所示。

① 调整亮度和对比度　② 选取颜色增强环境色　③ 最后调整

图4-54　制作小清新风格照片的操作思路

【步骤提示】

（1）打开“小清新.jpg”素材文件，通过“色阶”命令提高亮度。

（2）使用“自然饱和度”命令降低饱和度，增加自然饱和度。

（3）使用“渐变工具”工具，拉一条光线。

（4）使用“选取颜色”命令，增强环境色。

（5）使用“阴影/高光”命令，做一些细微的调整，完成制作。

微课视频

制作小清新风格照片

4.5.2　制作怀旧风格照片

1．实训目标

本实训要求制作一张怀旧风格的照片，要求颜色干净，有年代感，本实训的参考效果如图4-55所示。

素材所在位置　素材文件\第4章\项目实训\街道.jpg
效果所在位置　效果文件\第4章\项目实训\怀旧街道.jpg

图4-55　怀旧照片处理前后对比效果

2．专业背景

怀旧风格照片是众多照片风格中的一种，受到越来越多人的喜欢，无论是人物照片，还

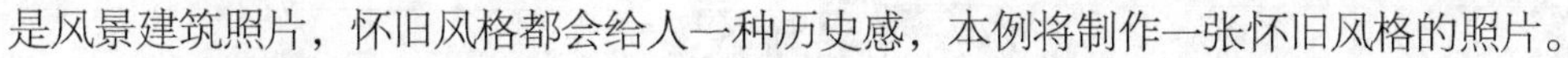
是风景建筑照片，怀旧风格都会给人一种历史感，本例将制作一张怀旧风格的照片。

3. 操作思路

完成本实训可先调整图片的饱和度，然后添加纯色，最后调整可选颜色和对比度，操作思路如图4-56所示。

① 调整饱和度

② 添加纯色

③ 使用“可选颜色”命令调整颜色

图4-56 制作怀旧照片的操作思路

【步骤提示】

（1）打开“街道.jpg”图像文件，使用“色阶”命令将图像调暗。

（2）使用“色相/饱和度”命令，降低图像饱和度。

（3）新建图层，填充偏黄的颜色，降低明度和饱和度，将图层的混合模式改为“叠加”，然后降低图层不透明度。

（4）选择“可选颜色”命令，给黄色减少青色，增加黑色；给白色增加黄色。

（5）选择“亮度/对比度”命令，调整对比度。

微课视频

制作怀旧风格照片

4.6 课后练习

本章主要介绍了调整图像色彩的相关命令，如亮度/对比度、色彩平衡、色相/饱和度、替换颜色、照片滤镜、曲线等。读者要掌握各种色彩和色调调整命令实现的效果，能够根据素材图像中的色彩或色调，分析出调整时需要使用的命令，然后设置相关参数来达到满意的效果。

练习1：制作冷色调风格照片

本练习要求将一张照片处理成冷色调效果。可打开本书提供的素材文件对图像进行调整，使其呈现出冷色调效果，制作前后的对比效果如图4-57所示。

微课视频

制作冷色调风格照片

素材所在位置 素材文件\第4章\课后练习\照片.jpg

效果所在位置 效果文件\第4章\课后练习\照片.jpg

图4-57 “冷色调风格照片”的前后效果对比

操作要求如下。

- 打开“照片.jpg”图像文件，使用“色阶”命令调整明暗度。
- 使用“色相/饱和度”和“色彩平衡”命令，改变图像的整体色调。
- 使用“曝光度”命令，对图片的曝光度进行处理。

练习2：制作打雷效果

本练习要求将闪电素材融入城市夜景照片中，形成打雷效果。制作前后的对比效果如图4-58所示。

素材所在位置 素材文件\第4章\课后练习\背景.tif、雷击.jpg
效果所在位置 效果文件\第4章\课后练习\打雷效果.jpg

图4-58 “打雷”前后效果对比

操作要求如下。

- 打开“背景.tif”图像文件，使用“阴影/高光”“HDR色调”“曲线”等命令调整城市夜景效果。
- 打开“雷击.jpg”图像文件，将该图像拖动到“背景.tif”图像中，设置混合模式为“变亮”，完成效果制作。

4.7 技巧提升

1. Photoshop中的配色

Photoshop中颜色模式最常用的有CMYK、RGB、HSB、Lab。转换颜色模式会造成色彩丢失，这是因为存在色域，Lab＞RGB＞CMYK，也就是说Lab的色域最广，包含RGB和CMYK的所有颜色，所以Lab模式转换成RGB或CMYK模式不会出现色彩丢失现象。而CMYK是印刷色，也就是生活中存在的颜色，色域最小，故CMYK模式转换成RGB或Lab模式时，会造成色彩丢失。

Lab色彩模式是由亮度（L）和a、b色彩范围3个要素组成的。L表示亮度，a表示从洋红色至绿色的范围，b表示从黄色至蓝色的范围。

在“拾色器”对话框中单击选中“H”单选项，就可以灵活调色。在颜色条中可以调整色彩的色相，拖动指针改变色相的同时，H的数值也会发生相应的变化，常用0°～360°的标准色轮表示色相。在色彩选择范围框中可以调整色彩的明度和饱和度，色调就是指明度和饱和度。明度和饱和度可以理解为图像中白色和黑色的含量，明度越高白色越多，反之黑色越多；饱和度无论加黑色还是加白色，加得越少饱和度越高，加得越多饱和度越低。

用数值选择颜色进行配色的原则是：同饱和度同明度下进行色相搭配。

2. 色彩的感情表达

颜色拥有着丰富的感情色彩，会因为性别、年龄、生活环境、地域、民族、阶层、经济、工作能力、教育水平、风俗习惯和宗教信仰等的差异有不同的象征意义。常用色彩代表的感情色彩如下。

- **红色**。红色一般代表勇敢、激怒、热情、危险、祝福，常用于食品、交通、金融、石化、百货等行业。红色具有很强的视觉冲击效果，“红+黑白灰”的搭配更能体现冲击感。
- **绿色**。绿色是最接近大自然的颜色，通常象征着生命、生长、和平、平静、安全和自然等，常用于食品、化妆品、安全等行业。
- **黄色**。黄色一般代表愉悦、嫉妒、奢华、光明、希望，常用于食品、能源、照明、金融等行业。黄色是最亮丽的颜色，比如，“黄+黑”搭配非常明晰，“黄+果绿+青绿”搭配协调中有对比，“桔黄+紫+浅蓝”搭配对比中有协调。
- **蓝色**。蓝色一般代表轻盈、忧郁、深远、宁静、科技，常用于IT、交通、金融、农林等行业。常见的商务风格配色有“蓝+白+浅灰”搭配，体现清爽干净；“蓝+白+深灰”搭配，体现成熟稳重；“蓝+白+对比色（或准对比色）”搭配，体现明快活跃。
- **紫色**。紫色的特点是娇柔、高贵、艳丽和优雅，通常用于营造气氛或表达神秘、有吸引力等感情色彩。
- **白色**。白色是最明亮的一种色彩，通常用于表现纯洁、快乐、神圣和朴实等感情色彩。

3. 使用“色调分离”命令分离图像中的色调

使用“色调分离”命令可以为图像中的每个通道指定亮度像素的数量，并将这些像素映射到最接近的匹配色上，以减少图像分离的色调。其方法是：选择【图像】/【调整】/【色调分

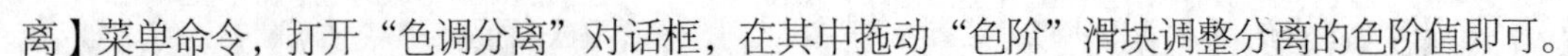

离】菜单命令，打开“色调分离”对话框，在其中拖动“色阶”滑块调整分离的色阶值即可。

4．使用“去色”和“反向”命令调色

使用“去色”命令可去掉图像中除黑色、灰色和白色以外的颜色，使用“反向”命令可将图像中的颜色替换为相对应的补色，但不会丢失图像的颜色信息。比如，将红色替换为绿色，反向后可将正常图像转换为负片或将负片还原为正常图像。

5．使用“阈值”和“色调均化”命令调色

使用“阈值”命令可将彩色或灰度图像转换为只有黑白两种颜色的高对比度图像。使用“色调均化”命令，可将图像中各像素的亮度值重新分配。下面分别介绍“阈值”和“色调均化”命令的使用方法。

- **“阈值”命令**。在打开一个彩色图像文件后，选择【图像】/【调整】/【阈值】菜单命令，在打开的“阈值”对话框的“阈值色阶”文本框中输入1~255的整数，单击 确定 按钮，即可将图片转换为高对比度的黑白图像。
- **“色调均化”命令**。打开一个彩色图像文件后，选择【图像】/【调整】/【色调均化】菜单命令，即可重新分配图像中各像素的亮度值。

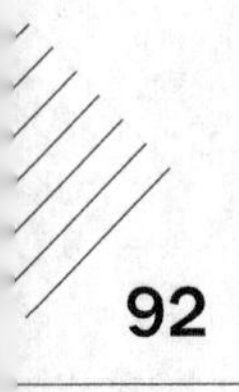

CHAPTER 5

第5章 美化与修饰图像

情景导入

米拉在图像处理上很有自己的见解，老洪见米拉进步很快，决定让她参与一些图片的处理工作，并对图像进行简单修饰。

学习目标

- 掌握美化照片中人物的方法，如污点修复画笔工具、修复画笔工具、修补工具、红眼工具等的使用。
- 掌握修饰图片的方法，如模糊工具、锐化工具、加深工具、减淡工具、仿制图章工具等的使用。

案例展示

▲美化照片中的人物

▲修饰图片

5.1 课堂案例：美化照片中的人物

老洪告诉米拉，在进行平面设计的过程中，会用到大量的素材，而大部分素材都需要处理成相应的效果后，才能用于设计。老洪让米拉处理一张美女照片，要求去除照片中的瑕疵。本例美化前后的对比效果如图5-1所示，下面具体讲解制作方法。

素材所在位置 素材文件\第5章\课堂案例\美女.tif
效果所在位置 效果文件\第5章\课堂案例\照片.tif

图5-1 “美化照片中的人物”前后效果对比

行业提示

人物图像美化

Photoshop作为一款功能强大的图像处理软件，不仅可以对人物进行基本的调色、美化和修复等处理，还可以改变人物的线条和幅度，如调整脸部器官和脸型的大小、调整身体曲线等。

5.1.1 使用污点修复画笔工具

污点修复画笔工具主要用于快速修复图像中的斑点或小块杂物。下面将修复“美女.tif”图像中脸部一些较明显的斑点，使其变得干净光滑，具体操作如下。

（1）打开“美女.tif”图像文件，在工具箱中选择污点修复画笔工具，在工具属性栏中设置污点修复画笔的大小为“20”，单击选中“内容识别”单选项和“对所有图层取样”复选框，完成后放大显示“美女.tif”图像，如图5-2所示。

（2）在脸部右侧单击确定一点，向下拖动可发现修复画笔将显示一条灰色区域，释放鼠标可看见拖动区域的斑点已经消失。若是修复单独的某一个斑点，在其上单击即可，如图5-3所示。

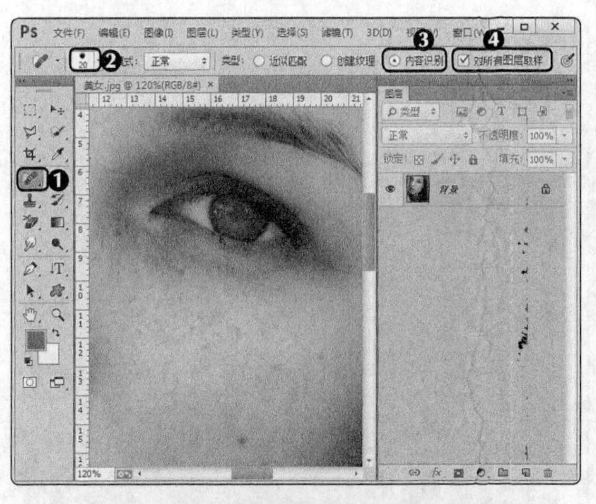
图5-2　设置污点修复画笔的参数

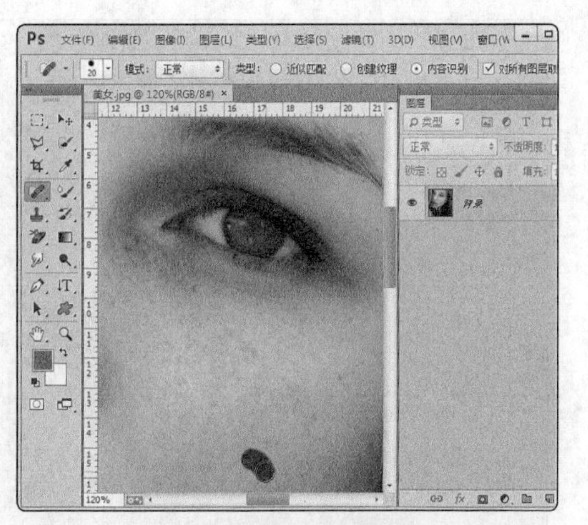
图5-3　修复脸部右侧的斑点

5.1.2　使用修复画笔工具

修复画笔工具可以用图像中与被修复区域相似的颜色去修复破损图像。它与污点修复画笔工具的作用和原理基本相同，只是修复画笔工具更加便于控制，不易产生人工修复的痕迹。下面修复“美女.tif”图像中人物的眼袋和黑眼圈，让其更加平顺自然，具体操作如下。

（1）在工具箱中选择修复画笔工具，在工具属性栏中设置修复画笔的大小为“15”，在“模式”栏右侧的下拉列表框中选择“滤色”选项，单击选中“取样”单选项，完成后将右侧眼部放大，如图5-4所示。

（2）在右侧眼睛的下方，按住【Alt】键的同时，单击图像上需要取样的位置。这里单击右侧脸部相对平滑的区域。再将鼠标指针移动到需要修复的位置，这里移动到眼睛的下方，单击并拖动鼠标，修复眼部的细纹，如图5-5所示。

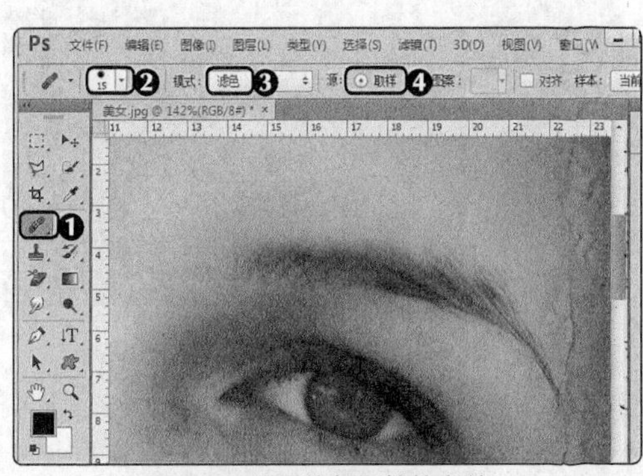
图5-4　设置修复画笔的参数

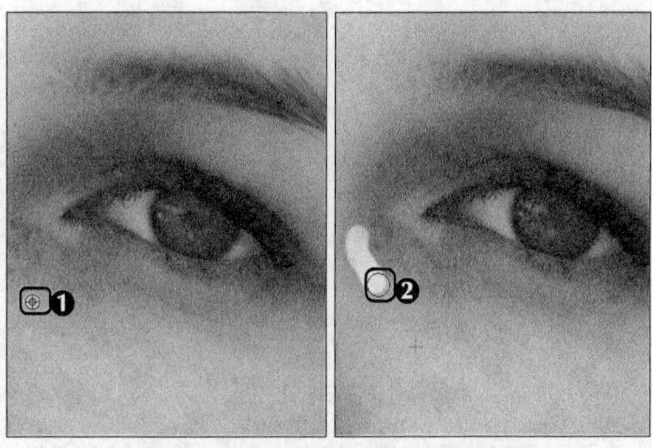
图5-5　获取修复颜色并进行修复操作

（3）根据眼部轮廓的不同和周围颜色的不同，在使用修复画笔工具时，为了使修复的图像更加完美，在修复过程中需要不断修改取样点和画笔大小，让左侧和右侧脸部变得统一，并且在处理过程中，还可修复脸部的细纹，如图5-6所示。

（4）使用相同的方法修复右侧眼部，让眼睛周围的颜色更加统一，并去除眼部细纹，如图5-7所示。

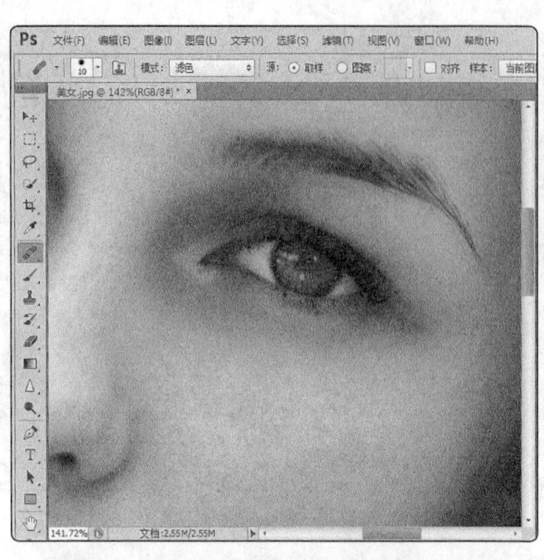

图5-6　修复右侧眼部细纹并使周围颜色统一

图5-7　修复左侧眼部细纹

（5）使用修复画笔工具沿着鼻子的轮廓涂抹以修复鼻子上的斑点，注意避免修复过程中因为颜色不统一，导致再次出现大块的污点。在修复过程中，需单独单击某个斑点，防止出现鼻子不对称的现象，如图5-8所示。

（6）使用相同的方法修复右脸。在修复时，单个斑点可单击进行修复；对于斑点密集部分，可使用拖动鼠标的方法进行修复。查看修复后的效果，如图5-9所示。

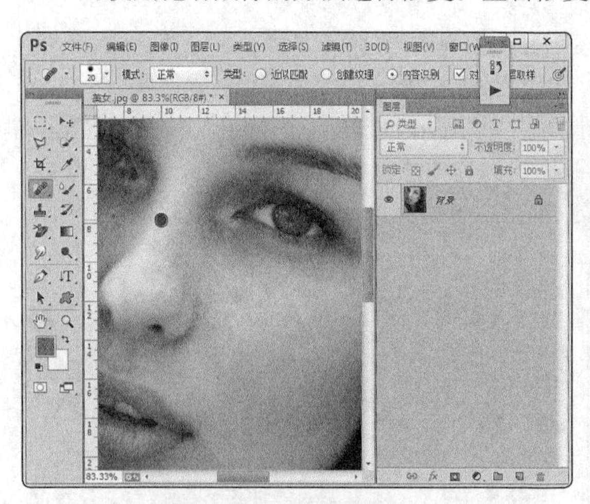

图5-8　修复鼻子上的斑点

图5-9　修复脸部右侧的斑点

5.1.3　使用修补工具

修补工具可将目标区域中的图像复制到需修复的区域，常用于修复较复杂的纹理和瑕疵。下面使用修补工具修补“美女.tif”图像中的瑕疵区域，使皮肤更加白皙光滑，具体操作如下。

微课视频

使用修补工具

（1）在工具箱中选择修补工具，在工具属性栏中单击“新选区”按钮，在“修补”下拉列表框中选择“正常”选项，单击选中“源”单选项，然后将脸部放大，如图5-10所示。

（2）在需要修补的手部皮肤处单击，绘制一个闭合的形状，将需要修补的位置圈住，当鼠标指针变为 形状时，向上拖动鼠标，以手其他部分的颜色为主体进行修补，如图5-11所示。注意，修补时不要拖动鼠标太远，否则容易造成颜色不统一。

图5-10 设置修补参数

图5-11 修补手部部分

（3）在左侧鼻尖处发现鼻尖的皮肤很粗糙，并且有凹痕，使用修补工具沿着鼻尖的轮廓绘制一个闭合的选区，并将鼠标指针移动到选区的中间，当鼠标指针呈 形状后，向上拖动鼠标修补鼻尖，如图5-12所示。

（4）使用相同的方法修补脸部其他区域，让皮肤变得更加细腻，注意在修补过程中，要预留轮廓，不要让轮廓变得平整。修补完成后查看修补后的效果，如图5-13所示。

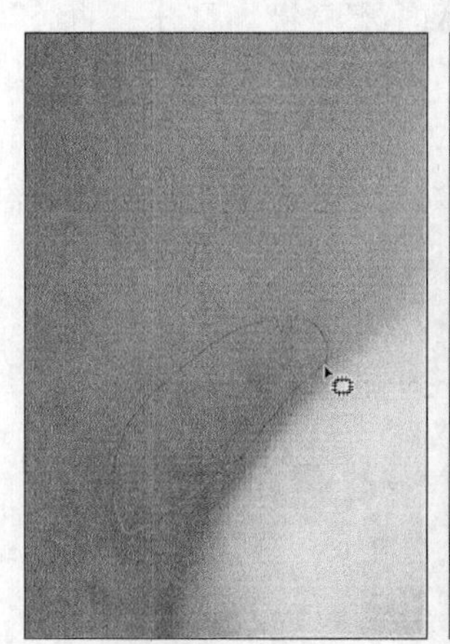
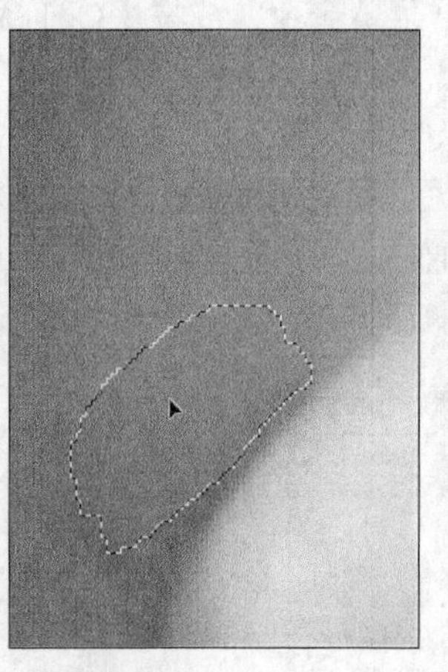

图5-12 修补鼻尖部分

图5-13 修补其他区域

多学一招

使修补的颜色变得局部透明

在修补工具的工具属性栏中单击选中“透明”复选框，可使被修补的区域颜色变得透明。

5.1.4 使用红眼工具

受诸多客观拍摄因素的影响，数码照片在拍摄后可能会出现红色、白色或绿色的反光斑点。这类照片可使用红眼工具进行修复。下面将通过红眼工具去除“美女.tif”图像中的红眼，让眼睛恢复原色并变得有神，具体操作如下。

微课视频

使用红眼工具

（1）选择红眼工具，在工具属性栏中设置“瞳孔大小”为“80%”，设置“变暗量”为“40%”，像图像模式更改为RGB颜色模式。完成后将左侧眼部放大，并在眼部的红色区域单击，如图5-14所示。

（2）此时单击处呈黑色显示，继续单击周围红色，使红色的眼球完全呈黑色显示。

（3）使用相同的方法修复右眼，完成后的效果如图5-15所示。

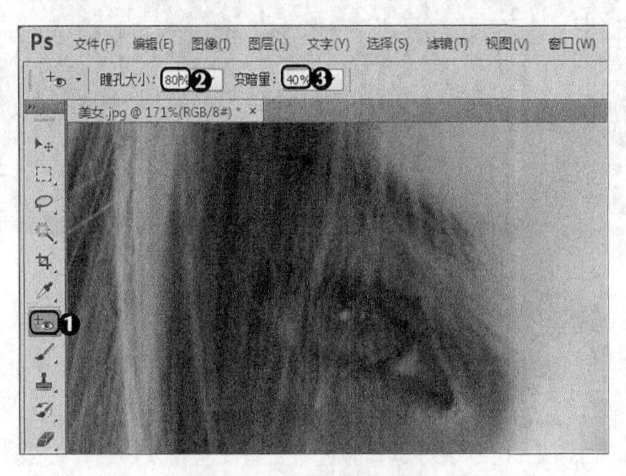

图5-14 设置红眼参数

图5-15 修复红眼效果

（4）选择【图像】/【调整】/【曲线】菜单命令，或按【Ctrl+M】组合键，打开“曲线”对话框。

（5）在曲线编辑框中的斜线上单击鼠标创建一个控制点，再向上方拖动曲线，调整亮度，或在“输出”和“输入”文本框中分别输入曲线输出与输入值。这里设置“输出”和“输入”分别为“150”和“120”，如图5-16所示。

（6）单击 确定 按钮，返回图像编辑窗口，即可看到调整后的效果，如图5-17所示。

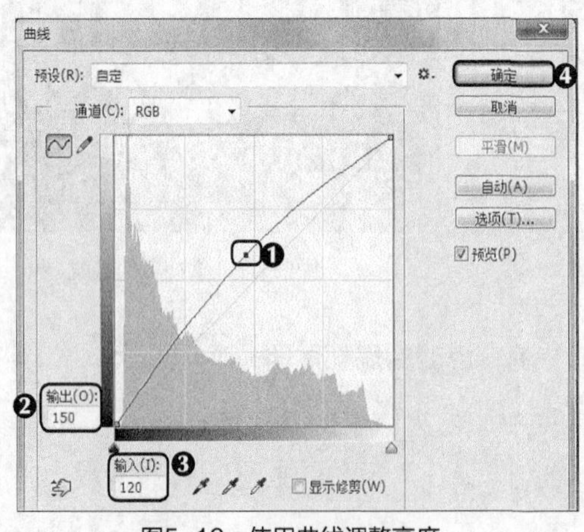

图5-16 使用曲线调整亮度

图5-17 完成后的效果

快速切换修复工具的方法

按【J】键可以快速选择修复工具组中正在使用的工具，按【Shift+J】组合键可以在修复工具组中的5个工具之间进行切换。

5.2 课堂案例：修饰一组图片

老洪正在修饰一组图片，他告诉米拉，如果拍摄的图片主次不分明，可以通过虚化背景的方式来凸显图片主体。如果背景颜色和主体颜色比较混杂，可通过对背景颜色、主体颜色分别进行减淡和加深处理，区分颜色凸显主体。米拉自告奋勇地为老洪处理了几张图片，分别使用了锐化工具、加深和减淡工具。本例的参考效果如图5-18所示，下面具体讲解制作方法。

图5-18 "修饰图片"最终效果

素材所在位置 素材文件\第5章\课堂案例\鞋子.jpg、湖.tif
效果所在位置 效果文件\第5章\课堂案例\鞋子.psd、湖.tif

5.2.1 使用模糊工具和锐化工具

模糊工具可柔化图像中相邻像素之间的对比度，减少图像细节，从而使图像产生模糊的效果。锐化工具能使模糊的图像变得清晰，使其更具有质感。使用时要注意，若反复涂抹图像中的某一区域，则会造成图像失真。下面打开"鞋子.jpg"图像，使用模糊工具对背景物品进行模糊处理。再使用锐化工具对鞋子进行锐化处理，使鞋子更加突出，具体操作如下。

（1）打开"鞋子.jpg"图像文件，按【Ctrl+J】组合键将图像复制一个图层，若操作不当可及时修改，如图5-19所示。

（2）在工具箱中选择模糊工具，在工具属性栏中设置模糊画笔为"硬边圆"，单击选中"对所有图层取样"复选框，完成后对鞋子周围的物品进行涂抹，使其模糊显示，画笔大小可根据使用的需要随时调整，如图5-20所示。

图5-19　复制图层

图5-20　设置模糊工具参数

调节画笔大小的方法

在使用铅笔工具、仿制图章工具、橡皮擦工具、模糊工具、锐化工具、涂抹工具、减淡工具、加深工具和海绵工具处理图像时，都会涉及的画笔大小调节，下面介绍3种调节画笔大小的方法。

- 在选择工具的状态下，在编辑区单击鼠标右键，弹出画笔编辑快捷菜单，即可设置画笔大小和硬度等。
- 在英文输入状态下，按键盘上的【[】键可以缩小画笔，按【]】键可以放大画笔。
- 同时按住【Alt】键和鼠标右键，左右拖动鼠标可以调整画笔大小，上下拖动鼠标可以调整画笔硬度。

（3）背景模糊后的对比效果如图5-21所示。

图5-21　调整前后的效果对比

（4）在工具箱中选择锐化工具，在工具属性栏中设置锐化画笔大小为“80”，设置强度为“100%”，单击选中“保护细节”复选框，如图5-22所示。

（5）顺着鞋子进行涂抹，会发现鞋子的纹理变得清晰，对于细微部分还可缩小画笔进行涂抹，完成后查看锐化后的效果，如图5-23所示。

图5-22　锐化图像

图5-23　查看效果

模糊工具和锐化工具的使用

模糊和锐化工具适合处理小范围的图像细节，若要对图像整体进行处理，可使用“模糊”和“锐化”滤镜。

5.2.2　使用加深工具和减淡工具

使用加深工具可增加曝光度，使图像中指定区域变暗，而使用减淡工具则可以快速增加图像中特定区域的亮度。这两个工具常用于处理照片的曝光。下面先对“鞋子.jpg”图像中的背景进行加深，再对鞋子进行减淡操作，增加对比效果，让主体更加突出。

1．使用加深工具

下面将对背景进行加深操作。在加深过程中，主要使用大的加深笔刷进行涂抹，实现颜色的递减加深，具体操作如下。

微课视频

使用加深工具

（1）在工具箱中选择加深工具，在工具属性栏中设置画笔样式为“柔边圆”，“大小”为“60像素”，设置“范围”为“中间调”，“曝光度”为“50%”，单击选中“保护色调”复选框，如图5-24所示。

（2）在鞋子周围拖动鼠标，对背景进行加深操作，查看加深后的效果，如图5-25所示。

图5-24　设置加深参数

图5-25　加深背景

2. 使用减淡工具

减淡工具能让图像的颜色变浅。下面将对鞋子部分进行减淡操作，并调整曲线和色阶，使图像更加美观，具体操作如下。

微课视频
使用减淡工具

（1）选择工具箱中的减淡工具，在工具属性栏中设置“画笔样式”为“硬边圆”，“大小”为“90像素”，设置“范围”为“高光”，“曝光度”为“50%”，如图5-26所示。

（2）在鞋子上拖动鼠标，对鞋子进行减淡处理，并查看减淡后的效果，如图5-27所示。

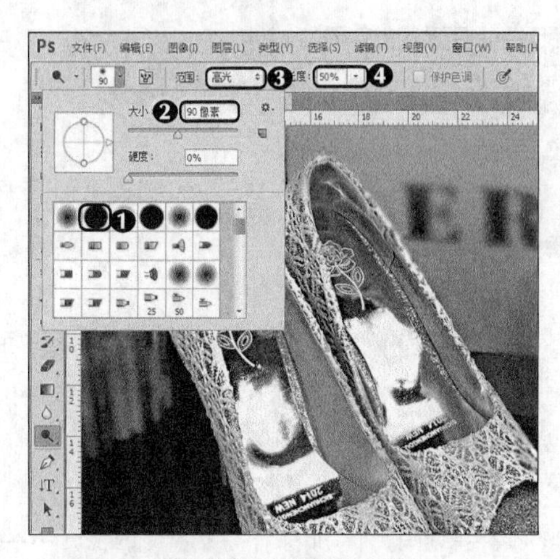
图5-26　设置减淡参数

图5-27　减淡鞋子

（3）选择【图层】/【新建调整图层】/【曲线】菜单命令，打开“新建图层”对话框，保持默认设置不变，单击 确定 按钮，如图5-28所示。

（4）打开“属性”面板，在中间列表框的曲线左下段单击添加一个控制点，向上拖动控制点，调整图像的暗部，再在曲线右上段单击添加一个控制点，并向下拖动调整图像的亮度，完成曲线的调整，如图5-29所示。

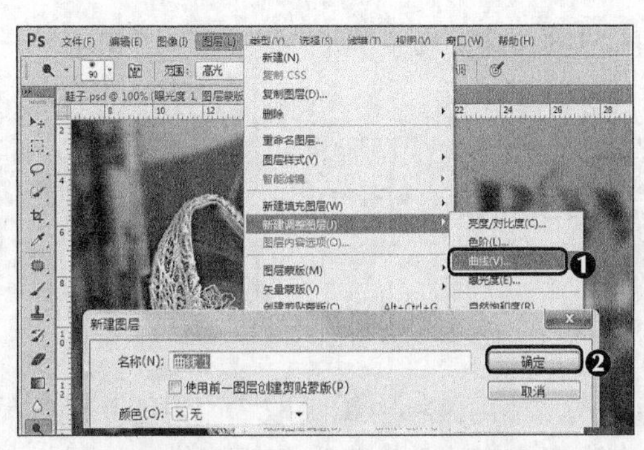

图5-28 新建“曲线”调整图层

图5-29 调整曲线

（5）选择【图层】/【新建调整图层】/【色阶】菜单命令，打开“新建图层”对话框，保持默认设置不变，单击确定按钮，如图5-30所示。

（6）在“属性”面板拖动中间的滑块调整输出的色阶，这里设置第一个滑块值为“23”，设置最后一个滑块值为“225”，设置中间的滑块值为“1.16”，如图5-31所示。

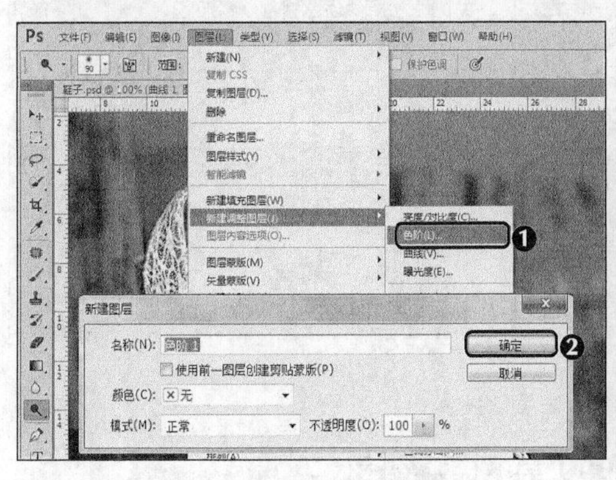

图5-30 新建“色阶”调整图层

图5-31 调整色阶

（7）使用相同的方法新建“曝光度”图层，并设置其“曝光度”“位移”和“灰度系数校正”分别为“+0.4”“+0.0082”和“0.85”，如图5-32所示。

（8）返回图像编辑窗口，可以查看调整后的图像效果，如图5-33所示。

图5-32 调整曝光度

图5-33 调整后的效果

5.2.3 使用仿制图章工具

仿制图章工具位于工具箱的图章工具组中，用于快速复制选中区域的图像及颜色，并将复制的图像和颜色运用于其他区域。下面使用仿制图章工具对“湖.tif”图像中的水印进行涂抹，去除水印，具体操作如下。

（1）在工具箱中选择仿制图章工具，在工具属性栏中设置“画笔样式”为“柔边圆”，“大小”为“40像素”，“模式”为“正常”，“不透明度”为“100%”，“流量”为“100%”，单击选中“对齐”复选框，设置“样本”为“当前图层”，如图5-34所示。

（2）按住【Alt】键不放，此时鼠标指针变为样式，单击鼠标左键吸取水印附近相近的颜色，然后拖动鼠标在水印上进行涂抹，涂抹的部分将被替换为吸取的部分，如图5-35所示。

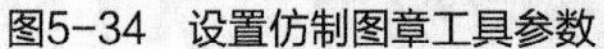

图5-34　设置仿制图章工具参数

图5-35　涂抹文字

多学一招

使用仿制图章工具取样修复的技巧

如果取样的像素不能很好地融合图像，可重新按住【Alt】键进行取样，再进行修复操作。

（3）在涂抹过程中要不断吸取相近的颜色，反复涂抹，直至水印完全去除，去除水印前后效果如图5-36所示。

图5-36　去除全部水印前后效果对比

多学一招

图案图章工具

图案图章工具位于工具箱的图章工具组中，使用图案图章工具可以利用图案进行绘图，也可以从图案库中选择图案或者自己创建图案。

5.3 项目实训

5.3.1 修饰人物照片

1. 实训目标

本实训的目标是修饰照片中人物的瑕疵，再调整图像的色彩。修饰人物照片前后的对比效果如图5-37所示。

素材所在位置 素材文件\第5章\项目实训\人物.jpg
效果所在位置 效果文件\第5章\项目实训\人物.jpg

图5-37 修饰人物照片前后对比效果

2. 专业背景

由于受天气、光照等因素干扰，直接拍摄的人像或风景照效果往往难尽如人意，如出现污迹或人物瑕疵很明显等。使用Photoshop可以对图像进行处理，包括修复瑕疵、调整色彩等。

3. 操作思路

要完成本实训，应首先打开素材文件，然后使用修复工具处理脸部的瑕疵，使用模糊工具处理人物皮肤，最后调整人物颜色，操作思路如图5-38所示。

① 修复脸上瑕疵　② 模糊处理脸部皮肤　③ 调整人物颜色

图5-38　修饰人物照片的操作思路

【步骤提示】

（1）打开“人物.jpg”图像，在工具箱中选择修复画笔工具，在人物脸上进行涂抹，去除脸上的斑点及瑕疵。

（2）在工具箱中选择模糊工具，在人物的整个面部皮肤以及脖子上进行涂抹，使皮肤看起来更加细腻。

（3）使用曲线、色阶、颜色平衡、可选颜色等命令调整整个画面的颜色，使画面的色彩看起来更加自然。

5.3.2　修复老照片的折痕

1. 实训目标

本实训的目标是对一张老照片进行折痕修复处理，使画面更加完整。本实训修饰前后的对比效果如图5-39所示。

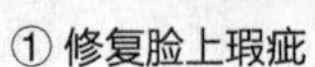

素材所在位置　素材文件\第5章\项目实训\老照片.jpg
效果所在位置　效果文件\第5章\项目实训\老照片.jpg

图5-39　修复老照片折痕前后的对比效果

2. 专业背景

修复图片主要是修复图片中不理想的部分。若仅仅需要还原图片，应注意图片原有的图像元素不能去掉，修改后要使图片更加清晰。而制作特殊效果时，应整体把握图像的布局，遵循设计原则。

3. 操作思路

完成本实训主要包括去色、调整亮度和对比度，以及修复折痕三大步操作，其操作思路如图5-40所示。

① 打开素材

② 去色、调整亮度和对比度

③ 修复折痕

图5-40 修复老照片折痕的操作思路

【步骤提示】

（1）打开“老照片.jpg”图像文件。

（2）复制一个图层，执行“去色”命令。

（3）调整图像的亮度和对比度，使照片更明亮。

（4）使用修复画笔工具和仿制图章工具对图像中的折痕进行修复。

5.4 课后练习

本章主要介绍了美化与修饰图像时需要用到的工具，包括污点修复画笔工具、修复画笔工具、修补工具、模糊工具、锐化工具、减淡工具和加深工具等。对于本章的内容，应重点掌握各种工具的使用方法及使用工具后能够达到的效果，以便于在日常设计工作中提高工作效率。

练习1：制作双帆船效果图

本练习要求打开“帆船.jpg”图像文件，将其中的帆船图像制作成双帆船图像效果，制作前后的对比效果如图5-41所示。

素材所在位置 素材文件\第5章\课后练习\帆船.jpg

效果所在位置 效果文件\第5章\课后练习\帆船.jpg

图5-41　双帆船效果

操作要求如下。

- 打开“帆船.jpg”图像文件，选择工具箱中的修补工具沿帆船绘制选区。
- 在工具属性栏中选择“目标”选项，在选区中向左拖动鼠标，松开鼠标后得到复制的图像。
- 按【Ctrl+D】组合键取消选区，使用仿制图章工具修饰细节，完成双帆船图像的制作。

练习2：去除人物眼镜

本练习要求将一张人物照片中的眼镜去除，可打开本书提供的素材文件进行操作，参考效果如图5-42所示。

素材所在位置　素材文件\第5章\课后练习\眼镜.jpg
效果所在位置　效果文件\第5章\课后练习\眼镜.psd

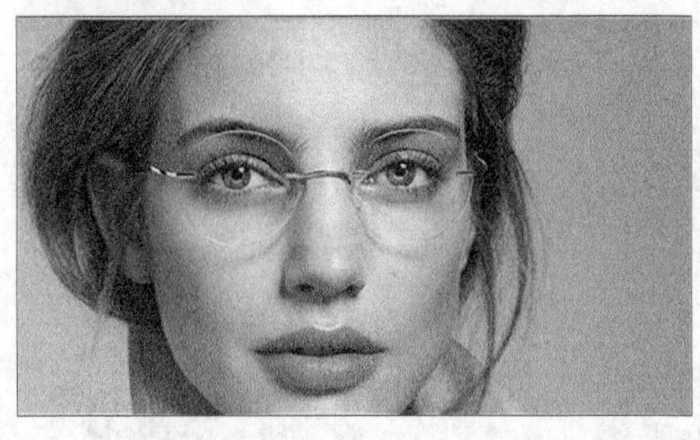

图5-42　去除人物眼镜前后对比的效果

操作要求如下。

- 打开“眼镜.jpg”图像文件。
- 使用图案图章工具去除人物脸部的眼镜。
- 通过修复画笔工具对眼镜周围的人物皮肤进行修复，完成图像的制作。

微课视频

去除人物眼镜

5.5 技巧提升

1. 认识“仿制源”面板

使用图章工具或修复画笔工具时，可以打开“仿制源”面板进行详细的参数设置。通过“仿制源”面板可设置不同的样本源以及缩放、旋转和位移样本源，以帮助在特定位置仿制源和匹配目标的大小和方向。打开一幅图像后，选择【窗口】/【仿制源】菜单命令，打开“仿制源”面板，如图5-43所示。

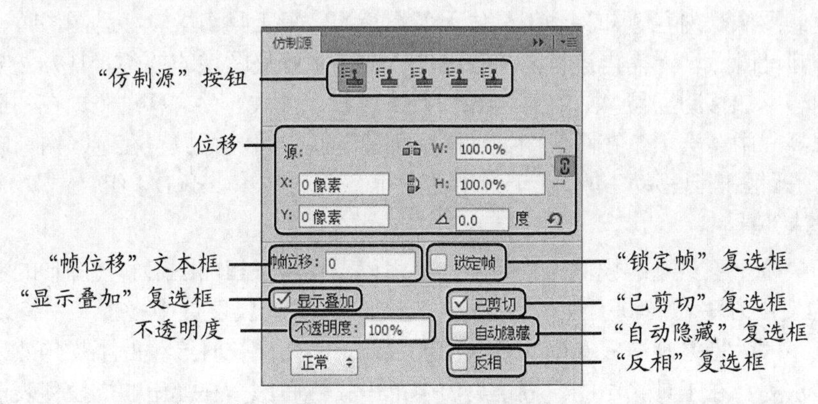

图5-43 “仿制源”面板

“仿制源”面板中主要选项的作用如下。

- **“仿制源”按钮**。单击该按钮后，使用仿制图章工具或修复画笔工具，并按住【Alt】键在图像中单击，可设置取样点。继续单击其后的“仿制源”按钮，可继续拾取不同的取样点（最多可设置5个不同的取样点）。
- **位移**。可在文本框中输入精确的数值指定*X*和*Y*像素的位移，并可在相对于取样点的精确位置进行绘制。位移的右侧为缩放文本框，默认情况下，会约束比例，在“W”和“H”文本框中输入数值，可缩放所仿制的源。在“角度”后的文本框中输入数值，可旋转仿制源。
- **“帧位移”文本框**。表示使用与初始取样的帧相关的特定帧进行绘制。
- **“锁定帧”复选框**。单击选中该复选框，可一直保持与初始取样相同的帧进行仿制。
- **“显示叠加”复选框**。单击选中该复选框，可在其下方列表框中设置叠加的方式（包括正常、变亮、变暗和差值），此时可以更方便地修复图像，使效果融合得更加完美。
- **不透明度**。用于设置叠加图像的不透明度。
- **“已剪切”复选框**。单击选中该复选框，可将叠加图像剪切到画笔大小。
- **“自动隐藏”复选框**。单击选中该复选框，可在应用绘画描边时隐藏叠加效果。
- **“反相”复选框**。单击选中该复选框，可以反相叠加图像中的颜色。

2. 海绵工具

海绵工具用于在图像中加深或降低颜色的饱和度，从而调整图像颜色。海绵工具位于工具箱的减淡工具组中，其工具属性栏与减淡工具的工具属性栏的大部分参数一致，其特有的参数及含义如下。

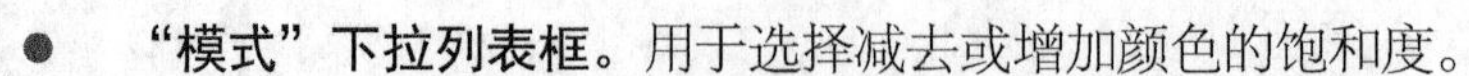

- **"模式"下拉列表框。**用于选择减去或增加颜色的饱和度。
- **"流量"文本框。**用于设置使用海绵工具时的强度。

海绵工具的使用方法为：在工具箱中的减淡工具组上单击鼠标右键，在弹出的快捷菜单中选择海绵工具。在工具属性栏中设置画笔样式、大小，设置模式为减去或增加颜色饱和度，然后在图像中拖动鼠标进行涂抹，直到符合需要。

3．内容感知移动工具

在修复图像时，常会遇到需要移动或复制图像的情况，此时，可使用内容感知移动工具移动或复制图像。内容感知移动工具位于工具箱的修复工具组中，移动图像时，还可将原位置的图像自动隐藏，无需再进行擦除等操作，提高了修复图像的效率。其方法为：打开图像，选择内容感知移动工具，在工具属性栏中设置"模式"为"移动"，在"适应"下拉列表框中选择"中"选项，在图像中拖动鼠标创建选区。将光标放置在选区内，向右侧拖动鼠标，即可看到图像已移动，原位置的图像已被隐藏，再按【Ctrl+D】组合键取消选区。

4．涂抹工具

涂抹工具位于工具箱的模糊工具组中，使用该工具可以扭曲图形和让图形的颜色融合。涂抹工具的使用方法和模糊工具相同，不同的是，其工具属性栏中多了"手指绘画"复选框，单击选中"手指绘画"复选框，可以出现类似于手指涂抹时产生的不均匀效果。使用涂抹工具的方法为：在工具箱中的模糊工具组中单击鼠标右键，在弹出的下拉列表框中选择涂抹工具，在工具属性栏中选择画笔的样式，并设置画笔笔尖大小、涂抹强度和是否启用手指绘画等参数，然后将鼠标指针移动到图像中需要涂抹的部分，拖动鼠标进行涂抹。

CHAPTER 6

第6章 绘制矢量图形

情景导入

在Photoshop中，经常会涉及绘制不同类型的矢量图形，且应用领域十分广泛，老洪让米拉加强这方面的学习。

学习目标

- 掌握制作结婚请柬模板的方法，如认识“路径”面板、绘制路径、编辑路径、填充与描边路径、添加文字等。
- 掌握绘制手机App图标的方法，如矩形工具、椭圆工具、多边形工具、直线工具等的使用。

案例展示

▲制作婚礼请柬模板

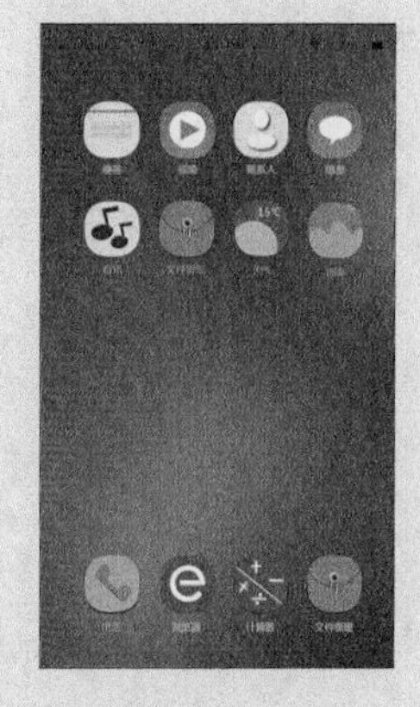

▲绘制手机App图标

6.1 课堂案例：制作婚礼请柬模板

老洪让米拉制作一个婚礼请柬模板，以备不时之需。米拉翻阅了许多婚礼请柬模板，心中慢慢有了想法。米拉主要使用钢笔工具来绘制路径，制作出新人的剪影，然后添加一些装饰元素和文字。本例完成后的参考效果如图6-1所示，下面具体讲解制作方法。

素材所在位置 素材文件\第6章\课堂案例\婚礼请柬模板\
效果所在位置 效果文件\第6章\课堂案例\婚礼请柬模板.psd

图6-1 婚礼请柬模板最终效果

6.1.1 认识"路径"面板

"路径"面板默认情况下与"图层"面板在同一面板组中，主要用于储存和编辑路径。因此，在制作本例前，先熟悉一下"路径"面板的组成，如图6-2所示。

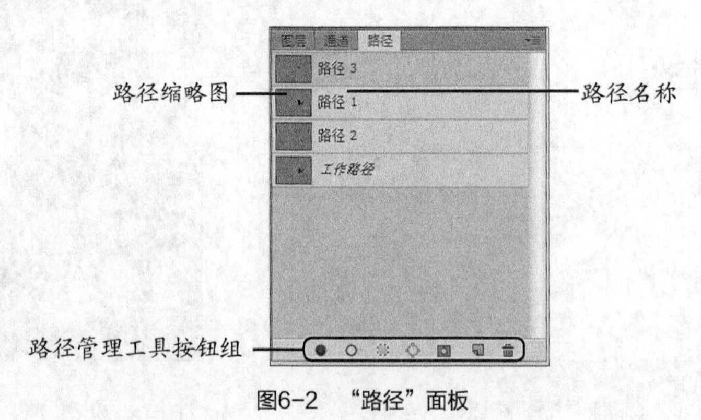

图6-2 "路径"面板

多学一招

改变路径缩略图大小

创建路径后，在“路径”面板中可看到路径图层，若是觉得缩略图太小，可根据需要将其调大。其方法为：打开“路径”面板，单击右上方的按钮，在打开的下拉列表框中选择“面板选项”选项，打开“路径面板选项”对话框，在其中可设置路径缩略图的大小，设置完成后单击确定按钮即可。

6.1.2 绘制路径

微课视频

绘制路径

钢笔工具是Photoshop中较为强大的路径绘制工具，主要用于绘制矢量图形。下面讲解使用钢笔工具绘制图形的方法，具体操作如下。

（1）新建一个名为“婚礼请柬模板”，大小为42厘米×29.7厘米，分辨率为300像素/英寸的图像文件。

（2）选择【视图】/【新建参考线】菜单命令，打开“新建参考线”对话框，在“取向”栏中单击选中“垂直”单选项，设置参考线方向，在“位置”文本框中输入“21厘米”，设置参考线位置，创建参考线。

（3）选择矩形选框工具，在参考线左右两侧分别绘制矩形，将左边的矩形填充白色，并添加“描边”图层样式，设置“描边大小”为“3像素”。右边的矩形填充色为“#f6f6f6”，然后将边框素材置入图像文件中。

（4）在工具箱中选择钢笔工具，在图像中单击创建一个锚点，然后在其他位置继续单击并拖曳鼠标创建路径，如图6-3所示。

（5）继续使用钢笔工具在图像区域单击并拖曳鼠标绘制新娘上半身，如图6-4所示。

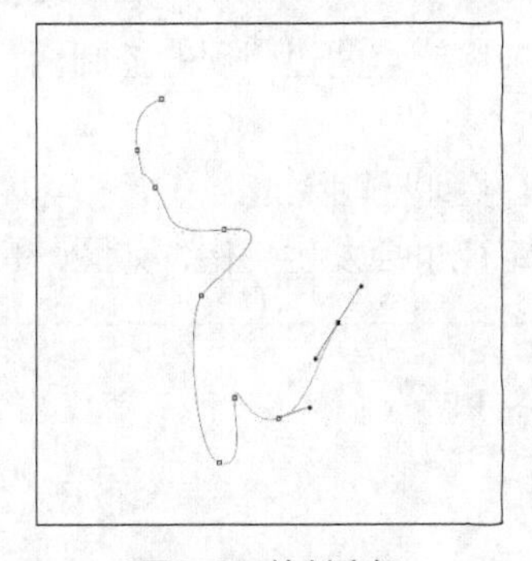

图6-3　绘制路径

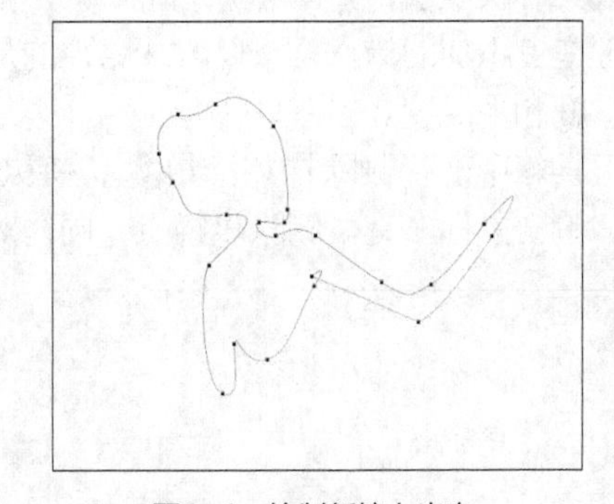

图6-4　绘制新娘上半身

6.1.3 编辑路径

初次绘制的路径往往不够精确，需要对该路径进行修改和调整。具体操作如下。

1．平滑与尖突锚点

通过锚点可连接直线路径段或曲线路径段，路径线段上的锚点有方向线，通过调整方向线上的方向点可调整线段的形状。而锚点可分为两类，一类是平滑点，通过平滑点连接的线段可以形成平滑的曲线；另一类是尖突点，通过尖突点连接的线段通常为直线或转角曲线。使用转换点工具可以转换路径上锚点的类型，使路径在平滑曲线和直线之间转换，具体操作如下。

（1）选择直接选择工具，单击左上角的锚点，此时锚点两边会出现方向线，拖动方向线上的控制柄，将路径调整平滑，如图6-5所示。

（2）选择转换点工具，按住【Alt】键不放单击锚点，可将平滑锚点转换为尖突锚点，如图6-6所示。

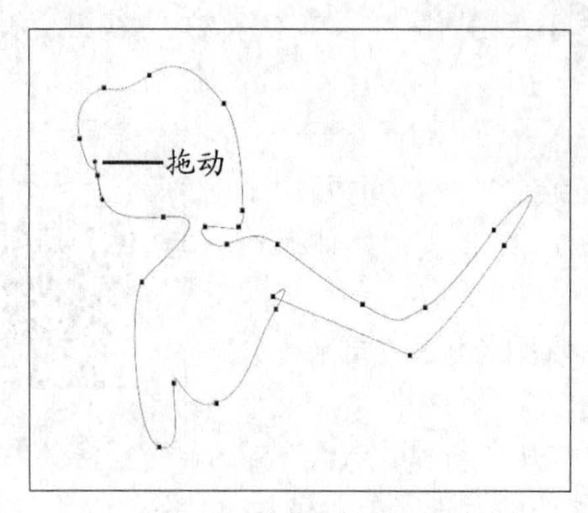

图6-5　拖动控制点调整路径

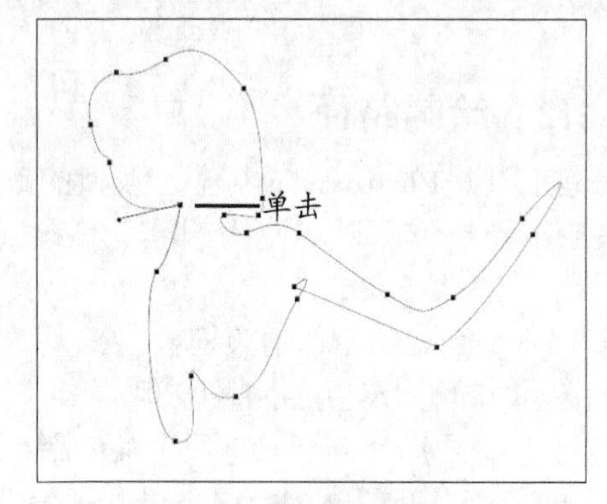

图6-6　转换为尖突锚点

2．添加与删除锚点

使用添加锚点工具可以在路径上添加新的锚点，从而调整路径的细节。删除锚点工具则可以删除不需要的锚点，具体操作如下。

（1）选择添加锚点工具，将鼠标指针移到要添加锚点的路径上，当其变为形状时，单击鼠标左键即可添加一个锚点，添加后的锚点呈实心状显示，如图6-7所示。

（2）此时拖曳添加的锚点，可以改变路径的形状，拖曳锚点两边出现的控制柄，可调整曲线的弧度和平滑度。

（3）在工具箱中选择删除锚点工具，将鼠标指针移到要删除的锚点上，当其变为形状时，单击鼠标左键可删除该锚点，同时对应的路径也会发生变化，如图6-8所示。

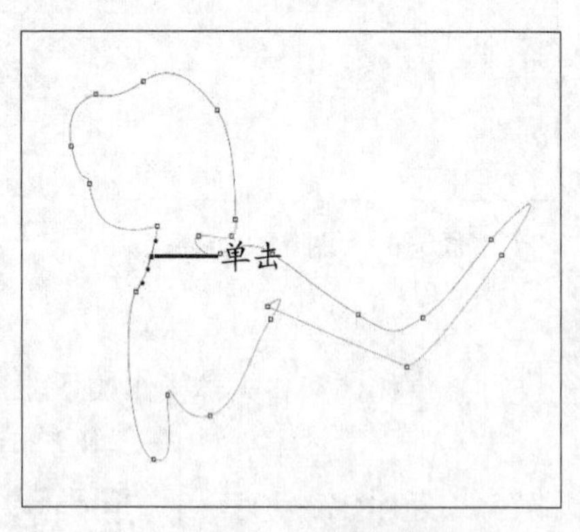

图6-7　添加锚点

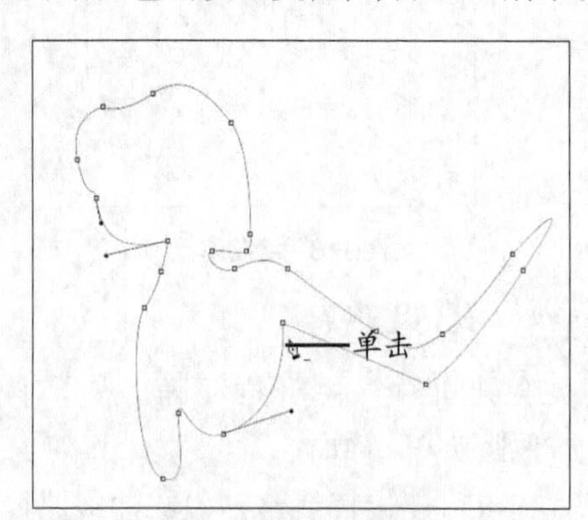

图6-8　删除锚点

使用快捷菜单命令添加与删除锚点

除了使用工具添加与删除锚点外，还可以使用快捷菜单命令添加与删除锚点。其方法为：在路径上单击鼠标右键，在弹出的快捷菜单中选择“添加锚点”命令，即可添加锚点；在锚点上单击鼠标右键，在弹出的快捷菜单中选择“删除锚点”命令，即可删除锚点。

3．选择和移动路径

编辑路径，除了调整锚点和控制柄外，还可以通过选择和移动路径来直接对路径进行编辑，使用直接选择工具可以选取或移动某个路径中的部分路径，将路径变形，具体操作如下。

（1）在工具箱中选择路径选择工具，将鼠标指针移动到需选择的路径上并单击，可选中整个子路径，如图6-9所示。

（2）选择直接选择工具，选中锚点或者在路径上添加锚点来移动部分路径，将路径调整至满意的形状，效果如图6-10所示。

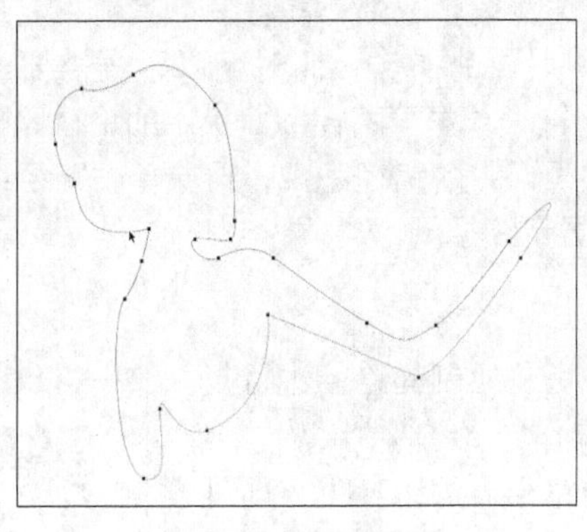

图6-9　选择路径

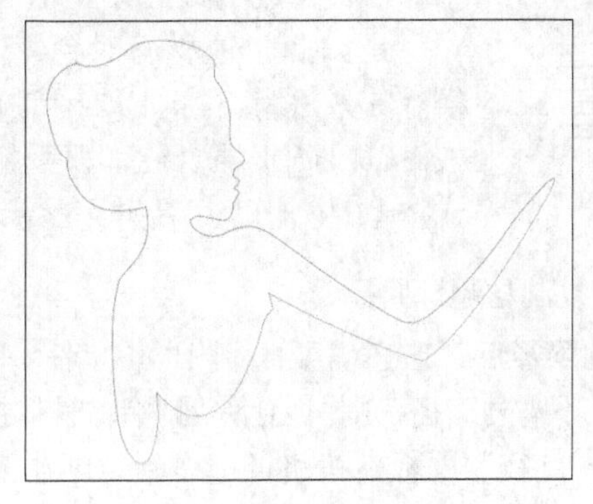

图6-10　移动部分路径

变换路径

路径也可以像选区和图形一样自由变换，操作方法也相似。其方法为：先选择路径，选择【编辑】/【自由变换路径】菜单命令，或按【Ctrl+T】组合键，此时路径周围会显示变换框，再拖曳变换框上的控制点，即可实现路径的变换。

4．保存路径

新建后的路径将以“工作路径”为名显示在“路径”面板中，若没有对路径进行描边或填充，当继续绘制其他路径时，原有的路径将丢失，此时可先将路径保存，具体操作如下。

（1）在“路径”面板中，选择绘制后的“工作路径”，单击“路径”面板右上角的按钮，在打开的下拉列表框中选择“存储路径”选项，打开“存储路径”对话框，如图6-11所示。

（2）在打开的“存储路径”对话框中，输入路径名称，单击 确定按钮，即可完成路径的保存，如图6-12所示。

图6-11　选择“存储路径”选项

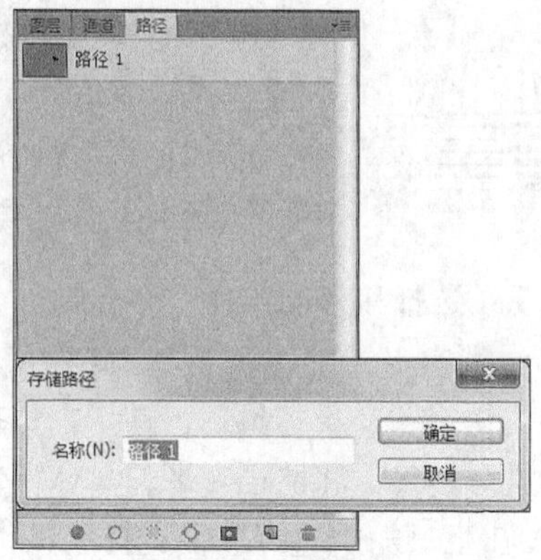

图6-12　存储路径

多学一招

显示与隐藏路径

绘制完成的路径会显示在图像编辑区中，即便使用其他工具进行操作也是如此，这样有时会影响后面的操作，此时可以根据需要隐藏路径。其方法为：按住【Shift】键，单击“路径”面板中的路径缩略图或按【Ctrl+H】组合键，即可将画面中的路径隐藏，再次单击路径缩略图或按【Ctrl+H】组合键可重新显示路径。

5．复制与删除路径

绘制路径后，若还需要绘制相同的路径，可将绘制的路径进行复制。若已不需要路径，则可将路径删除，具体操作如下。

（1）在“路径”面板中将路径拖曳到“创建新路径”按钮上，即可复制路径，如图6-13所示。

（2）在“路径”面板中选择要删除的路径，单击底部的“删除当前路径”按钮，或将路径拖曳至该按钮上即可删除，如图6-14所示。

微课视频

复制与删除路径

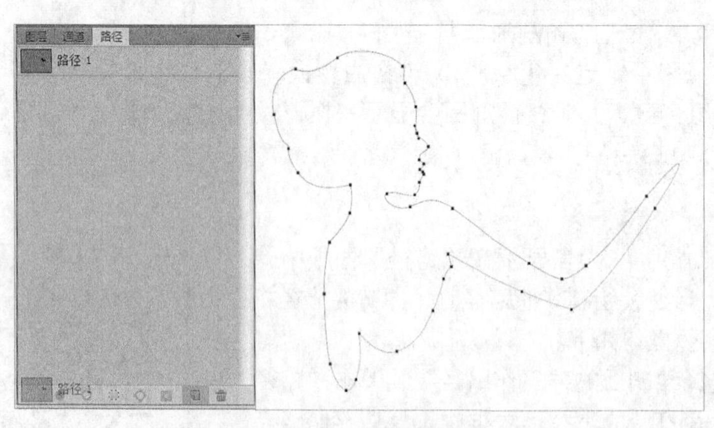

图6-13　复制路径

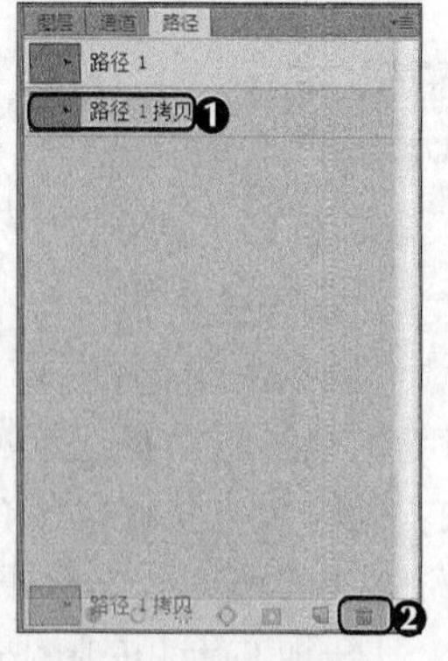

图6-14　删除路径

使用鼠标右键菜单复制路径

在“路径”面板中选择需要复制的路径，在其上单击鼠标右键，在弹出的快捷菜单中选择“复制路径”命令，打开“复制路径”对话框，在“名称”文本框中输入复制后的路径名称，单击 确定 按钮，即可完成路径的复制操作。

6．路径与选区的互换

要对路径进行填充或编辑时，需要先将路径转换为选区。在处理图像时，若是选区形状需要调整，还可以将选区转换为路径进行编辑，具体操作如下。

微课视频 路径与选区的互换

（1）单击“图层”面板底部的“创建新图层”按钮创建新图层，按【Ctrl+Enter】组合键将路径转换为选区，如图6-15所示。

（2）单击“路径”面板底部的“从选区生成工作路径”按钮，可将选区转换为路径，如图6-16所示。

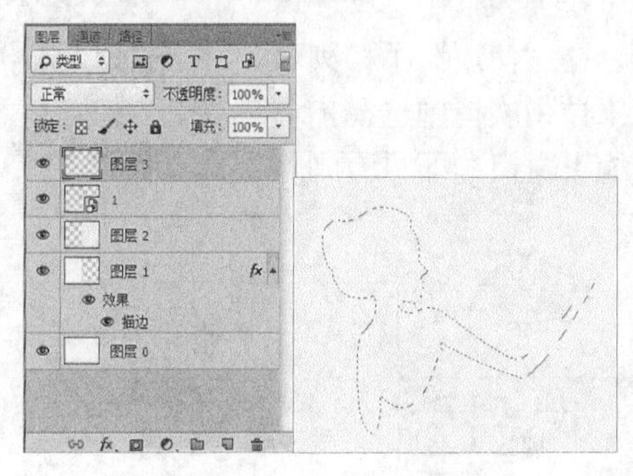

图6-15　将路径转换为选区

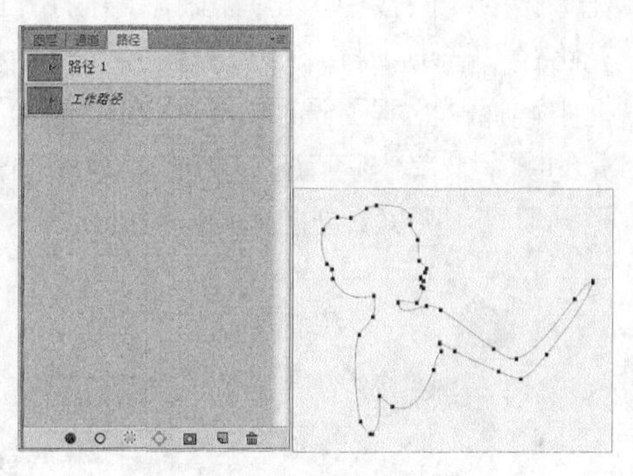

图6-16　将选区转换为路径

路径与选区互换的方法

除了可以按【Ctrl+Enter】组合键将路径转换为选区外，还可以单击“路径”面板底部的“将路径作为选区载入”按钮将路径转换为选区。

6.1.4　填充与描边路径

填充路径是指用指定的颜色或图案填充路径包围的区域。描边是指沿着路径的轮廓描边颜色。

微课视频 使用纯色填充路径

1．使用纯色填充路径

下面对新娘上半身路径进行纯色填充，具体操作如下。

（1）按【Ctrl+Enter】组合键将路径转换为选区，如图6-17所示。

（2）将前景色设置为“#421f1c”，按【Alt+Delete】组合键填充选区，如图6-18所示。

图6-17　转换为选区

图6-18　填充选区

2．使用图案填充路径

下面先绘制新娘裙子的路径，然后使用图案填充裙子，具体操作如下。

（1）在“路径”面板中单击“创建新路径”按钮，然后使用钢笔工具在新娘下半身绘制新娘裙子，如图6-19所示。

（2）在“路径”面板中单击按钮，在打开的下拉列表框中选择“填充路径”选项，打开“填充路径”对话框，在“使用”下拉列表框中选择“图案”选项，在“自定图案”下拉列表框中选择需填充的图案，单击确定按钮，返回图像编辑窗口，即可看到路径已填充了图案，如图6-20所示。

图6-19　绘制路径

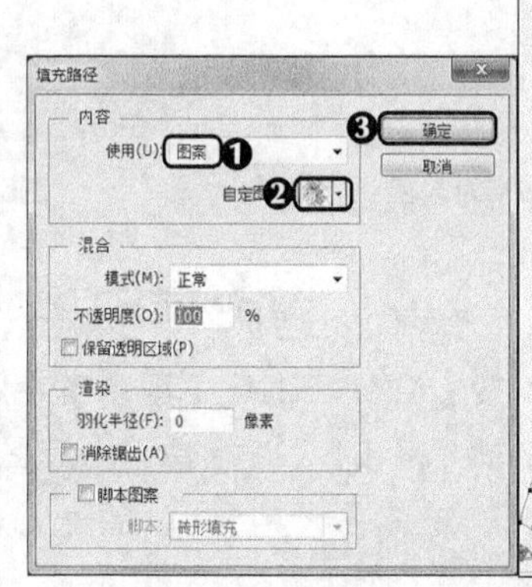

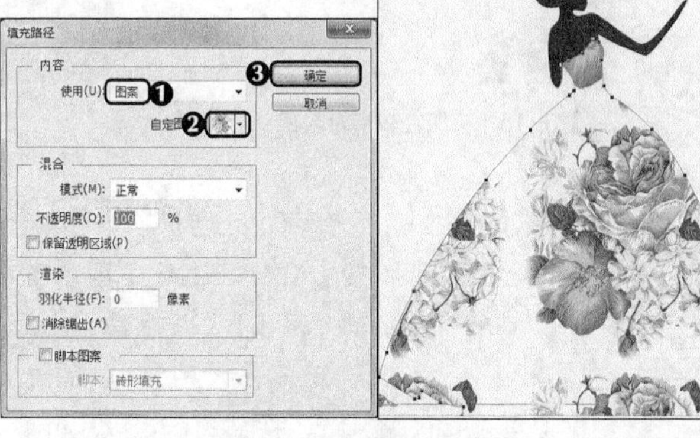

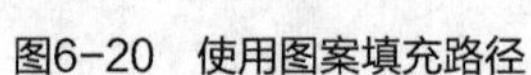

图6-20　使用图案填充路径

多学一招

填充图案的载入方法

若“自定图案”下拉列表框中没有想要的图案，可以在该下拉列表框中单击右上角的按钮，在打开的下拉列表中选择“载入图案”选项，添加需要的图案。

还可打开想要填充的图片，选择【编辑】/【定义图案】菜单命令，打开“图案名称”对话框，单击确定按钮，再返回“填充路径”对话框，可以看到需要的图片已载入“自定图案”下拉列表框中。

3．使用"描边"对话框描边路径

使用"描边"对话框可以以线条的形式对路径进行描边，并且可以设置描边的颜色、粗细、位置和混合模式等，具体操作如下。

（1）按【Ctrl+Enter】组合键将裙子路径转换为选区，如图6-21所示。

（2）选择【编辑】/【描边】菜单命令，打开"描边"对话框，设置"宽度"为"2像素"，"颜色"为"#421f1c"，完成后单击确定按钮，如图6-22所示。

图6-21 转换为选区

图6-22 描边路径

4．使用画笔工具描边路径

可以使用纯色或画笔对路径进行描边。下面使用画笔描边路径，具体操作如下。

（1）选择钢笔工具在新娘头上绘制头花，新建图层，选择画笔工具，在工具属性栏中设置"笔尖样式"为"硬边圆"，"大小"为"2像素"，"前景色"为"#421f1c"，如图6-23所示。

（2）在"路径"面板中选择"路径3"路径，单击"路径"面板底部的"用画笔描边路径"按钮，即可描边路径，如图6-24所示。

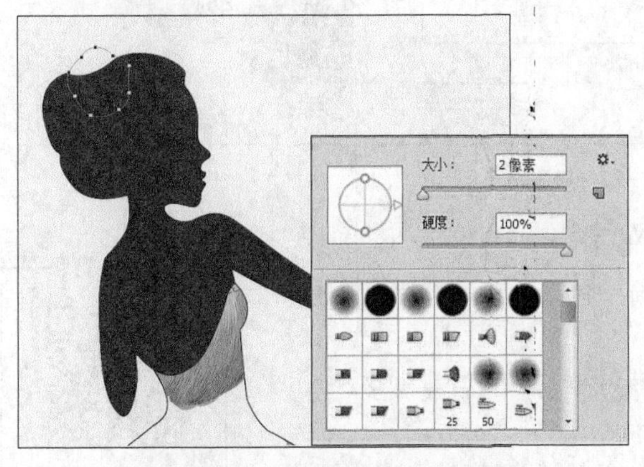

图6-23 绘制路径并设置画笔参数

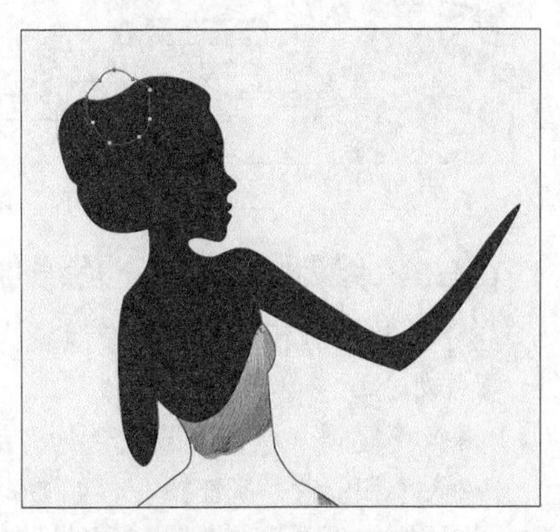

图6-24 描边路径效果

5．使用“描边路径”对话框描边路径

使用“描边路径”对话框可以为图像添加丰富的描边效果，具体操作如下。

（1）新建图层，将新娘头花填充为白色，如图6-25所示。

（2）使用钢笔工具绘制新娘头花的纹路，绘制一段路径后，按住【Ctrl】键单击空白处，可绘制不闭合的路径，如图6-26所示。

图6-25　填充颜色

图6-26　绘制路径

（3）新建图层，设置前景色为“#421f1c”，画笔笔尖大小为“2像素”。选中绘制的路径，在“路径”面板中单击按钮，在打开的下拉列表框中选择“描边路径”选项，在打开的“描边路径”对话框中设置工具为“画笔”，单击 确定 按钮，如图6-27所示。

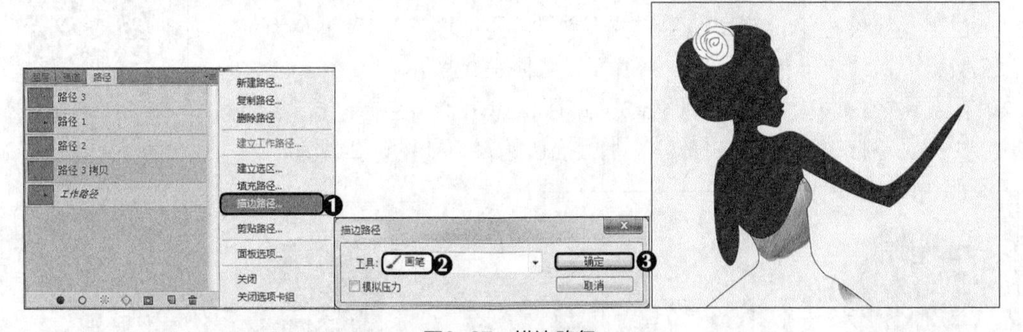

图6-27　描边路径

6.1.5　绘制剩余部分及添加文字

接下来将绘制新郎部分和其他装饰物，并添加文字和其他素材，具体操作如下。

（1）将头花复制一层，更改白色为“#e72919”，然后复制多个，调整大小和位置，制作捧花，如图6-28所示。

（2）使用钢笔工具绘制捧花飘带路径，设置画笔笔尖大小为“5像素”，颜色为“#421f1c”，描边路径，绘制捧花飘带，如图6-29所示。

图6-28　绘制捧花

图6-29　绘制捧花飘带

（3）使用钢笔工具绘制新郎路径，如图6-30所示。

（4）将新郎的头和手部分填充颜色“#421f1c”，身体部分填充白色，并为身体部分描边，设置描边宽度为“2像素”，颜色为“#421f1c”，如图6-31所示。

图6-30　绘制新郎路径

图6-31　填充新郎颜色

（5）绘制新郎衣服上的褶皱，并描边路径，设置描边宽度为“2像素”，颜色为“#421f1c”，如图6-32所示。

（6）绘制新娘衣服上的褶皱，并描边路径，设置描边宽度为“2像素”，颜色为“#421f1c”，如图6-33所示。

（7）将“花朵.png”素材文件拖入图像文件中，置于右下角，如图6-34所示。

（8）在人物上方输入中文文字，设置字体为“方正行楷简体”，字体大小为“25点”，颜色为“#421f1c”，再在中文文字上方输入英文文字，设置字体为“HelveticaExtObl”，字体大小为“12点”，如图6-35所示。

图6-32　绘制新郎衣服上的褶皱

图6-33　绘制新娘衣服上的褶皱

图6-34　拖入素材

图6-35　添加文字

（9）将“花朵2.png”素材文件拖入图像文件中，调整图像大小，并置于请柬左边顶部，按【Ctrl+Shift+U】组合键去色，将不透明度改为“10%”，按【Ctrl+J】组合键复制花朵，并将花朵垂直翻转，置于请柬左边底部，如图6-36所示。

（10）将“文字.psd”素材文件置入图像文件中，在请柬左侧居中对齐，如图6-37所示。

（11）按【Ctrl+S】组合键保存文件，完成请柬模板的制作。

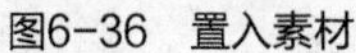

图6-36 置入素材

图6-37 添加文字

6.2 课堂案例：绘制手机App图标

老洪正在绘制一张手机界面，米拉在旁边学习，发现使用形状工具也可以绘制路径。米拉自告奋勇接过老洪的工作，决定自己使用各种形状工具绘制这些App图标。参考效果如图6-38所示，下面具体讲解绘制方法。

素材所在位置 素材文件\第6章\课堂案例\手机背景.jpg
效果所在位置 效果文件\第6章\课堂案例\手机App图标.psd

图6-38 手机App图标最终效果

6.2.1 使用圆角矩形工具绘制

圆角矩形工具可绘制具有圆角半径的矩形路径，如生活中常见的包装、手机等。下面将在新建的文件中，使用圆角矩形工具绘制圆角矩形，具体操作如下。

（1）新建大小为900像素×1 570像素，分辨率为72像素/英寸，名为“手机App图标”的文件，将“手机背景.jpg”图像文件拖入新建的文件中。

（2）在工具箱中按住矩形工具不放，在打开的下拉列表框中选择圆角矩形工具，在工具属性栏中设置填充颜色为“#ffe3ba”，单击图像编辑区，打开“创建圆角矩形”对话框，如图6-39所示。

（3）在对话框中设置“宽度”和“高度”均为“137像素”，设置“半径”为“55像素”，单击 确定 按钮，完成圆角矩形的绘制，且在“图层”面板中自动生成一个名为“圆角矩形1”的图层，如图6-40所示。

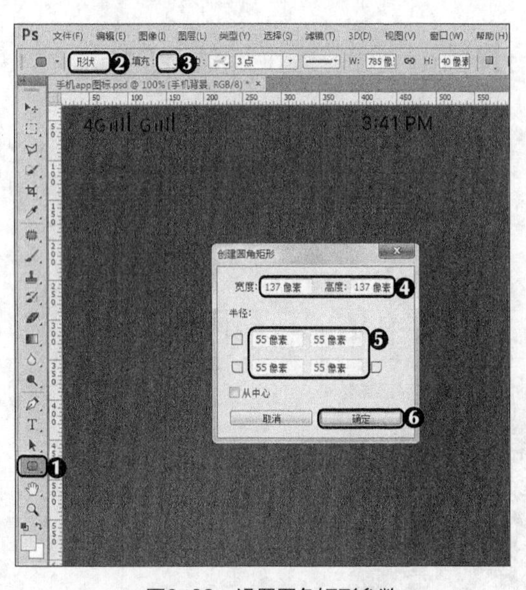

图6-39 设置圆角矩形参数

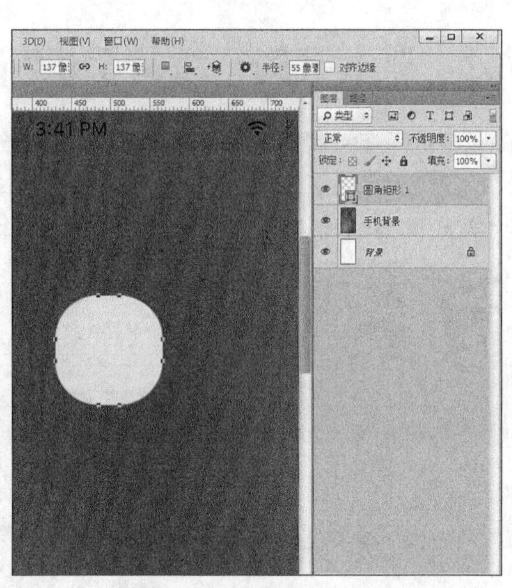

图6-40 绘制圆角矩形

6.2.2 使用椭圆工具绘制

使用椭圆工具可以绘制正圆或椭圆形状路径，其设置方法与圆角矩形工具相同。下面使用椭圆工具绘制图标上的图形，具体操作如下。

（1）在工具箱中选择椭圆工具，在工具属性栏中选择“形状”选项，在圆角矩形上方绘制一个竖向的椭圆，在工具属性栏中将填充颜色更改为白色，如图6-41所示。

（2）使用相同的方法，在竖向椭圆的下方绘制一个横向的椭圆，如图6-42所示。

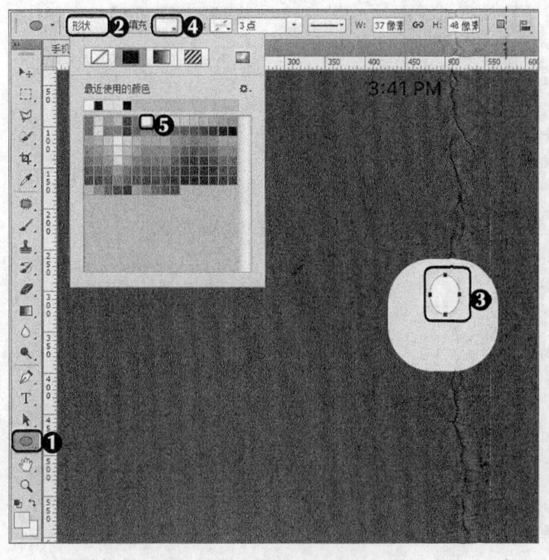

图6-41 绘制竖向椭圆

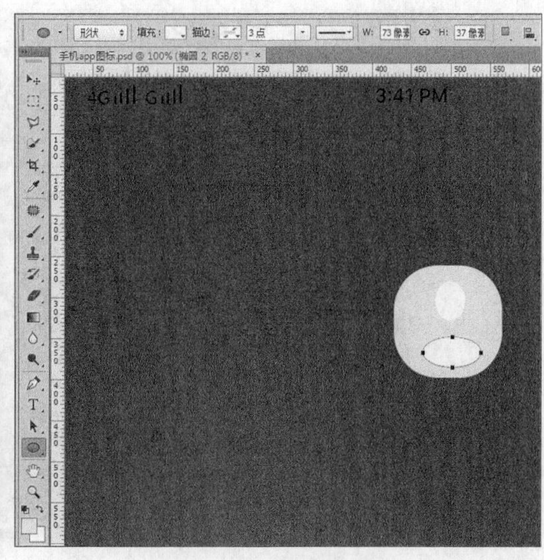

图6-42 绘制横向椭圆

（3）按住【Shift】键的同时，单击选中形状的3个图层，选择移动工具，在工具属性栏中单击“水平居中对齐”按钮，将3个图层水平居中对齐，如图6-43所示。

（4）双击“椭圆1”图层，打开“图层样式”对话框，单击选中“投影”复选框，保持默认设置不变，单击确定按钮，为“椭圆1”图层添加投影。使用同样的方法为“椭圆2”图层添加投影样式，如图6-44所示。

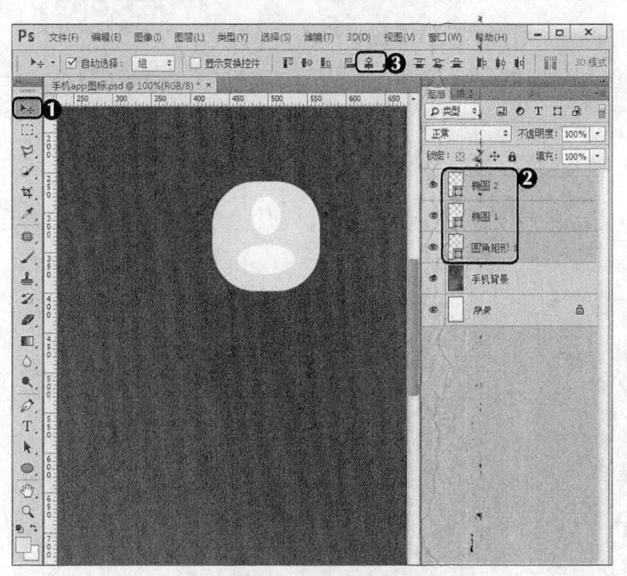

图6-43 对齐图层

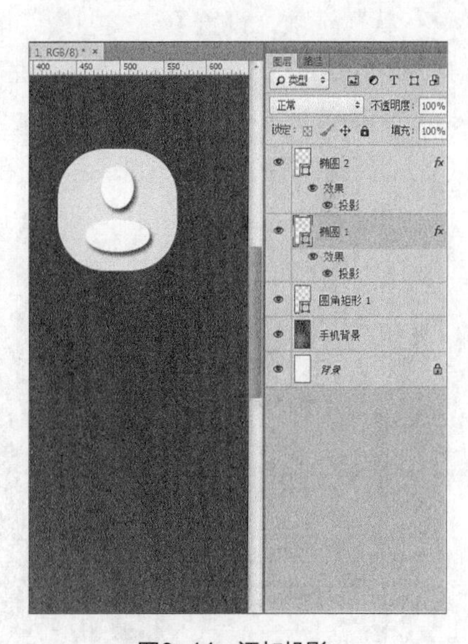

图6-44 添加投影

（5）在工具箱中选择横排文字工具，在工具属性栏中设置字体为“方正兰亭纤黑”，字号为“24点”，在圆角矩形下方输入“联系人”文字，如图6-45所示。

（6）在“图层”面板中单击“创建新组”按钮，双击文件夹名称，将名称修改为“联系人”，然后将“圆角矩形1”“椭圆1”“椭圆2”“联系人”图层依次拖入“联系人”组中，如图6-46所示。

图6-45 输入文字

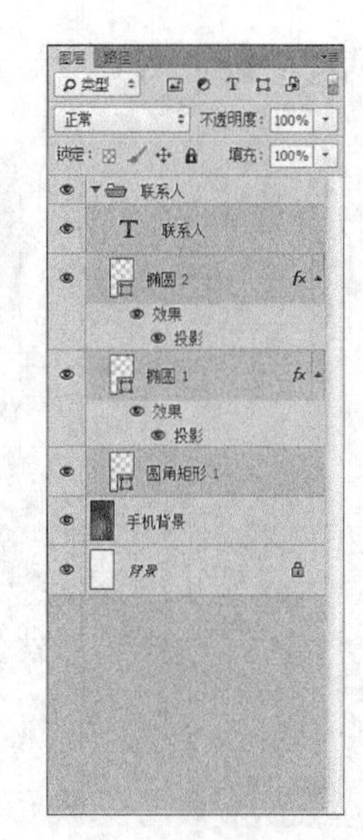

图6-46 群组图层

6.2.3 使用多边形工具绘制

使用多边形工具可以绘制具有不同边数的多边形，其工具属性栏与矩形工具相似。下面将使用多边形工具绘制视频App图标，具体操作如下。

（1）在工具箱中选择圆角矩形工具，在工具属性栏中选择“形状”选项，设置填充类型为“渐变”，渐变颜色为“#ff7777”到“#ff3030”，渐变样式为“线性”，渐变角度为“−90”，完成后在图像编辑区中绘制137像素×137像素的圆角矩形，如图6-47所示。

（2）选择椭圆工具，在圆角矩形的上方创建一个90像素×90像素的正圆，将填充色设置为白色，然后将“椭圆3”图层和“圆角矩形2”图层垂直居中对齐和水平居中对齐，如图6-48所示。

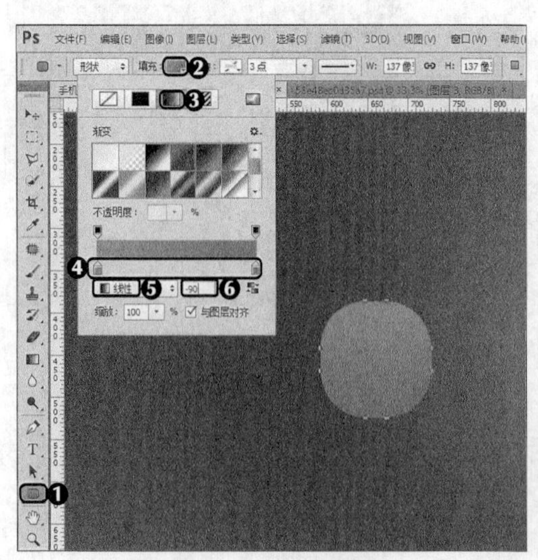

图6-47 绘制圆角矩形

图6-48 绘制正圆并对齐

绘制正圆

在使用椭圆工具绘制正圆时，单击图像编辑区会打开“创建椭圆”对话框，在其中输入相同的宽高数值可以创建正圆。若需手动绘制正圆，按住【Shift】键不放拖动即可。

（3）在工具箱中选择多边形工具，在工具属性栏中设置填充颜色为“#ff5a67”，“边”为“3”，然后在正圆的中间区域绘制一个50像素×50像素的三角形，如图6-49所示。

（4）为该图标添加“视频”文字，并更改相关图层群组的名称为“视频”，如图6-50所示。

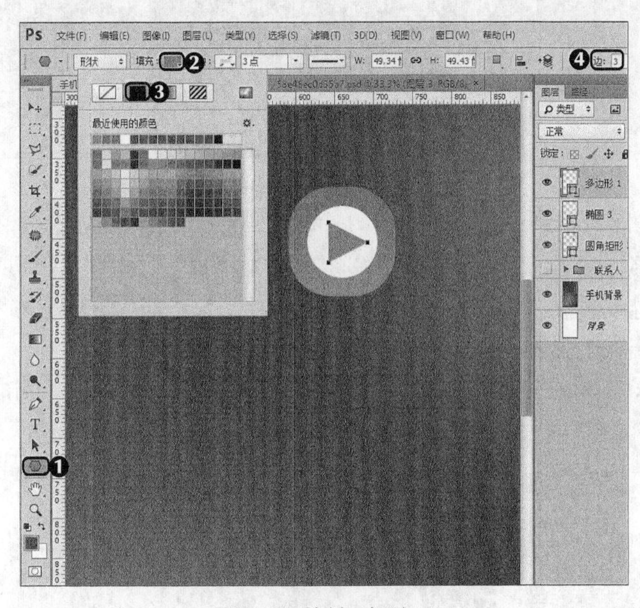

图6-49 绘制三角形

图6-50 输入“视频”文字

6.2.4 使用直线工具绘制

使用直线工具可以绘制具有不同线宽的直线，还可以根据需要为直线增加单向或双向箭头。直线工具的工具属性栏与多边形工具相似，只是“边”文本框变成了“粗细”文本框。本例将使用直线工具绘制便签图标，具体操作如下。

（1）选择圆角矩形工具，绘制一个大小为137像素×137像素，填充颜色为“#ffe3ba”的圆角矩形。

（2）在工具栏中选择直线工具，绘制1条“宽”和“高”分别为“120像素”和“4像素”的直线，设置填充颜色为“#ff0000”，如图6-51所示。

（3）继续使用直线工具，绘制3条“宽”和“高”分别为“100像素”和“1像素”的直线，设置填充颜色分别为“#cfa972”“#b28850”“#996c33”，然后将3条直线与圆角矩形水平对齐，如图6-52所示。

图6-51　绘制1条直线

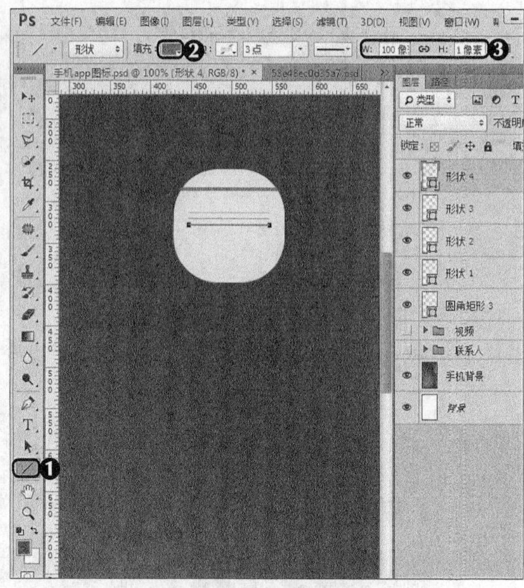

图6-52　绘制3条直线

（4）在按住【Shift】键的同时选择“形状2”“形状3”和“形状4”图层，将其拖动到“创建新图层”按钮上复制图层，然后将“形状2 拷贝”“形状3 拷贝”“形状4 拷贝”图层向下移动一定的距离，选择移动工具，在工具属性栏中单击“垂直居中分布”按钮，将6条直线垂直居中分布，如图6-53所示。

（5）为该图标添加文字“便签”，将相关图层进行群组并将名称修改为“便签”，如图6-54所示。

图6-53　复制图层

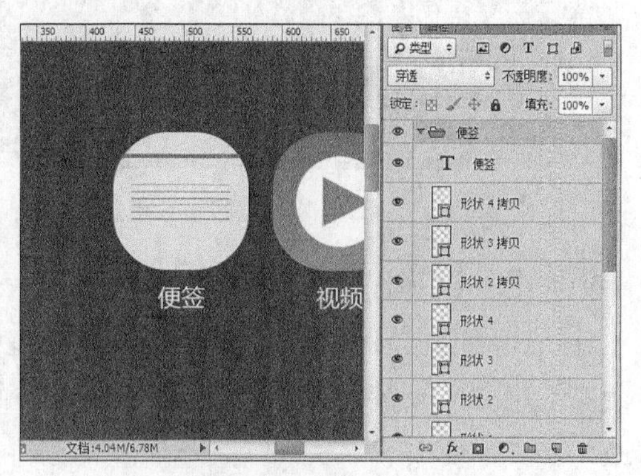

图6-54　输入文字和群组图层

6.2.5　使用自定形状工具绘制

使用自定形状工具可以绘制系统自带的不同形状，如箭头、人物、花卉和动物等，大大降低了用户绘制复杂形状的难度。下面将使用自定形状工具绘制“信息”App图标，具体操作如下。

微课视频

使用自定形状工具绘制

（1）在工具箱中选择圆角矩形工具，绘制一个大小为137像素×137像素的圆角矩形，在工具属性栏中设置渐变颜色为“#ff7777”到

“#ff3030”，渐变样式为“线性”，渐变角度为“-90”，如图6-55所示。

（2）选择自定形状工具，在工具属性栏中单击“形状”栏右侧的下拉按钮，打开“形状”下拉列表框，单击右上角的“设置”按钮，在打开的下拉列表框中选择“全部”选项，在打开的提示对话框中单击 确定 按钮，替换当前列表框中的形状，然后在“形状”下拉列表框中选择“会话1”形状，如图6-56所示。

图6-55 绘制矩形　　　　图6-56 选择形状

（3）在圆角矩形中绘制大小为82像素×70像素的“会话”图形，并设置填充颜色为白色，然后将对话图形和圆角矩形水平垂直居中对齐，如图6-57所示。

（4）为该图标添加文字“信息”，将相关图层群组，并将组名修改为“信息”，如图6-58所示。

图6-57 填充颜色

图6-58 绘制信息图标

（5）使用以上方法绘制剩下的图标，完成后保存文件，并查看完成后的效果。

6.3 项目实训

6.3.1 公司标志设计

1. 实训目标

本实训要求为公司绘制一个标志，要求标志具有可识别性。本实训完成后的参考效果如图6-59所示。

效果所在位置 效果文件\第6章\项目实训\红天鹅企业标志.psd

图6-59 公司标志设计效果

2. 专业背景

标志是一种具有象征性的大众传播符号。它以精练的形象借助人们的符号识别、联想等思维能力，传达特定的信息。标志传达信息的功能很强大，在一定条件下，甚至超过语言文字。因此，它被广泛应用于现代社会的各个方面。同时，标志设计也成为各设计院校的一门重要设计课程。

微课视频

公司标志设计

企业标志应该具备以下5个特点。

- **识别性。**它是企业标志的基本功能。借助独具个性的标志，来体现企业及其产品的识别力。而标志则是最具企业视觉认知和识别信息传达功能的设计要素。
- **领导性。**企业标志是企业视觉传达要素的核心，也是企业传达信息的主导力量，是企业经营理念和经营活动的集中表现，贯穿和应用于企业的所有活动中。

- **造型性。**企业标志造型的题材和形式丰富多彩，如中外文字体、抽象符号和几何图形等。标志图形的优劣，不仅决定了标志传达企业情况的效力，还会影响消费者对商品品质的信心与企业形象的认同感。
- **延展性。**企业标志是应用最为广泛，出现频率最高的视觉传达要素，在各种传播媒体上应用广泛。标志图形要针对印刷方式、制作工艺、材料质地和应用项目的不同，采用多种对应性和延展性的变体设计，以产生切合、适宜的效果。
- **系统性。**企业标志一旦确定，随之就应展开标志的制作，包括标志与其他基本设计要素的组合和美化。

3. 操作思路

了解了关于标志的相关专业知识后，便可开始设计与制作标志。根据上面的实例目标，本实训的操作思路如图6-60所示。

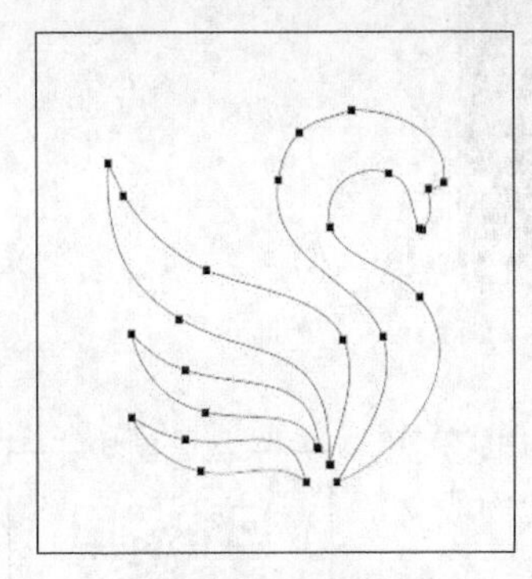
① 创建并编辑路径

② 填充路径

③ 添加文字

图6-60 企业标志设计的操作思路

【步骤提示】

（1）新建一个空白图像文件，使用钢笔工具绘制出天鹅头部和身体的路径，并调整。

（2）继续使用钢笔工具绘制天鹅的翅膀部分，然后对翅膀进行适当调整。

（3）选中所有路径，按【Ctrl+Enter】组合键将所有路径转换为选区，并填充颜色“#c9242b”。

（4）使用横排文字工具T，在天鹅形状下方输入“红天鹅”文字，设置字体为“方正粗活意简体”，字体颜色为“#c9242b”，完成后调整文字大小。

（5）在天鹅形状两边分别输入文字“Red”和“Swan”，设置字体为“Brush Script Std”，字体颜色为“#c9242b”，并调整文字大小。

6.3.2 制作书签

1. 实训目标

本实训要求为一家木制品公司制作一张书签，要求具有代表性，本例完成后的参考效果如图6-61所示。

素材所在位置 素材文件\第6章\项目实训\书签\
效果所在位置 效果文件\第6章\项目实训\书签.psd

图6-61　书签效果

2．专业背景

书签一般可以分为普通书签、电子书签、金属书签、Word书签、植物叶片书签等，其中，电子书签、Word书签多用于对电子读物或文档进行标记。普通书签、金属书签和植物叶片书签等一般用于标记纸版读物，也可用作装饰。书签可以标记读书进度，还可以记录阅读心得。本例将使用钢笔工具制作家具公司的书签，该书签不但要体现公司名称，还要体现工艺。

3．操作思路

在本实训中，书签的制作主要包括使用钢笔工具绘制形状、添加相关产品图片和文字等操作。本实训的操作思路如图6-62所示。

① 绘制书签形状

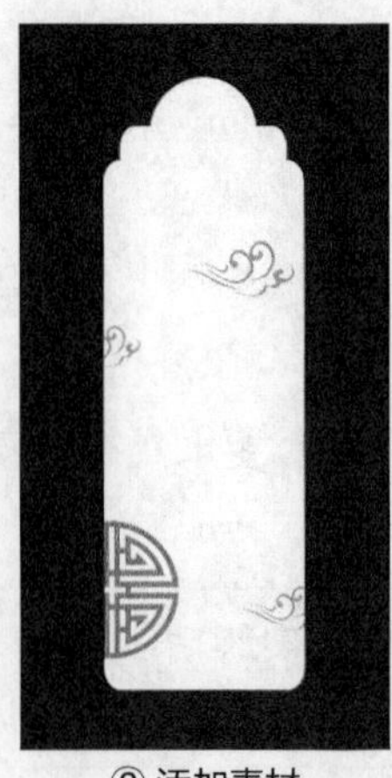

② 添加素材

③ 添加文字

④ 绘制背面

图6-62　制作书签的操作思路

【步骤提示】

（1）使用钢笔工具 绘制一个大小为8cm×12cm的异型书签。

（2）打开"书签素材.psd"图像文件，将素材拖入书签图像文件中，并调整大小和位置。

（3）选择横排文字工具 输入"李木匠"文字，并设置"字体"为"叶根友毛笔行书2.0版"，字体大小为"45点"，字体颜色为"#59493c"。

（4）选择竖排文字工具，输入"专注装配式现代木结构"文字，设置字体为"黑体"，字体大小为"26点"，字体颜色为"#59493c"。

（5）将书签复制一层，复制"李木匠"图层，更改为竖排文字，设置字体大小为"56点"。

（6）将书签素材复制，使用橡皮擦工具 擦除云朵素材。

（7）使用椭圆选框工具，按住【Shift】键绘制正圆，并填充黑色，使其与两面书签均居中对齐。

6.3.3 制作名片

1. 实训目标

本实训要求为一家科技公司人员制作名片，要求名片简洁大方，本例完成后的参考效果如图6-63所示。

效果所在位置 效果文件\第6章\项目实训\名片.psd

图6-63 名片效果

2. 专业背景

名片又称卡片，是标示联系人姓名及其所属组织、公司单位和联系方法的纸片。名片是新朋友互相认识、自我介绍最快速有效的方法。交换名片是商业交往的第一个标准官式动作。

3. 操作思路

在本实训中，名片的制作主要包括使用形状工具绘制背景形状、添加图层样式、添加联系人的公司及地址信息等操作。本实训的操作思路如图6-64所示。

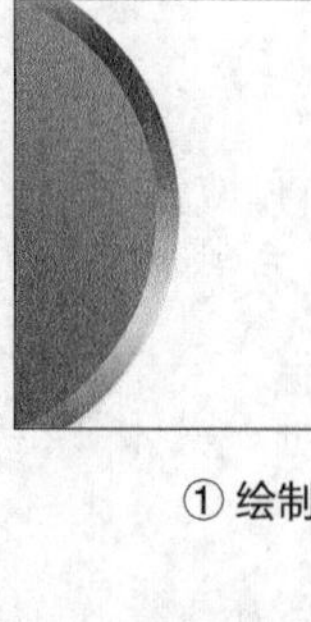

① 绘制左边背景

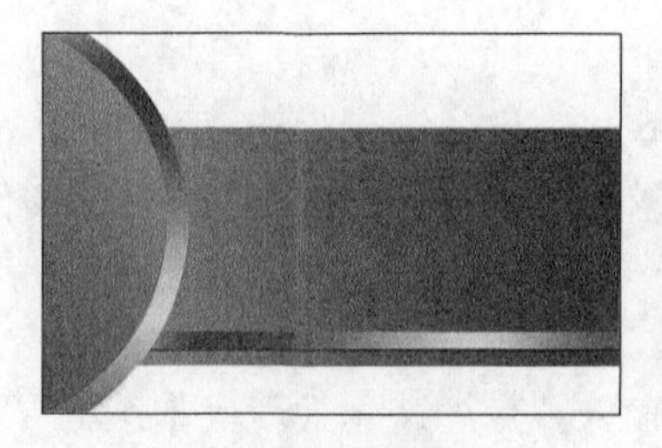

② 绘制中间背景

③ 添加文字信息

图6-64　名片设计的操作思路

【步骤提示】

（1）使用椭圆工具绘制正圆，设置渐变填充颜色为“#00b2b8”到“#004143”，添加“描边”图层样式，设置渐变描边颜色为“铜色渐变”。

（2）使用矩形工具绘制矩形，设置渐变填充颜色为“#00b2b8”到“#004143”，再绘制一个矩形，设置渐变填充颜色为“铜色渐变”。

（3）输入联系人姓名、公司名称、地址和电话等信息文字，设置字体为“方正兰亭中黑”。

6.4　课后练习

本章主要介绍了路径和形状的基本操作，包括使用钢笔工具绘制路径、使用路径选择工具选择路径、编辑路径、路径和选区的互换等知识。读者应多练习本章的内容，为后面的设计与绘制图形打下良好的基础。

微课视频

练习1：绘制鞋店LOGO

练习1：绘制鞋店LOGO

本练习要求为一家鞋店绘制一个LOGO，完成后的参考效果如图6-65所示。

效果所在位置　效果文件\第6章\课后练习\鞋店LOGO.psd

图6-65　鞋店LOGO效果

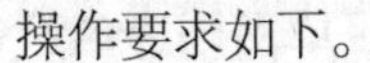

操作要求如下。

- 新建一个名称为“鞋店LOGO”的图像文件。
- 使用钢笔工具绘制鞋子底部，将路径转换为选区，填充颜色“#e6bbce”。
- 继续使用钢笔工具绘制鞋面，将路径转换为选区，填充颜色“#4b5a79”。
- 使用横排文字工具输入文字“shoes shop”，设置字体为“Broadway”，字体大小为“29点”，字体颜色为“#e6bbce”。

练习2：制作T恤图案

本练习要求为一件T恤绘制个性化图案。可打开本书提供的素材文件进行操作，参考效果如图6-66所示。

素材所在位置 素材文件\第6章\T恤.psd
效果所在位置 效果文件\第6章\课后练习\T恤.psd

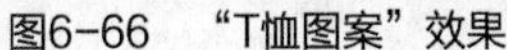

图6-66 “T恤图案”效果

操作要求如下。

- 打开“T恤.psd”素材文件，输入英文字母，设置文本格式，然后将其转换为路径，并对字母进行变形处理。
- 使用形状工具绘制形状。
- 为字母和形状路径填充颜色。

6.5 技巧提升

1. 使用钢笔工具的技巧

使用钢笔工具时，鼠标指针在路径与锚点上会有不同状态。这时就需判断钢笔工具处于什么功能，以便更加熟练地应用钢笔工具。

- 当鼠标指针变为形状时，在路径上单击可添加锚点；当鼠标指针在锚点上变为形状时，单击可删除该锚点。

- 当鼠标指针变为形状时，单击并拖动可创建一个平滑点，只单击则可创建一个角点。
- 将鼠标指针移动至路径起始点上，鼠标指针变为形状时，单击可闭合路径。
- 当前路径是一个开放式路径，将鼠标指针移动至该路径的一个端点上，当光标变为形状时，在该端点上单击，可继续绘制该路径。

2. 组合路径绘制复杂的图形

在使用Photoshop绘图时，经常会用到形状工具，而且绘制的某个形状路径可能需要由多个单独的形状组合而成，此时就会涉及路径的合并操作。组合路径的方法为：绘制需要合并的多个单独路径，按【Ctrl+E】组合键，或是在工具属性栏中单击“路径操作”按钮，在打开的下拉列表框中选择“合并形状”选项，即可将多个路径合并为一个路径。

3. 快速制作镂空图形

要实现形状的镂空或边缘的造型，可使用Photoshop的减去顶层形状功能来实现，用上层的形状裁剪下层的形状。其方法为：绘制多个重叠的单独路径，按【Ctrl+E】组合键，或在工具属性栏中单击“路径操作”按钮，在打开的下拉列表框中选择“ 减去顶层形状”选项，将该路径从下层的路径中减去，得到新的形状。

4. 与形状区域相交

与形状区域相交是指将多个形状相交的区域创建为图形。其方法为：绘制多个重叠的单独路径，按【Ctrl+E】组合键，在工具属性栏中单击“路径操作”按钮，在打开的下拉列表框中选择“ 与形状区域相交”选项，将相交区域创建为图形。

5. 排除重叠形状

排除重叠形状是指将多个形状相交的区域排除，将剩余区域创建为图形。其方法为：绘制多个重叠的单独路径，按【Ctrl+E】组合键，在工具属性栏中单击“路径操作”按钮，在打开的下拉列表框中选择“排除重叠形状”选项即可。

CHAPTER 7

第7章 添加并编辑图像文字

情景导入

经过一段时间的学习，米拉已经能够自己设计一些作品了，老洪告诉她，在设计作品中加入文字，能使作品更具说服力。

学习目标

- 掌握制作家居广告的方法，如创建美术字、选择文字、设置文字字符格式等。
- 掌握制作“母婴店招聘”宣传单的方法，如创建点文本、创建变形文本、创建路径文本、创建并编辑段落文本等。

案例展示

▲制作家居广告

▲制作“母婴店招聘”宣传单

7.1 课堂案例：制作家居广告

老洪看米拉对设计很有见解，刚好昨天公司接到一项新任务，为一个家居店铺制作一张促销主题广告。老洪把这个任务交代给米拉，并让米拉制作完成后交由他检查。

完成设计后一大早，老洪就将米拉叫到身边说："你设计得很好，整个画面图像布局和颜色搭配都很合理，只是中间有很大一部分空白，可以适当添加一些文案。这样不仅可以填补图像中空缺的部分，还可以提高广告的设计美感。"于是米拉为广告添加了文字使整个画面更加完整。本例制作前后对比效果如图7-1所示，下面具体讲解制作方法。

素材所在位置 素材文件\第7章\课堂案例\家居背景.jpg
效果所在位置 效果文件\第7章\课堂案例\家居广告.psd

图7-1 家居广告前后对比效果

行业提示

网页横幅广告设计的注意事项

网页横幅广告是横跨于网页上的矩形公告牌，设计时需注意以下4点。

① 横幅广告尺寸一般是480像素×60像素或230像素×30像素，尺寸在一定范围内可以变化。通常使用GIF格式的图像文件，可使用静态图形，也可使用SWF动画图像。

② 横幅广告分为全横幅广告、半横幅广告和垂直旗帜广告。

③ 横幅广告的文件大小也有一定的限制，对于广告投放者而言，文件越小越好，一般不超过15KB。

④ 横幅广告在网页中所占的比例应较小，设计要醒目、吸引人。

7.1.1 输入文字

在Photoshop中可使用横排文字工具和直排文字工具在图像中直接输入文字。下面在“家居背景.jpg”图像中输入文字，具体操作如下。

（1）选择【文件】/【打开】菜单命令，或按【Ctrl+O】组合键打开“家居背景.jpg”素材文件，如图7-2所示。

图7-2 打开素材文件

（2）在工具箱中选择横排文字工具T，然后在图像中单击定位文本插入点，此时“图层”面板中创建“图层1”文字图层，如图7-3所示。

图7-3 单击定位文本插入点

（3）输入“简约家居”文本，如图7-4所示。

图7-4 输入文本

（4）在工具属性栏中单击✔按钮完成输入，此时“图层”面板中对应的文字图层自动更改名称。

放弃文字输入

若要放弃文字输入，可在工具属性栏中单击⊘按钮，或按【Esc】键。此时，创建的文字会被删除。另外，单击其他工具按钮，或按数字键盘中的【Enter】键或【Ctrl+Enter】组合键也可以结束文字输入操作。若要换行，可按【Enter】键。

（5）利用相同的方法，在图像中创建其他的文本，如图7-5所示。

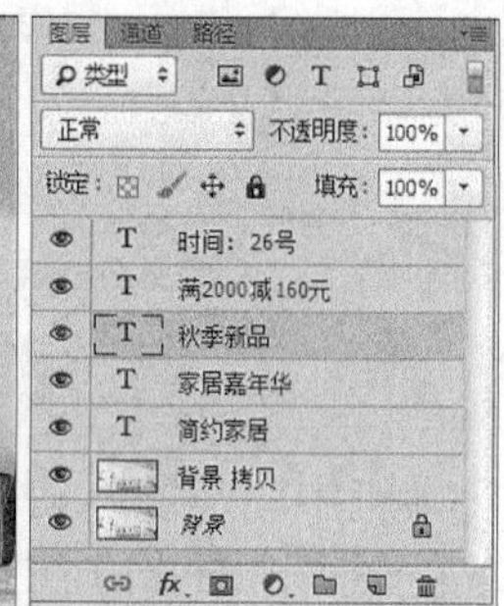

图7-5 创建其他文本的效果

7.1.2 选择文字

要对文字进行编辑时，除了需要选择文字所在图层，还需要选取要设置的文字。下面继续在“家居”背景图像中选择输入的文字，具体操作如下。

（1）选择“简约家居”文字所在的图层，然后在工具箱中选择横排文字工具T。

（2）将鼠标指针移动到图像中的文字处，当其变为I形状时，拖曳鼠标选择“简约家居”文本，如图7-6所示。

图7-6 选择文字

7.1.3 设置文字字符格式

微课视频

设置文字字符格式

在Photoshop中，还可对输入的文字设置字符格式，包括设置字体、大小和颜色等，下面为“家居”图像中的文字设置字符格式，具体操作如下。

（1）将文字移动到中间，隐藏除“简约家居”图层外的所有文字图层，按【Ctrl+A】组合键选择“简约家居”图层中的所有文字。

（2）选择横排文字工具T，在工具属性栏中设置字体为“方正大标宋简体”，字号为“150点”，颜色为“#381108”，如图7-7所示。

图7-7　设置字符格式

（3）显示并选择“家居嘉年华”图层，选择【窗口】/【字符】菜单命令，打开“字符”面板，设置其字体为“方正粗倩简体”，字号为“60点”，单击“加粗”按钮T，然后使“家居嘉年华”与“简约家居”居中对齐，如图7-8所示。

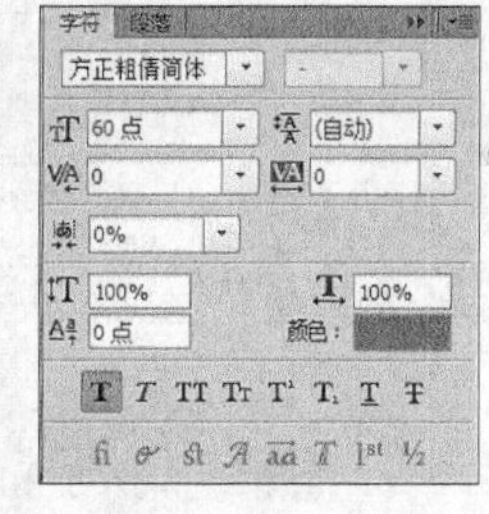

图7-8　更改字符格式

（4）显示并选择“满2000减160元”文本所在图层，设置字体为“Adobe 黑体 Std”，字体大小为“40点”，文本颜色为“#f9f2f0”。新建一个图层，使用矩形选框工具绘制一个矩形，按【Ctrl+Delete】组合键填充背景色，将图层拖动到“满2000减160元”文字图层下方，再新建一个图层，使用椭圆选框工具绘制两个正圆，填充白色，并放置于文字两侧，如图7-9所示。

图7-9　更改字符格式并绘制矩形

（5）使用相同的方法继续设置“秋季新品”的字体为“Adobe 黑体 Std”，字体大小为“30点”，文本颜色为“#0e0d0d”，再设置“时间：26号”的字体为“方正中雅宋简体”，字体大小为“38点”，“文本颜色”为“#725b56”，如图7-10所示。

图7-10 设置其他字符格式

（6）选择直线工具，在“满2000减160元”的矩形下绘制一条等长的直线，并设置高度为“1像素”，在“秋季新品”文字两侧分别绘制一条直线，并设置长度为“70像素”，高度为“1像素”，效果如图7-11所示。

图7-11 绘制直线

（7）使用椭圆工具在“秋季新品”文字两侧各绘制一个正圆形，并填充黑色，然后将文件命名为“家居广告”进行保存，完成制作，如图7-12所示。

图7-12 绘制正圆

7.2 课堂案例：制作“母婴店招聘”宣传单

最近老洪在帮一家母婴店制作招聘宣传单，该母婴店要求宣传单需将招聘信息做得醒目，且要有新意，还需将公司信息展示出来。老洪见米拉已经有不少的类似经验，决定将这个任务交给米拉来完成，并向米拉强调了宣传单中文字排版的重要性。米拉决定使用创建点文本、创建变形文本、创建路径文本、创建并编辑文字选区等方法来进行创作。本例完成后的参考效果如图7-13所示，下面具体讲解制作方法。

素材所在位置 素材文件\第7章\课堂案例\母婴店宣传单\
效果所在位置 效果文件\第7章\课堂案例\母婴店招聘宣传单.psd

图7-13 “母婴店招聘”宣传单最终效果

宣传单常见尺寸

宣传单是商家为宣传自己制作的一种印刷品，主要分为营业点宣传单、派发宣传单、张贴宣传单和搭配商品赠送的宣传单。本例制作的宣传单为派发宣传单，标准8k宣传单一般为420mm×285mm，带出血（出血实际为“初削”，是指印刷时为保留画面有效内容预留出的方便裁切的部分）可设置为426mm×291mm；标准16k宣传单一般是210mm×285mm，带出血可设置为212mm×287mm。

7.2.1 创建点文本

为了增加宣传单的美观性与可读性，本例将新建“母婴店宣传单”图像文件，然后拖入素材背景，再利用横排文字工具输入店铺的招聘信息与公司信息等内容，具体操作如下。

（1）新建大小为21厘米×29.7厘米，分辨率为300像素/英寸，名为“母婴店招聘宣传单”的图像文件，将“宣传单背景.jpg”拖入图像文件中，如图7-14所示。

（2）在工具箱中选择横排文字工具T，在工具属性栏中设置字体为“华康海报体”，字体大小为“95点”。

（3）在图像中需要输入文本的起始处单击鼠标，输入“童慧招募”文本，按【Enter】键换行，再输入“新人计划”文本，按【Ctrl+Enter】组合键确认输入并生成文本图层，在“字符”面板中设置行距为“100点”，如图7-15所示。

图7-14 打开素材

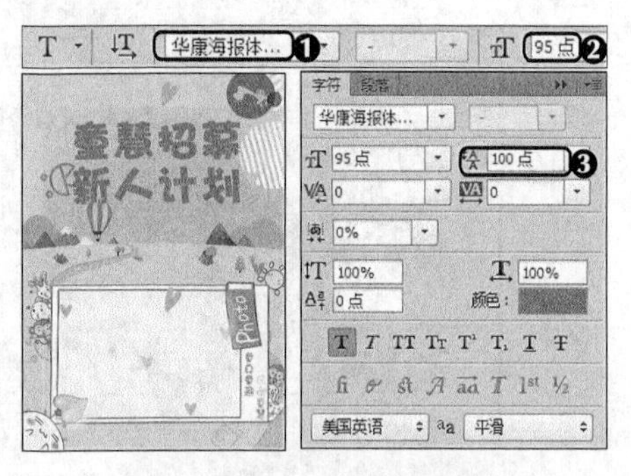

图7-15 输入文本并设置格式

（4）双击文字图层，打开“图层样式”对话框，单击选中“颜色叠加”复选框，设置颜色为“#169fff”，再单击选中“描边”复选框，设置描边“大小”为“24”，描边“颜色”为“白色”，最后单击选中“投影”复选框，设置“混合模式”为“正片叠底”，“颜色”为“#470e5f”，将“距离”“扩展”和“大小”分别设置为“31”“24”和“103”，完成后单击 确定 按钮，如图7-16所示。

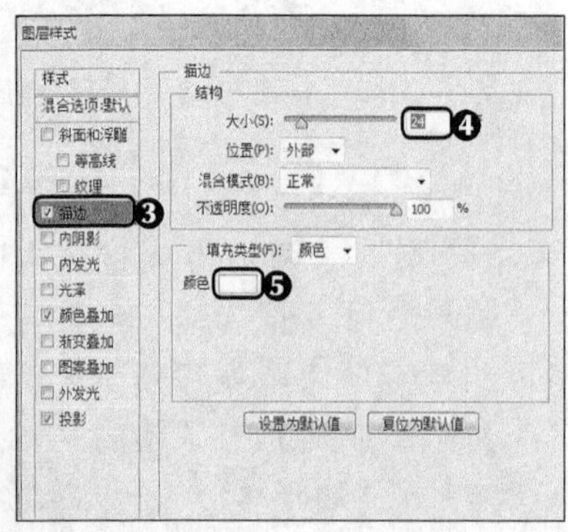

图7-16 设置文字图层样式

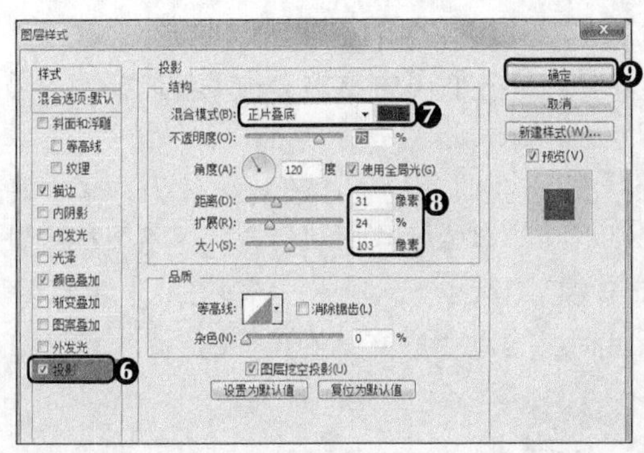

图7-16 设置文字图层样式（续）

7.2.2 创建变形文本

创建文本后，可使用变换图形的方法变换文本，如调整文本的大小、倾斜角度等，也可直接通过文字变形得到波浪、旗帜、上弧、扇形、挤压、凸起等效果，具体操作如下。

（1）在工具箱中选择横排文字工具T，在工具属性栏设置字体为“Swis721 Blk BT”，字体大小为“27点”，字体颜色为“#ff154b”，在海报左上角输入“Join us”。

（2）选择文本，单击工具属性栏中的“创建文字变形”按钮，打开“变形文字”对话框，在“样式”下拉列表框中选择“旗帜”，将“弯曲”设置为“35”，单击 确定 按钮，如图7-17所示。

（3）选择文本，按【Ctrl+T】组合键进入变形状态，将鼠标指针移动至控制点上，当鼠标指针变成↻时，将文字旋转到一定角度，如图7-18所示。

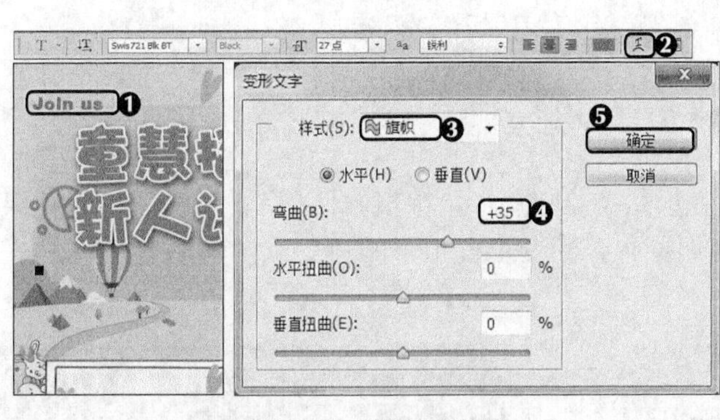

图7-17 编辑变形效果

图7-18 添加变形效果

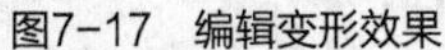

7.2.3 创建路径文本

路径文本是指根据路径的形状来创建文字，因此需要先绘制出路径的轨迹，再在路径中输入需要的文本。在创建路径文本时，用户还可对路径的锚点进行编辑，使路径的轨迹更符合要求，文字效果也更为丰富。本例先使用钢笔工具绘制一段路径，然后在路径上输入文字，具体操作如下。

（1）在工具箱中选择钢笔工具，在工具属性栏中更改钢笔的绘图模式为“路径”，在“新人计划”左下方单击确定起始点，在右下方单击并拖动控制柄，沿着文本上弧轮廓创建一段带弧度的路径，如图7-19所示。

（2）在工具箱中选择横排文字工具，在工具属性栏中设置字体为“华文琥珀”，字体大小为“40点”，消除锯齿为“平滑”，字体颜色为“白色”。将鼠标指针移至路径上，当其呈形状时，单击鼠标定位文本插入点，输入“筑梦路上 童慧助力”文本，按【Enter】键确认文字的输入，此时将自动生成文字的路径图层，如图7-20所示。

图7-19 创建路径

图7-20 设置文本属性并输入文本

知识提示

关于创建路径文本

在路径上输入文本后，有时会出现文本没有显示出来或者只显示了一两个字的情况，出现这种情况可能有3个原因：①字号太大，超出了路径的范围；②文本选择了右对齐或居中对齐，造成了路径不够排列；③文本起点太靠近路径的终点，然后根据情况修改即可。

（3）使用矩形工具在文字的下方绘制一个矩形，将填充颜色更改为“#c00202”，如图7-21所示。

（4）按【Ctrl+T】组合键进入自由变换状态，在矩形上单击鼠标右键，在弹出的快捷菜单中选择“变形”命令，出现变形框，拖动变形框上下的控制点调整矩形，如图7-22所示。

图7-21 绘制矩形

图7-22 编辑矩形

7.2.4 创建并编辑段落文本

段落文本是指在定界框中输入的文本，通过段落文本可以很方便地对文本自动换行、调整文本的行间距、调整段落文本的大小、显示位置等，因此广泛用于输入大段文字。段落文本的创建方法与点文本的创建方法基本类似，不同的是，在创建段落前，需要先绘制定界框，以定义段落文本的边界，使输入的文本位于指定的区域内。下面把母婴店招聘信息放置到段落文本框中，具体操作如下。

（1）在工具箱中选择横排文字工具T，在工具属性栏中设置字体为“华康海报体W12”，字体大小为“12点”，输入文字“店长 2名”，如图7-23所示。

（2）在图像下方的方块图形上拖动鼠标绘制文本定界框，将文本插入点定位到文本框中，输入“文字.txt”的文本内容，设置字体为“微软雅黑”，调整字体大小和位置，如图7-24所示。

图7-23 输入文字

图7-24 绘制定界框并输入文字

（3）复制“店长”和“岗位职责”文字图层，将“店长 2名”更改为“门店导购 数名”，将“岗位职责”更改为“文字.txt”里对应的内容，如图7-25所示。

（4）使用圆角矩形工具□.在文字上方绘制一个矩形，设置填充颜色为“#f58306”，使用钢笔工具✎.绘制一个飘带，设置填充颜色为“#009c91”，使用圆角矩形工具□.绘制圆角矩形，设置填充颜色为“黑色”，描边颜色为“白色”，描边大小为“2点”，如图7-26所示。

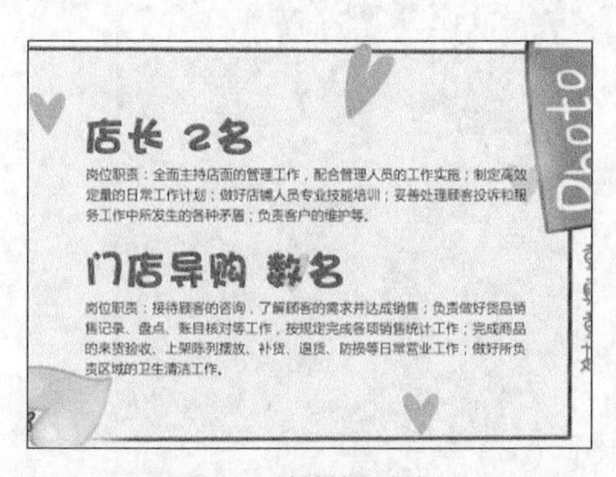

图7-25 继续输入文字

图7-26 绘制装饰矩形

（5）在黑色矩形上使用横排文字工具T，输入文字“招聘岗位”，设置字体为“方正兰亭中粗黑简体”，字体大小为“45点”，填充颜色为“深红色”，如图7-27所示。

（6）打开“素材.psd”图像文件，将里面的素材拖入图像文件中，调整各个素材的位置，如图7-28所示。

（7）按【Ctrl+S】组合键保存文件，查看完成后的效果，如图7-29所示。

图7-27 输入文字

图7-28 拖入素材

图7-29 调整素材

7.3 项目实训

7.3.1 制作幼儿园招生快讯商品广告单

1. 实训目标

本实训要求为一家幼儿园制作招生快讯商品广告（Direct Mail，DM）单，要求广告画面清新、活泼，并突出童真。该任务主要涉及创建矩形、输入文字等操作。本实训的参考效果如图7-30所示。

素材所在位置 素材文件\第7章\项目实训\幼儿园招生DM单\

效果所在位置 效果文件\第7章\项目实训\幼儿园招生DM单\

图7-30 幼儿园招生DM单效果

2. 专业背景

微课视频

制作幼儿园招生 DM单

DM单是区别于传统的广告刊载媒体的新型广告发布载体，一般免费赠送给消费者阅读，其形式多种多样，如信件、订货单、宣传单和折价券等都属于DM单。通常，DM单的设计旨在吸引消费者的目光，重点突出其用途、功能或优势。

3. 操作思路

要完成本实训需打开素材，输入所需文本，并对其进行相应的字符格式设置，操作思路如图7-31所示。

① 打开正面素材

② 添加“幼儿园招生”文字

③ 添加剩余文本

④ 打开背面素材

⑤ 添加“招生对象”等文字

⑥ 添加装饰

图7-31　制作幼儿园招生DM单的操作思路

【步骤提示】

（1）新建一个210毫米×297毫米，分辨率为300像素/英寸的图像文件，导入“正面背景.jpg”素材。

（2）输入“幼儿园招生”文字，设置字体为“汉仪太极体简”，填充颜色为“#042b7b”，复制字体图层，将填充颜色修改为“#0396e9”，向上和向左分别移动2像素，再为其添加“内阴影”图层样式。

（3）继续输入招生时间、广告语等剩余文本，保存文件，命名为“正面”。

（4）打开“背面.jpg”素材，添加“办班目的”“招生对象”“教学对象”“地址”等文字内容，并使用形状工具绘制装饰箭头等。

（5）将“背面素材.psd”里的素材拖动到背面图像中，放于合适的位置，并添加“画画”“艺术、音乐”“运动”和“加入我们！”等文本内容。

（6）保存文件，命名为“背景”，完成制作。

7.3.2 制作海鲜盛宴钻展图

1. 实训目标

本实训要求为一家海鲜店铺制作一张钻展（钻石展位，是淘宝网图片类广告竞价投放广告位，是淘宝卖家的一种营销工具）图，要求显示商品的重要信息，且排版合理、重点突出。该任务主要涉及横排文字工具的使用和创建剪贴蒙版等操作，本实训的参考效果如图7-32所示。

素材所在位置 素材文件\第7章\项目实训\海鲜背景.jpg、金色背景.psd

效果所在位置 效果文件\第7章\项目实训\海鲜盛宴钻展图.psd

图7-32 海鲜盛宴钻展图效果

2. 专业背景

微课视频

制作海鲜盛宴钻展图

钻石展位（智钻）是淘宝网为淘宝卖家提供的一种营销工具，主要依靠图片创意吸引买家点击，从而获取巨大流量。智钻为卖家提供了数量众多的优质展位，包括淘宝首页、内页频道页、门户、画报等。一般来说，不同展位对图片的大小要求都不一样，如520像素×280像素、170像素×200像素等。

作为一种付费营销方式，为了使营销效果最大化，对钻展图的要求通常较高，不仅要图片新颖，排版好看，设计具有创意，与商品相匹配，还需搭配精确的文案，根据买家的消费心理，在有限的内容中将主要信息展示出来。本例制作的钻石展位图为海鲜的展示图，要求突出商品的高端品质，同时还需将优惠券等重要信息清楚展示出来。

3. 操作思路

要完成本实训需先打开素材，然后输入文本，最后为文本添加装饰形状，操作思路如图7-33所示。

① 打开素材

② 添加文本

③ 添加形状

图7-33　制作海鲜盛宴钻展图的操作思路

【步骤提示】

（1）打开“海鲜背景.jpg”素材文件，在工具箱中选择横排文字工具，在其工具属性栏中设置字体为“方正兰亭黑简体”，字体大小为“27点”，消除锯齿为“平滑”，字体颜色为“#fcd16e”，输入“海/鲜/盛/宴”。

（2）设置字体为“方正兰亭大黑简体”，字体大小为“75点”，消除锯齿为“平滑”，在文字的下方输入“极”，设置文本颜色为“#f6d480”，将“金色背景.psd”素材文件里的金色背景素材拖入图像文件中，在金色背景图层上单击鼠标右键，在弹出的快捷菜单中选择“创建剪贴蒙版”命令。

（3）使用相同的方法，分别制作“致”“狂”“欢”文字。

（4）选择横排文字工具，在工具属性栏中设置字体为“Impact”，字体大小为“28.5点”，文本颜色为“#f4cc80”，输入“领券满100元减20元＞”文字，拖入金色背景，为其创建剪贴蒙版。

（5）选择圆角矩形工具，绘制一个大小为290像素×45像素，四角半径为“22像素”的圆角矩形，设置描边大小为“2像素”，描边颜色为“#fad483”，置入金色背景，为其创建剪贴蒙版。

（6）保存图像，将文件命名为“海鲜盛宴钻展图”。

7.4 课后练习

本章主要介绍了文字的相关操作，如输入文字、段落文本，设置字符格式和段落格式，创建变形字等。对于本章的内容，读者应掌握的重点在于文字在设计中的广泛应用，为以后编辑图像文字打下坚实的基础。

练习1：制作美容医院宣传广告

本练习要求制作一个美容医院的宣传广告，用于展示和宣传医院特色。可打开本书提供的素材文件进行操作，参考效果如图7-34所示。

素材所在位置　素材文件\第7章\课后练习\美容医院背景.jpg、素材.psd
效果所在位置　效果文件\第7章\课后练习\美容医院宣传广告.psd

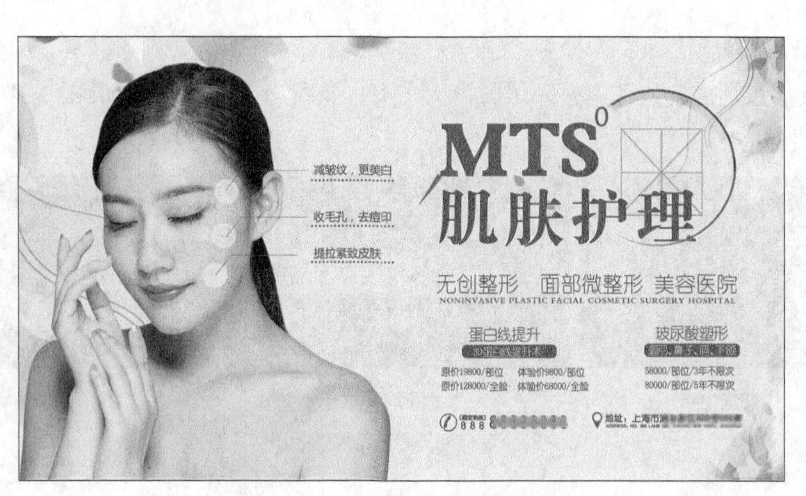

图7-34　“美容医院宣传广告”效果

操作要求如下。

- 打开“美容医院背景.jpg”素材文件。
- 使用横排文字工具T.在画面中输入文字，并在工具属性栏中设置字体参数。
- 使用圆角矩形工具□.为文字绘制圆角矩形底框。
- 打开“素材.psd”素材文件，将其添加到图像文件中。
- 保存文件，完成制作。

微课视频

制作美容医院宣传广告

练习2：制作美食宣传广告

本练习要求制作一个美食宣传广告，可打开本书提供的素材文件进行操作，参考效果如图7-35所示。

素材所在位置　素材文件\第7章\课后练习\文字.txt、美食广告背景.psd

效果所在位置　效果文件\第7章\课后练习\美食宣传广告.psd

图7-35　美食宣传广告

操作要求如下。

- 打开“美食广告背景.psd”素材文件。
- 选择横排文字工具T.，输入“舌尖上的中国”文本，设置文本格式。

- 继续输入“带您发掘<舌尖上的美味>”文本，设置文本格式，选择“带您发掘”文本，设置与“<舌尖上的美味>”文本不一样的文本格式。
- 复制“文字.txt”素材文件中的文字，创建段落文本，设置文本“居中对齐”。
- 最后输入“食・扣肉”文本，设置文本格式，保存文件，完成制作。

7.5 技巧提升

1. 设置字体样式

在编辑文本时，可根据需要为字体添加合适的样式。Photoshop中提供了Regular（规则的）、Italic（斜体）、Bold（粗体）、Bold Italic（粗斜体）和Black（粗黑体）等字体样式，在工具属性栏的“设置字体样式”下拉列表中可设置这些字体样式，但并不是所有字体都可以设置字体样式，只有选择某些字体后才会激活该选项。若需要设置更多的字体样式，比如添加下画线、删除线等，则需在“字符”面板中单击对应的按钮进行设置。

2. 设置字符间距与基线偏移

输入文本时，若文本的默认间距不能满足需求，可通过“字符”面板设置文字间距：输入正值时，字距变大；输入负值时，字距缩小。基线偏移是指文字与文字基线之间的距离：为正值时，文字上移；为负值时，文字下移。

3. 栅格化文本

在Photoshop中不能直接为文字图层添加图层样式、滤镜等，但可在栅格化文字后再编辑，其方法为：选择文本图层，在其上单击鼠标右键，在弹出的快捷菜单中选择“栅格化文字”命令，即可栅格化文本图层。

4. 查找和替换文本

在制作可能涉及大量文本的图像时，依次浏览和更改错误比较浪费时间。此时，可使用“查找和替换文本”功能快速查找指定的文本，需要时还可替换查找到的文字。其方法为：打开图像，选择【编辑】/【查找和替换文本】菜单命令，打开“查找和替换文本”对话框，在“查找内容”文本框中输入需要查找的文本；单击选中“搜索所有图层”复选框，单击 查找下一个(I) 按钮，将显示查找到的文本；在“查找内容”文本框中输入需要替换的文本，在“更改为”文本框中输入替换的目标文本。单击 更改(H) 按钮，将第一个查找到的文本替换为需要更改后的文本。单击 更改全部(A) 按钮，替换所有图层中包含的指定文字。

5. 拼写检查

使用“拼写检查”功能可方便地检查出输入的英文单词是否正确，并可以修改错误的单词，其方法为：选择【编辑】/【拼写检查】菜单命令，打开“拼写检查”对话框，单击选中“检查所有图层”复选框，系统将自动检查所有图层中不符合拼写规则的文字，并将其选中，在“建议”列表框中选择符合拼写规则的英文单词，单击 更改(H) 按钮或 更改全部(A) 按钮，系统自动进行替换，检查完成后，在打开的提示对话框中单击 确定 按钮即可。

6. 安装字体

系统自带的字体是有限的，为了使制作的图像更加美观，用户可在网上下载一些美观的字体，再将它们安装使用。需要注意的是，如果在使用Photoshop时安装字体，需重启Photoshop才能在“字体”下拉列表框中找到新安装的字体。安装字体的方法为：下载好字体文件后，在字体文件上单击鼠标右键，在弹出的快捷菜单中选择“安装”命令即可。若需要同时安装多个字体，还可直接将字体文件复制到系统盘的“Windows/Fonts”文件夹下，如系统盘是C盘，则安装路径为“C:/Windows/Fonts”。

7. “字符”面板中各参数的含义

“字符”面板中按钮的作用如下。

- **T T TT Tr T¹ T₁ T T按钮组**。分别用于对文字进行加粗、倾斜、全部大写字母、将大写字母转换成小写字母、上标、下标、添加下画线、添加删除线等操作。设置时选取文本后单击相应的按钮即可。
- **下拉列表框**。用于设置行间距，单击文本框右侧的下拉按钮，在打开的下拉列表框中可以选择行间距的大小。
- **IT文本框**。设置选中文本的垂直缩放效果。
- **T文本框**。设置选中文本的水平缩放效果。
- **下拉列表框**。设置所选字符的字距，单击右侧的下拉按钮，在下拉列表框中选择字符间距，也可以直接在文本框中输入数值。
- **V/A下拉列表框**。设置两个字符间的字距微调。
- **下拉列表框**。设置所选字符的比例间距。
- **A文本框**。设置基线偏移，设置参数为正值时，文本向上移动；设置参数为负值时，文本向下移动。

8. “段落”面板中各参数的含义

“段落”面板中各按钮的作用如下。

- **按钮组**。分别用于设置段落左对齐、居中对齐、右对齐、最后一行左对齐、最后一行居中对齐、最后一行右对齐和全部对齐。设置时选取文本后，单击相应的按钮即可。
- **“左缩进”文本框**。用于设置所选段落文本左边向内缩进的距离。
- **“右缩进”文本框**。用于设置所选段落文本右边向内缩进的距离。
- **“首行缩进”文本框**。用于设置所选段落文本首行缩进的距离。
- **“段前添加空格”文本框**。用于设置插入光标所在段落与前一段落间的距离。
- **“段后添加空格”文本框**。用于设置插入光标所在段落与后一段落间的距离。
- **“连字”复选框**。选中该复选框，表示可以将文字的最后一个外文单词拆开形成连字符号，使剩余的部分自动换到下一行。

CHAPTER 8

第8章 使用滤镜制作特效

情景导入

在设计中，经常会需要制作精美的特殊效果，老洪告诉米拉，Photoshop里的滤镜是特效的集合区，可以使用滤镜制作出很多意想不到的效果。

学习目标

- 掌握将照片制作成装饰画的方法，如“风格化”滤镜、“杂色”滤镜和“其他”滤镜的使用。
- 掌握将风景照转换为动画场景效果的方法，如使用模糊滤镜组、渲染滤镜组等。

案例展示

▲将照片制作成绘画效果

▲将风景照片转为动画场景效果

8.1 课堂案例：将照片制作成装饰画效果

老洪告诉米拉："Photoshop的滤镜功能非常强大。在处理很多图片时，如果结合滤镜命令进行处理和美化，可以制作出更加精美、绚丽的效果"。

米拉听了老洪的建议，决定练习滤镜的使用。米拉准备将一张牡丹花照片制作成装饰画效果，她思考了一下，打算使用滤镜库、"风格化"滤镜、"杂色"滤镜和"其他"滤镜等来完成效果的制作。本例完成后的参考效果如图8-1所示。

素材所在位置 素材文件\第8章\课堂案例\牡丹花.jpg、印章.psd、画框.jpg
效果所在位置 效果文件\第8章\课堂案例\装饰画效果.psd、装饰画.psd

图8-1 将图片制作成装饰画效果

8.1.1 使用滤镜库

Photoshop的滤镜库整合了"扭曲""画笔描边""素描""纹理""艺术效果"和"风格化"等6种滤镜效果，通过滤镜库，可对图像应用这6种滤镜效果。本例将使用滤镜库制作浅的素描效果，具体操作如下。

（1）打开"牡丹花.jpg"图像文件，在"图层"面板上单击"创建新图层"按钮，新建一个图层，并命名为"背景颜色"，设置前景色为"#d6cdb2"，按【Alt+Delete】组合键，填充"背景颜色"图层，如图8-2所示。

图8-2 创建"背景颜色"图层

（2）复制"背景"图层，将此图层副本命名为"基本素描"，并放置在"图层"面板的顶部。选择【滤镜】/【滤镜库】菜单命令，打开"滤镜库"对话框，在中间列表框中，选择“素描”选项，在打开的列表框中选择“影印”选项，然后设置“细节”为“1”，“暗度”为“25”，单击 确定 按钮完成设置，如图8-3所示。

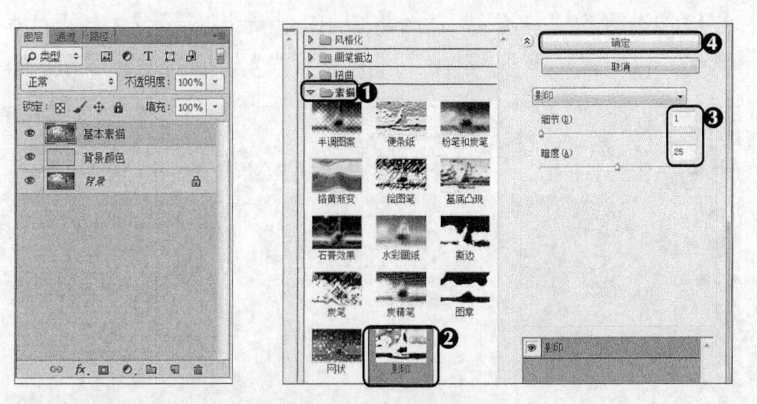

图8-3 设置“影印”滤镜

（3）将图层的混合模式设置为“正片叠底”，如图8-4所示。

图8-4 更改图层混合模式

（4）复制“基本素描”图层，并命名为“大素描”。在工具栏中选择套索工具，右键单击图像编辑区的任意位置，在弹出的快捷菜单中选择“自由变换”命令，在工具属性栏中将宽度和高度均设置为“105%”，然后将图层的混合模式设置为“正片叠底”，“不透明度”设置为“14%”，如图8-5所示。

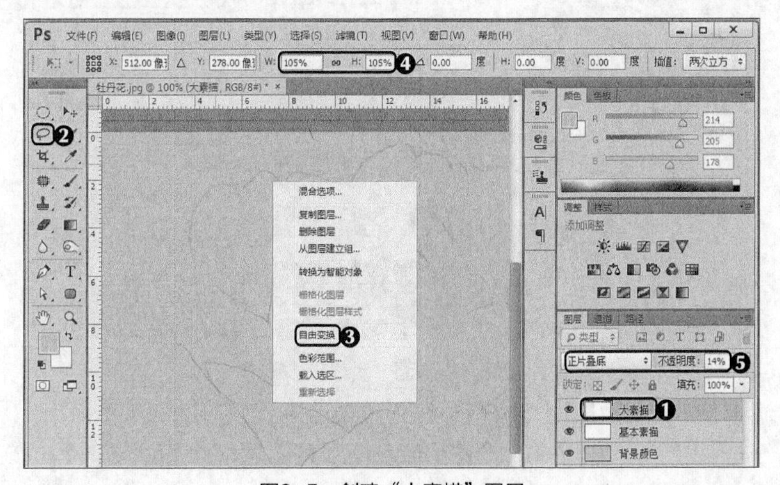

图8-5 创建“大素描”图层

（5）再次复制“基本素描”图层，命名为“小素描”。在工具栏中选择套索工具，右键单击图像编辑区的任意位置，在弹出的快捷菜单中选择“自由变换”命令，在属性栏中将宽度和高度均设置为“95%”，然后将图层的混合模式设置为“正片叠底”，“不透明度”设置为“14%”，将“小素描”图层置于“大素描”图层下方，如图8-6所示。

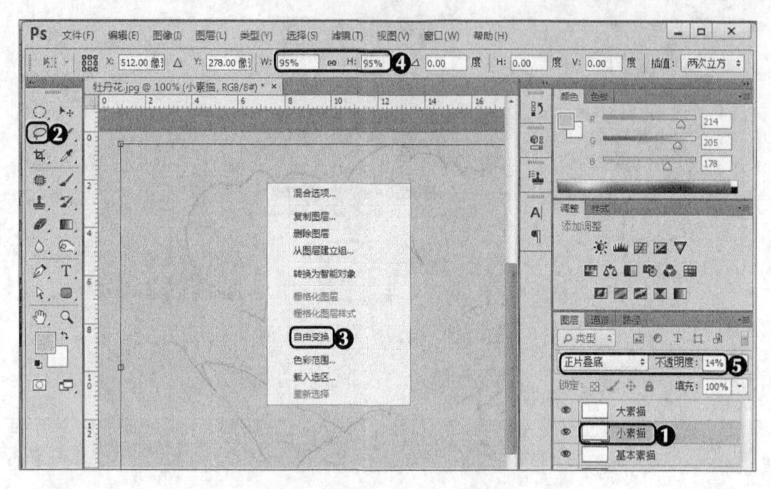

图8-6 创建“小素描”图层

8.1.2 使用“风格化”滤镜组

“风格化”滤镜组能对图像的像素进行位移、拼贴及反色等操作。下面使用其中的“查找边缘”滤镜制作素描轮廓，具体操作如下。

（1）复制“背景”图层，将此图层副本命名为“1”，并放置在“图层”面板的顶部。选择【滤镜】/【滤镜库】菜单命令，打开“滤镜库”对话框，在中间列表框中选择“艺术效果”选项，在打开的列表框中选择“木刻”选项，然后设置“色阶数”为“8”，“边缘简化度”为“5”，“边缘逼真度”为“1”，单击 确定 按钮完成设置，如图8-7所示。

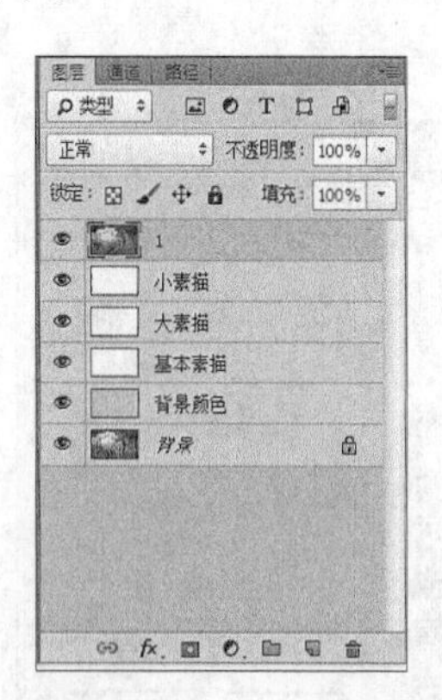

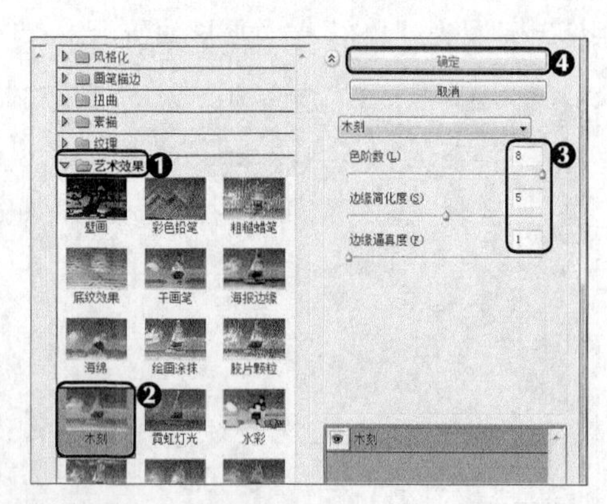

图8-7 设置“木刻”滤镜

（2）选择【滤镜】/【风格化】/【查找边缘】菜单命令，然后选择【图像】/【调整】/【去色】命令或按【Ctrl+Shift+U】组合键去色。将图层混合模式更改为“颜色加深”，“不透明度”更改为“30%”，如图8-8所示。

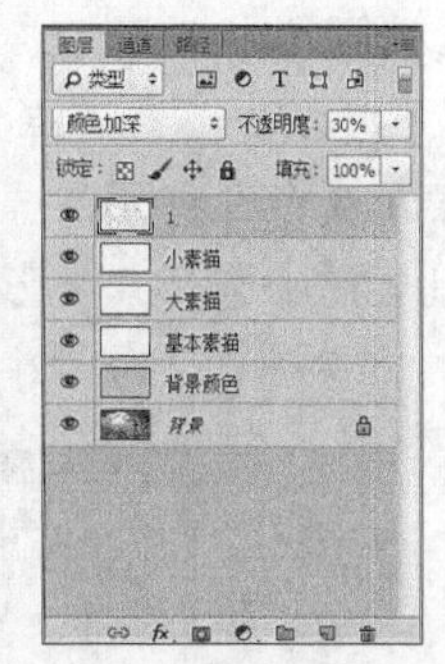

图8-8　设置“查找边缘”滤镜

（3）复制“背景”图层，将此图层放置在“图层”面板的顶部，选择【滤镜】/【风格化】/【查找边缘】菜单命令，按【Ctrl+Shift+U】组合键去色。选择【滤镜】/【滤镜库】菜单命令，打开“滤镜库”对话框，在中间列表框中选择“画笔描边”选项，在打开的列表框中选择“成角的线条”选项，然后设置“方向平衡”为“50”，“描边长度”为“10”，“锐化程度”为“10”，单击 确定 按钮完成设置，如图8-9所示。

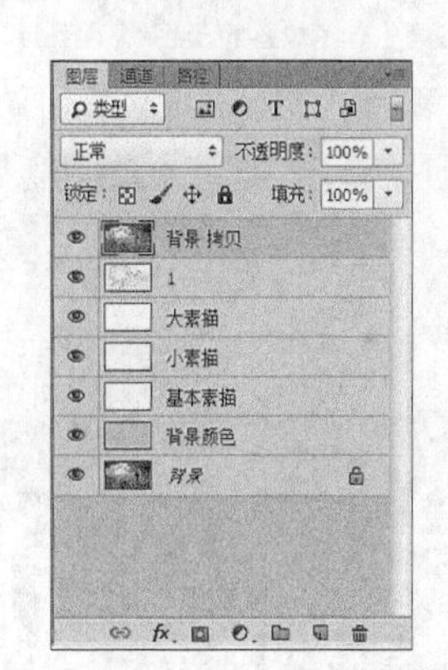

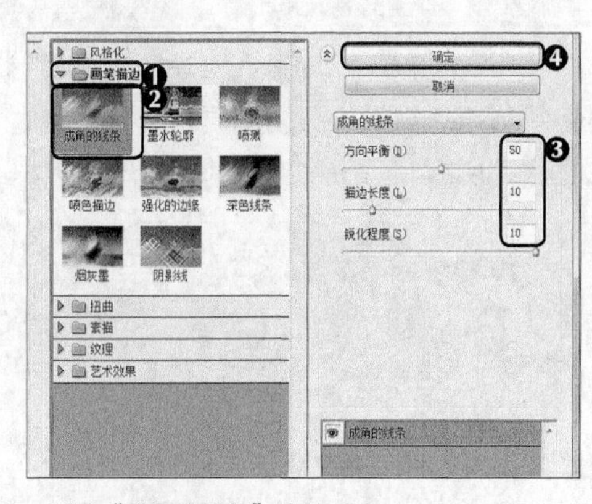

图8-9　设置“成角的线条”滤镜

（4）将此图层命名为“阴影1”，设置图层混合模式为“正片叠底”，“不透明度”为“12%”，如图8-10所示。

图8-10　设置图层混合模式和不透明度

（5）再次复制“背景”图层，将此图层放置在“图层”面板的顶部，选择【滤镜】/【风格化】/【查找边缘】菜单命令，按【Ctrl+Shift+U】组合键去色，选择【滤镜】/【滤镜库】菜单命令，打开“滤镜库”对话框，在中间列表框中选择“画笔描边”选项，在打开的列表框中选择“阴影线”选项，然后设置“描边长度”为“10”，“锐化程度”为“10”，“强度”为“2”，单击 确定 按钮完成设置，如图8-11所示。

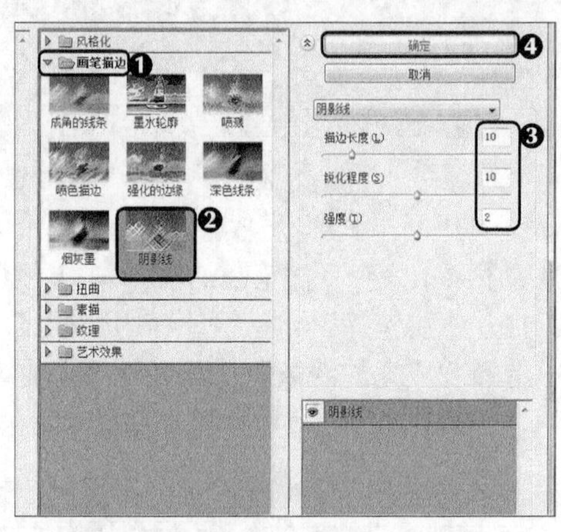

图8-11 设置“阴影线”滤镜

（6）将此图层命名为“阴影2”，设置图层混合模式为“正片叠底”，“不透明度”为“5%”，将此图层置于“阴影1”图层之下，如图8-12所示。

图8-12 更改图层混合模式和不透明度

8.1.3 使用“杂色”滤镜组

“杂色”滤镜组主要是向图像中添加杂色或去除图像中的杂点，下面使用其中的“添加杂色”滤镜为画面加点杂色效果，具体操作如下。

微课视频

使用“杂色”滤镜组

（1）按【Ctrl+Alt+Shift+N】组合键新建一个图层，将图层命名为“杂色”，设置前景色为黑色，按【Alt+Delete】组合键填充图层，如图8-13所示。

（2）选择【滤镜】/【杂色】/【添加杂色】菜单命令，打开“添加杂色”对话框，设置“数量”为“20%”，单击选中“高斯分布”单选项，如图8-14所示。

图8-13　新建图层

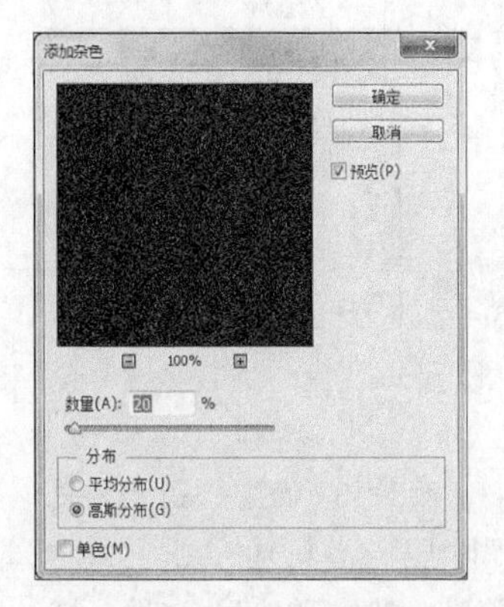

图8-14　添加杂色

（3）将图层混合模式设置为“滤色”，“不透明度”设置为“64%”，如图8-15所示。

图8-15　设置图层混合模式和不透明度

（4）在“图层”面板中单击“创建新的填充或调整图层”按钮，在打开的下拉列表框中选择“曲线”选项，打开“属性”面板，在通道下拉列表框中，选择“红”选项，设置图8-16所示的曲线。

（5）选择“绿”通道，设置图8-17所示的曲线。

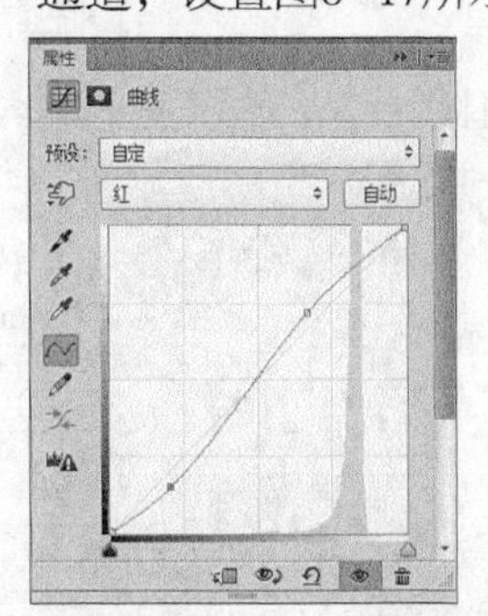

图8-16　调整“红”通道曲线

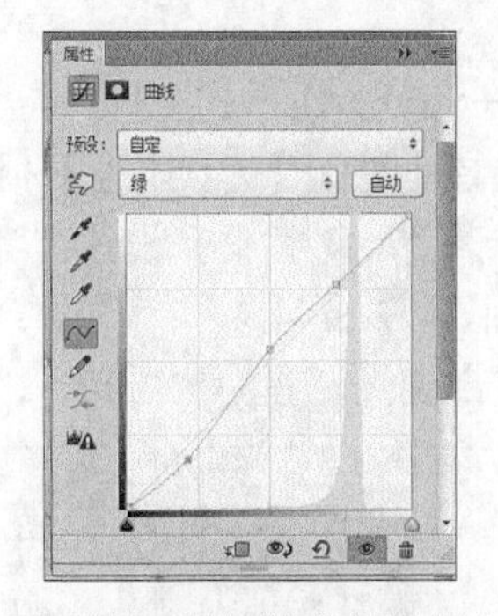

图8-17　调整“绿”通道曲线

（6）选择“蓝”通道，设置图8-18所示的曲线。

（7）在“图层”面板中单击“创建新的填充或调整图层”按钮，在打开的下拉列表中选择“照片滤镜”选项，打开“属性”面板，在“滤镜”下拉列表框中选择“蓝”选项，再设置“浓度”为“5%”，如图8-19所示。

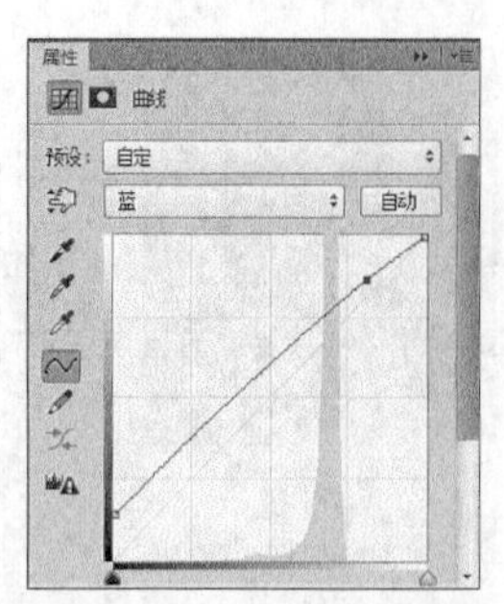

图8-18　调整“蓝”通道曲线

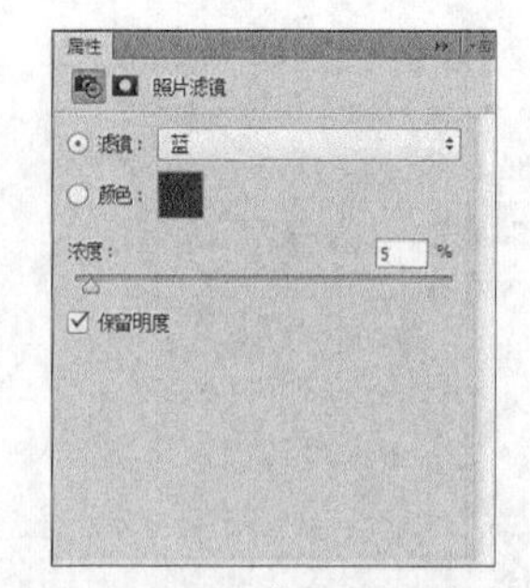

图8-19　设置“照片滤镜”参数

（8）继续在“图层”面板中单击“创建新的填充或调整图层”按钮，在打开的下拉列表框中选择“自然饱和度”选项，打开“属性”面板，将“自然饱和度”设置为“20”，“饱和度”设置为“10”，如图8-20所示。

（9）再次在“图层”面板中单击“创建新的填充或调整图层”按钮，在打开的下拉列表框中选择“色阶”选项，打开“属性”面板，将色阶数值设置为“0”“1.13”“249”，如图8-21所示。

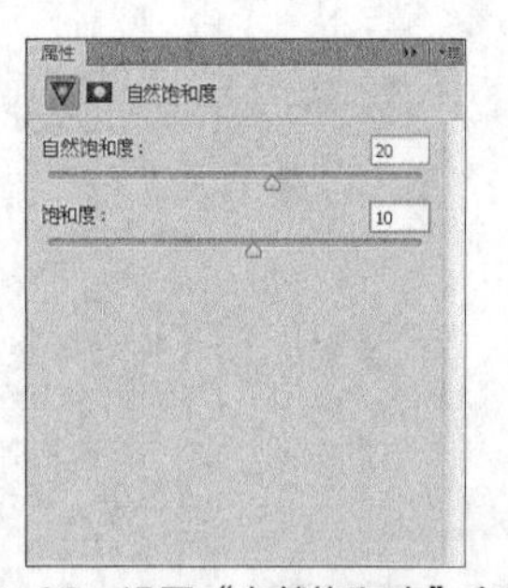

图8-20　设置“自然饱和度”参数

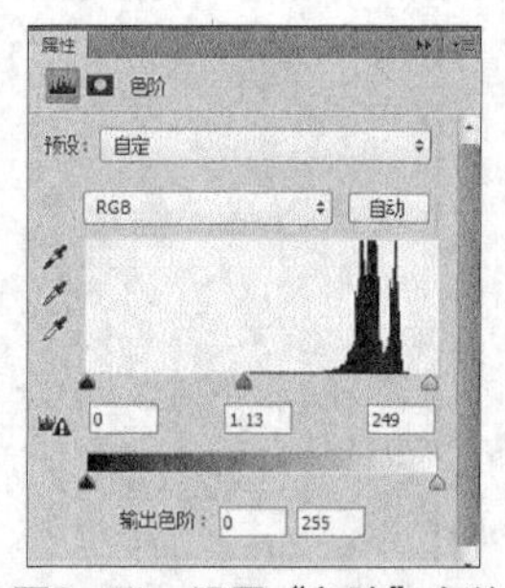

图8-21　设置“色阶”参数

8.1.4　使用“其他”滤镜组

“其他”滤镜组主要用来处理图像的某些细节部分，也可自定义特殊效果滤镜。下面使用其中的“高反差保留”滤镜处理图像，具体操作如下。

（1）按【Ctrl+Shift+Alt+E】组合键盖印图层，并将图层命名为“盖印”，选择【滤镜】/【其他】/【高反差保留】菜单命令，打开“高反差保留”对话框，设置“半径”为“2.0”，单击确定按钮，如图8-22所示。

（2）将图层混合模式设置为“强光”，“不透明度”设置为“76%”，如图8-23所示。

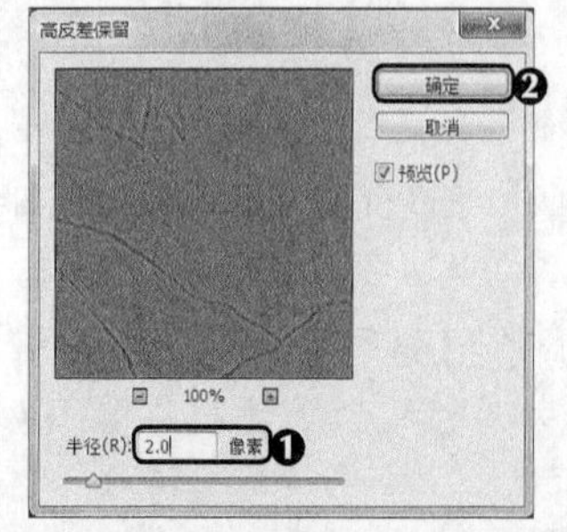

图8-22　设置“高反差保留”滤镜参数

图8-23　更改图层混合模式和不透明度

（3）复制“背景”图层，将此图层副本放置在“图层”面板的顶部，将“混合模式”设置为“颜色加深”，完成制作装饰画效果，效果如图8-24所示。

（4）输入诗句“绿艳闲且静 红衣浅复深 花心愁欲断 春色岂知心”，设置字体为“方正行楷简体”，字体大小为“38点”，行距为“60点”。

（5）将“印章.psd”素材文件拖入图像文件中，调整大小和位置，效果如图8-25所示。

图8-24 完成制作装饰画效果

图8-25 添加文字和印章

（6）将所有可见图层盖印，打开“画框.jpg”素材文件，如图8-26所示。

（7）将该盖印后的图层拖入画框中，调整大小和位置，完成制作，如图8-27所示。

图8-26 打开“画框”素材文件

图8-27 完成后的效果

8.1.5 相关滤镜介绍

在Photoshop中应用滤镜效果，可以通过“滤镜”菜单下的“滤镜库”命令来打开滤镜库，可以同时给图像应用多种滤镜，以减少应用滤镜的次数，节省操作时间。除此之外，读者也可以通过“滤镜”菜单的各滤镜组中的滤镜命令来应用单个滤镜。下面对本例中使用的滤镜库和相关滤镜组进行介绍。

1. 滤镜库

滤镜库中提供了“画笔描边”滤镜组、“扭曲”滤镜组、“素描”滤镜组、“纹理”滤镜组、“艺术效果”和“风格化”滤镜组6组效果，如图8-28所示。其中，“风格化”滤镜组提供有“照亮边缘”滤镜，该滤镜的作用是描绘图像的轮廓，调整轮廓的亮度。

图8-28 滤镜库

（1）“画笔描边”滤镜组

滤镜库中的“画笔描边”滤镜组用于模拟不同的画笔或油墨笔刷来勾画图像，产生绘画效果。该组滤镜提供了8种滤镜效果，下面分别进行介绍。

- **成角的线条**。“成角的线条”滤镜可以使图像中的颜色按一定的方向流动，从而产生类似倾斜划痕的效果。
- **墨水轮廓**。“墨水轮廓”滤镜模拟纤细的线条在图像原细节上重绘图像，从而产生钢笔画风格的图像效果。
- **喷溅**。“喷溅”滤镜可以使图像产生类似笔墨喷溅的自然效果。
- **喷色描边**。“喷色描边”滤镜和“喷溅”滤镜效果比较类似，可以使图像产生斜纹飞溅的效果。
- **强化的边缘**。“强化的边缘”滤镜可以对图像的边缘进行强化处理。
- **深色线条**。“深色线条”滤镜使用短而密的线条来绘制图像的深色区域，用长而白的线条来绘制图像的浅色区域。
- **烟灰墨**。“烟灰墨”滤镜模拟蘸满黑色油墨的湿画笔，产生在宣纸上绘画的效果。
- **阴影线**。“阴影线”滤镜可以使图像表面产生交叉状倾斜划痕的效果，其中，“强度”文本框用来控制交叉划痕的强度。

（2）“扭曲”滤镜组

滤镜库中的“扭曲”滤镜组提供了3种滤镜效果，下面分别进行介绍。

- **玻璃**。“玻璃”滤镜通过设置扭曲度和平滑度使图像产生玻璃质感。
- **海洋波纹**。“海洋波纹”滤镜可以使图像产生一种在海水中漂浮的效果。该滤镜各选项的含义与“玻璃”滤镜相似，这里不再赘述。
- **扩散亮光**。“扩散亮光”滤镜产生一种弥漫的光照效果，可使图像中较亮的区域产生一种光照效果。

（3）“素描”滤镜组

滤镜库中的“素描”滤镜组提供了14种滤镜效果，下面分别进行介绍。

- **半调图案**。“半调图案”滤镜可以使用前景色和背景色将图像以网点效果显示。
- **便条纸**。“便条纸”滤镜可以将图像当前前景色和背景色混合，产生凹凸不平的草纸画效果，其中，前景色作为凹陷部分，而背景色作为凸出部分。
- **粉笔和炭笔**。“粉笔和炭笔”滤镜可以产生粉笔和炭笔涂抹的草图效果。在处理过程中，粉笔使用背景色，用来处理图像较亮的区域；炭笔使用前景色，用来处理图像较暗的区域。
- **铬黄渐变**。“铬黄渐变”滤镜可以模拟液态金属的效果。
- **绘图笔**。“绘图笔”滤镜可使用前景色和背景色生成一种钢笔画素描效果，图像中没有轮廓，只有变化的笔触效果。
- **基底凸现**。“基底凸现”滤镜主要用来模拟粗糙的浮雕效果。
- **石膏效果**。“石膏效果”滤镜可以产生一种石膏浮雕效果，且图像以前景色和背景色填充。
- **水彩画纸**。“水彩画纸”滤镜能制作出类似在潮湿的纸上绘图并且画面浸湿的效果。
- **撕边**。“撕边”滤镜可以在图像的前景色和背景色的交界处生成粗糙及撕破的纸片形状效果。
- **炭笔**。“炭笔”滤镜可以将图像以类似炭笔画的效果显示出来。前景色代表笔触的颜色，背景色代表纸张的颜色。在绘制过程中，阴影区域用黑色替换炭笔线条。
- **炭精笔**。“炭精笔”滤镜可以在图像上模拟浓黑和纯白的炭精笔纹理效果。在图像中的深色区域使用前景色，在浅色区域使用背景色。
- **图章**。“图章”滤镜可以使图像产生类似印章的效果。
- **网状**。“网状”滤镜将使用前景色和背景色填充图像，产生一种网眼覆盖效果。
- **影印**。“影印”滤镜可以模拟影印效果，其中，用前景色来填充图像的高亮度区，用背景色来填充图像的暗区。

（4）“纹理”滤镜组

滤镜库中的“纹理”滤镜组可以在图像中模拟出纹理效果，提供了6种滤镜效果，下面分别进行介绍。

- **龟裂缝**。“龟裂缝”滤镜可以使图像产生龟裂纹理，从而制作出浮雕状的立体效果。
- **颗粒**。“颗粒”滤镜可以在图像中随机加入不规则的颗粒，以产生颗粒纹理效果。
- **马赛克拼贴**。“马赛克拼贴”滤镜可以使图像产生马赛克网格效果，还可以调整网格的大小及缝隙的宽度和深度。
- **拼缀图**。“拼缀图”滤镜可以将图像分割成数量不等的小方块，用每个方块内的像素平均颜色作为该方块的颜色，模拟一种建筑拼贴瓷砖的效果。
- **染色玻璃**。“染色玻璃”滤镜可以在图像中产生不规则的玻璃网格，每格的颜色从该格的平均颜色来显示。
- **纹理化**。“纹理化”滤镜可以为图像添加砖形、粗麻布、画布和砂岩等纹理效果，还可以调整纹理的大小和深度。

（5）“艺术效果”滤镜组

滤镜库中的“艺术效果”滤镜组可以模仿传统手绘图画风格，提供了15种滤镜效果，下面分别进行介绍。

- **壁画**。“壁画”滤镜可以使图像产生类似壁画的效果。
- **彩色铅笔**。“彩色铅笔”滤镜可以将图像以彩色铅笔绘画的方式显示出来。
- **粗糙蜡笔**。“粗糙蜡笔”滤镜可以使图像产生类似蜡笔在纹理背景上绘图产生的一种纹理浮雕效果。
- **底纹效果**。“底纹效果”滤镜可以根据所选纹理类型使图像产生一种纹理效果。
- **干画笔**。“干画笔”滤镜可以使图像产生一种干燥的笔触效果，类似于绘画中的干画笔效果。
- **海报边缘**。“海报边缘”滤镜可以使图像查找出颜色差异较大的区域，并将其边缘填充成黑色，使图像产生海报画的效果。
- **海绵**。“海绵”滤镜可以使图像产生类似海绵浸湿的图像效果。
- **绘画涂抹**。“绘画涂抹”滤镜可以使图像产生类似手指在湿画上涂抹的模糊效果。
- **胶片颗粒**。“胶片颗粒”滤镜可以使图像产生类似胶片颗粒的效果。
- **木刻**。“木刻”滤镜可以将图像制作成类似木刻画的效果。
- **霓虹灯光**。“霓虹灯光”滤镜可以使图像的亮部区域产生类似霓虹灯的光照效果。
- **水彩**。“水彩”滤镜可以将图像制作成类似水彩画的效果。
- **塑料包装**。“塑料包装”滤镜可以使图像产生质感较强并具有立体感的塑料效果。
- **调色刀**。“调色刀”滤镜可以将图像的色彩层次简化，使相近的颜色融合，产生类似粗笔画的绘图效果。
- **涂抹棒**。“涂抹棒”滤镜用于使图像产生类似用粉笔或蜡笔在纸上涂抹的图像效果。

（6）“风格化”滤镜组

选择【滤镜】/【风格化】菜单命令，在“风格化”滤镜组主要提供了8种滤镜效果，下面分别进行介绍。

- **查找边缘**。用于标识图像中有明显过渡的区域并强调边缘。与“等高线”滤镜一样，“查找边缘”在白色背景上用深色线条勾画图像的边缘，对于在图像周围创建边框非常有用。
- **等高线**。用于查找主要亮度区域的过渡，并用细线勾画每个颜色通道，得到与等高线图中的线相似的结果。
- **风**。“风”滤镜可对图像添加刮风的效果，包括风、大风、飓风等。
- **浮雕效果**。通过将选区的填充色转换为灰色，并用原填充色描画边缘，从而使选区显得凸起或压低。
- **扩散**。根据选取的内容搅乱选区中的像素，使选区显得不十分聚焦，有类似溶解的扩散效果，当对象是字体时，该效果呈现在边缘。
- **拼贴**。将图像分解为一系列拼贴（像瓷砖方块）并使每个方块上都含有部分图像。
- **曝光过度**。混合正片和负片图像，形成与在冲洗过程中将照片简单曝光以加亮相似的效果。
- **凸出**。“凸出”滤镜可以将图像转化为三维立方体或锥体，以此来改变图像或生成特殊的三维背景效果。

2. "杂色"滤镜组

选择【滤镜】/【杂色】菜单命令，在"杂色"滤镜组提供了5种滤镜效果，下面分别进行介绍。

- **减少杂色。**"减少杂色"滤镜用来消除图像中的杂色。
- **蒙尘与划痕。**"蒙尘与划痕"滤镜通过将图像中有缺陷的像素融入周围的像素中，从而达到除尘和涂抹的效果，打开"蒙尘与划痕"对话框，在其中可通过"半径"选项调整清除缺陷的范围。通过"阈值"选项，确定要进行像素处理的阈值。该值越大，去杂效果越弱。
- **去斑。**"去斑"滤镜可对图像或选区内的图像进行轻微的模糊和柔化，从而掩饰图像中的细小斑点、消除轻微折痕，常用于去除照片中的斑点。
- **添加杂色。**"添加杂色"滤镜可以向图像中随机混合杂点，即添加一些细小的颗粒状像素，常用于添加杂色纹理效果，它与"减少杂色"滤镜作用相反。
- **中间值。**"中间值"滤镜可以采用杂点和其周围像素的折中颜色来平滑图像中的区域。在"中间值"对话框中，"半径"文本框用于设置中间值效果的平滑距离。

3. "其他"滤镜组

选择【滤镜】/【其他】菜单命令，在"其他"滤镜组提供了5种滤镜效果，下面分别进行介绍。

- **高反差保留。**"高反差保留"滤镜可以删除图像中色调变化平缓的部分而保留色彩变化最大的部分，使图像的阴影消失而亮点突出。"高反差保留"对话框中的"半径"文本框用于设定该滤镜分析处理的像素范围，该值越大，图中保留原图像的像素越多。
- **位移。**"位移"滤镜可根据在"位移"对话框中设定的值来偏移图像。偏移后留下的空白可以用当前的背景色、重复边缘像素和折回边缘像素填充。
- **自定。**"自定"滤镜可以创建自定义的滤镜效果，如创建锐化、模糊和浮雕等滤镜效果。"自定"对话框中有一个5像素×5像素的文本框矩阵，最中间的方格代表目标像素，其余的方格代表目标像素周围对应位置上的像素；在"缩放"文本框输入一个值后，将以该值去除计算中包含像素的亮度部分；在"位移"文本框中输入的值则与缩放计算结果相加，自定义后单击 存储(S)... 按钮，可将设置的滤镜存储到系统中，以便下次使用。
- **最大值。**"最大值"滤镜可以将图像中的明亮区域扩大，阴暗区域缩小，产生较明亮的图像效果。
- **最小值。**"最小值"滤镜可以将图像中的明亮区域缩小，阴暗区域扩大，产生较阴暗的图像效果。

8.2 课堂案例：将风景照片转换为动画场景效果

了解并练习滤镜的使用后，米拉发现将不同的滤镜组合使用，可以实现更多的效果。接下来她准备尝试使用滤镜将一张风景照片转换为动画场景效果，主要通过"模糊"滤镜组、滤镜库、"渲染"滤镜组来完成。本例完成后的参考效果如图8-29所示，下面讲解具体制作方法。

素材所在位置 素材文件\第8章\课堂案例\风景.jpg
效果所在位置 效果文件\第8章\课堂案例\动画场景.psd

图8-29 动画场景效果

8.2.1 使用“模糊”滤镜组

“模糊”滤镜组通过削弱图像中相邻像素的对比度，使相邻的像素产生平滑过渡的效果，从而产生柔和边缘的效果。具体操作如下。

（1）打开“风景.jpg”素材文件，按【Ctrl+J】组合键复制一层。

（2）选择【滤镜】/【模糊】/【特殊模糊】菜单命令，打开“特殊模糊”对话框，设置“半径”为“5”，“阈值”为“30”，“品质”为“高”，单击 确定 按钮，如图8-30所示。

图8-30 添加“特殊模糊”滤镜

8.2.2 使用滤镜调整图像色调

在制作动画场景时，除了需要进行简单的模糊调整外，还需要调整色彩，通过滤镜库和“最小值”滤镜使整个效果具有动画场景感，具体操作如下。

（1）选择【滤镜】/【滤镜库】菜单命令，在打开的对话框中选择“艺术效果”选项，在打开的下拉列表框中选择“干画笔”选项，设置“画笔大小”为“2”，“画笔细节”为“10”，“纹理”为“1”，单击确定按钮，如图8-31所示。

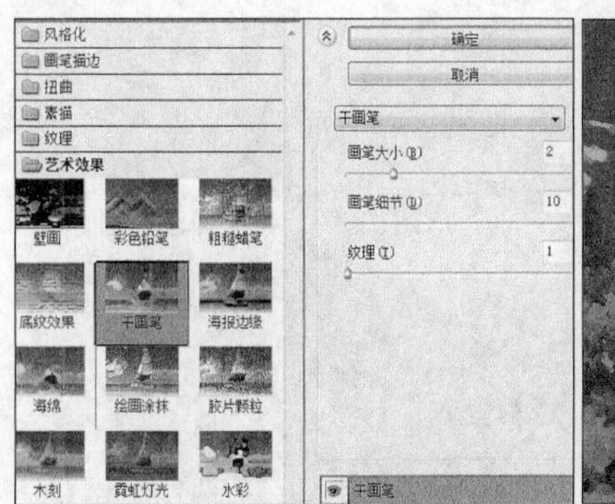

图8-31　添加“干画笔”滤镜

（2）将“背景”图层复制一层，置于顶层，选择【滤镜】/【滤镜库】菜单命令，在打开的对话框中选择“艺术效果”选项，在打开的下拉列表框中选择“绘画涂抹”选项，设置“画笔大小”为“3”，“锐化程度”为“13”，单击确定按钮，如图8-32所示。

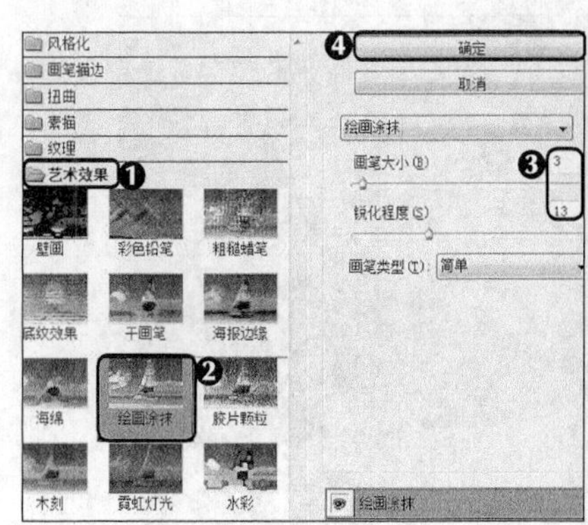

图8-32　添加“绘画涂抹”滤镜

（3）将图层“混合模式”更改为“线性减淡（添加）”，“不透明度”更改为“50%”，如图8-33所示。

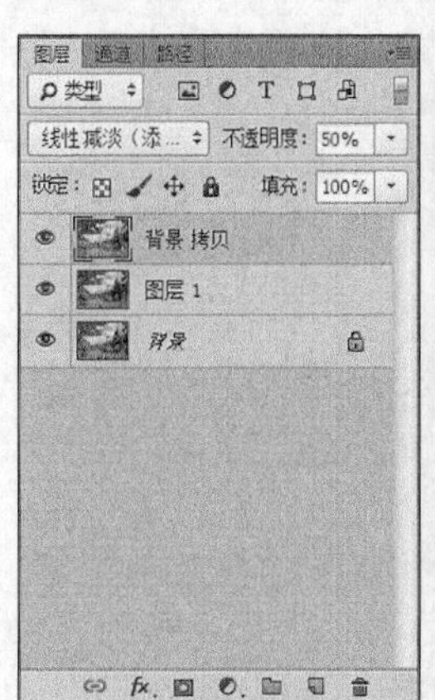

图8-33　更改图层混合模式和不透明度

（4）将“背景”图层复制一层，置于“图层”面板顶层，按【Ctrl+Shift+U】组合键去色，如图8-34所示。

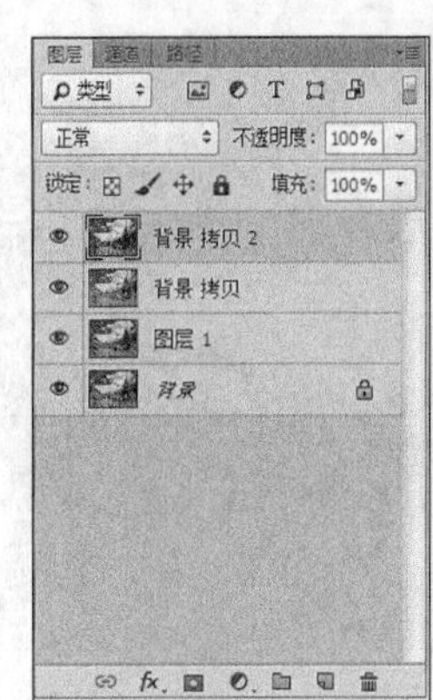

图8-34　复制图层并去色

（5）按【Ctrl+J】组合键复制层，将图层混合模式更改为“线性减淡（添加）”，如图8-35所示。

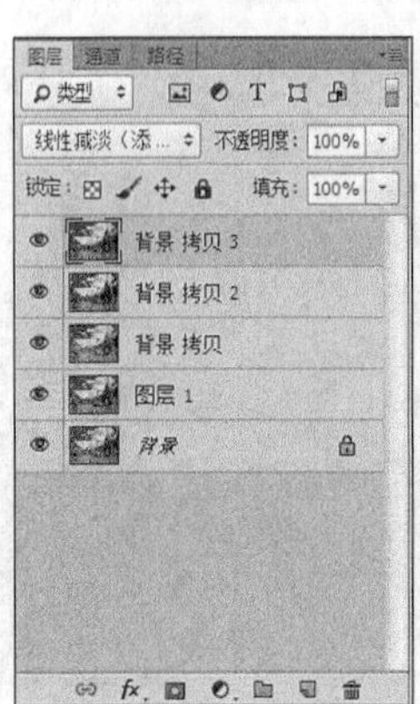

图8-35　复制图层并更改图层混合模式

（6）按【Ctrl+I】组合键反相图像，选择【滤镜】/【其他】/【最小值】菜单命令，打开“最小值”对话框，设置“半径”为“1”，单击 确定 按钮，如图8-36所示。

图8-36　添加“最小值”滤镜

（7）按【Ctrl+E】组合键向下合并图层，将图层混合模式更改为“正片叠底”，使图像轮廓更加清晰，如图8-37所示。

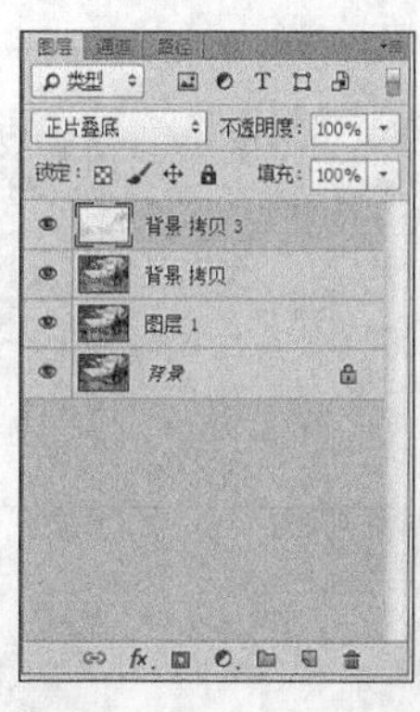

图8-37 合并图层并更改图层混合模式

（8）选择“图层1”图层，选择【图像】/【调整】/【可选颜色】菜单命令，打开“可选颜色”对话框，在“颜色”栏中选择“中性色”选项，设置“青色”为“+20”，“洋红”为“+10”，“黄色”为“-50”，“黑色”为“+10”，在“颜色”下拉列表框中选择“白色”选项，设置“黑色”为“-100”，单击 确定 按钮，如图8-38所示。

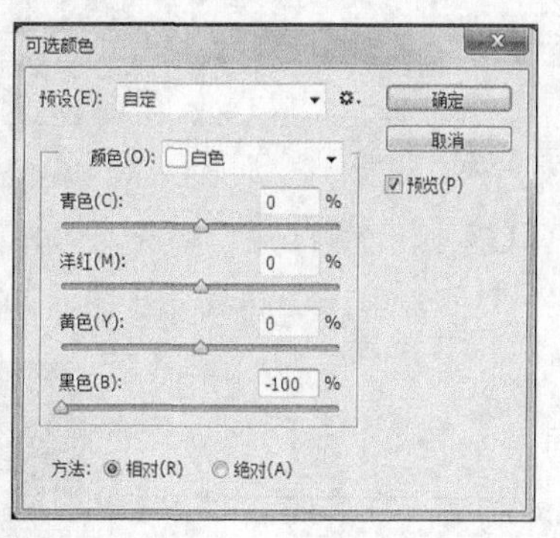

图8-38 调整可选颜色

（9）调整“可选颜色”后的效果如图8-39所示。

图8-39 完成后的效果

8.2.3 使用“渲染”滤镜组

“渲染”滤镜组可以模拟在不同的光源下产生的不同光线照明效果。下面使用其中的

“镜头光晕”滤镜，为图像添加光晕，具体操作如下。

（1）按【Ctrl+Alt+Shift+E】组合键盖印所有图层，选择【滤镜】/【渲染】/【镜头光晕】菜单命令，设置“亮度”为“100%”，单击选中“50-300毫米变焦”单选项，单击确定按钮，如图8-40所示。

图8-40 添加“镜头光晕”滤镜

（2）按【Ctrl+U】组合键打开“色相/饱和度”对话框，设置“色相”为“-5”，“饱和度”为“+33”，单击确定按钮，如图8-41所示。

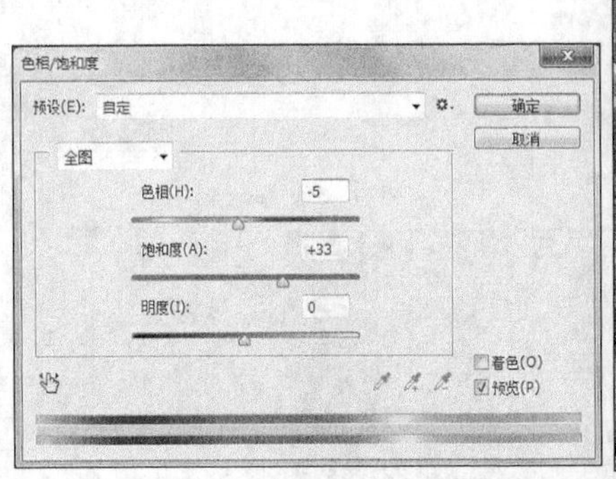

图8-41 调整色彩平衡

8.2.4 相关滤镜介绍

下面对本例使用的滤镜组进行介绍。

1. “模糊”滤镜组

“模糊”滤镜组提供了14种模糊效果。

- **场景模糊**。“场景模糊”滤镜可以使画面不同区域呈现不同程度的模糊效果。
- **光圈模糊**。“光圈模糊”滤镜可以将一个或多个焦点添加到图像中，用户可以对焦点的大小、形状，以及焦点区域外的模糊数量和清晰度等进行设置。
- **移轴模糊**。“移轴模糊”滤镜可用于模拟相机拍摄的移轴效果，效果类似于微缩模型。

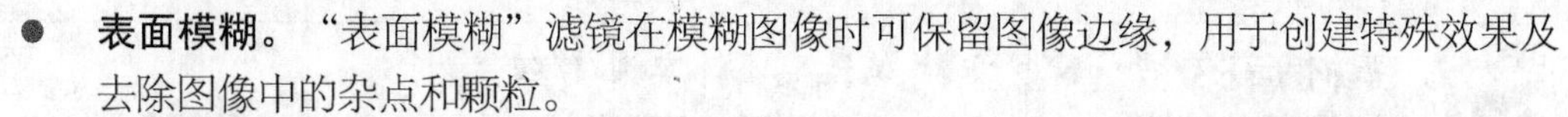

- **表面模糊。**“表面模糊”滤镜在模糊图像时可保留图像边缘，用于创建特殊效果及去除图像中的杂点和颗粒。
- **动感模糊。**“动感模糊”滤镜可通过对图像中某一方向上的像素进行线性位移来产生运动的模糊效果。
- **方框模糊。**“方框模糊”滤镜以邻近像素颜色平均值的颜色为基准值模糊图像。
- **高斯模糊。**“高斯模糊”滤镜可根据高斯曲线对图像进行选择性的模糊，以产生强烈的模糊效果，是比较常用的模糊滤镜。在“高斯模糊”对话框中，“半径”文本框可以调节图像的模糊程度，数值越大，模糊效果越明显。
- **径向模糊。**“径向模糊”滤镜可以使图像产生旋转或放射状模糊效果。
- **进一步模糊。**“进一步模糊”滤镜可以使图像产生一定程度的模糊效果。
- **镜头模糊。**“镜头模糊”滤镜可使图像模拟摄像时镜头抖动产生的模糊效果。
- **模糊。**“模糊”滤镜通过对图像中边缘过于清晰的颜色进行模糊处理，来制作模糊效果。该滤镜无参数设置对话框，使用一次该滤镜命令，图像效果会不太明显，可多次使用该滤镜命令，增强效果。
- **平均。**“平均”滤镜通过对图像中的平均颜色值进行柔化处理，从而产生模糊效果。
- **特殊模糊。**“特殊模糊”滤镜通过找出图像的边缘及模糊边缘以内的区域，从而产生一种边界清晰、中心模糊的效果。在“特殊模糊”对话框的“模式”下拉列表框中选择“仅限边缘”选项，模糊后的图像将呈黑色的效果显示。
- **形状模糊。**“形状模糊”滤镜使图像按照某一指定的形状作为模糊中心来进行模糊。在“形状模糊”对话框下方选择一种形状后，在“半径”文本框中输入数值决定形状的大小，数值越大，模糊效果越强，完成后单击 确定 按钮。

2. “渲染”滤镜组

“渲染”滤镜组提供了5种渲染效果。

- **分层云彩。**“分层云彩”滤镜产生的效果与原图像的颜色有关，它会在图像中添加一个分层云彩效果。该滤镜无参数设置对话框。
- **光照效果。**“光照效果”滤镜的功能相当强大，可以设置光源、光色、物体的反射特性等，然后根据这些设置产生光照，模拟3D绘画效果。
- **镜头光晕。**“镜头光晕”滤镜可以通过为图像添加不同类型的镜头来模拟镜头产生眩光的效果。
- **纤维。**“纤维”滤镜可根据当前设置的前景色和背景色生成一种纤维效果。
- **云彩。**“云彩”滤镜可通过在前景色和背景色之间随机地抽取像素并完全覆盖图像，从而产生类似云彩的效果。该滤镜无参数设置对话框。

8.3 项目实训

8.3.1 制作水中倒影

1. 实训目标

本实训要求制作建筑物的水中倒影，要求看起来真实，有水面动荡的效果。本实训的参考效果如图8-42所示。

素材所在位置 素材文件\第8章\项目实训\建筑.jpg
效果所在位置 效果文件\第8章\项目实训\水波.psd、制作倒影效果.psd

图8-42 水中倒影效果

2. 专业背景

倒影是光照射在平静的水面上形成的虚像，且倒影会随着水面的波动而出现波折。在制作倒影时，不但要体现建筑的真实轮廓，还要体现水纹感。

3. 操作思路

完成本实训先要绘制水波效果并保存为psd格式文件，然后将建筑复制并垂直翻转，再将制作好的波纹置换到倒影中，操作思路如图8-43所示。

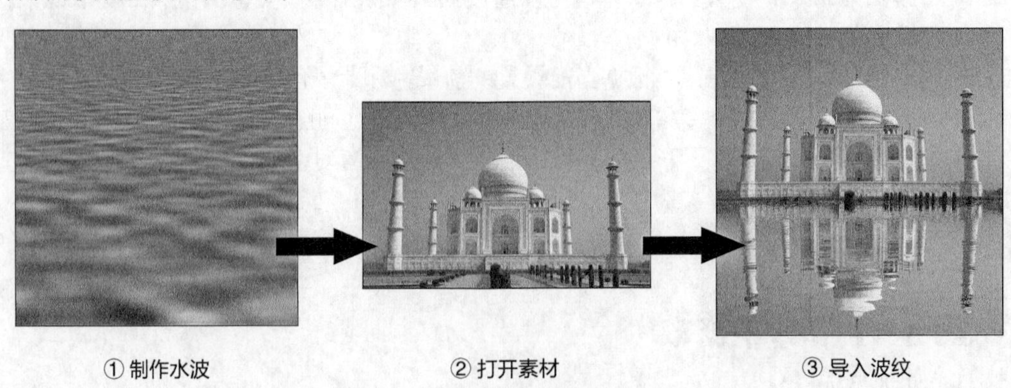

图8-43 制作水中倒影的操作思路

【步骤提示】

微课视频

制作水中倒影

（1）新建一个大小为1 000像素×2 000像素，分辨率为72像素/英寸的图像文件。

（2）选择【滤镜】/【杂色】/【添加杂色】菜单命令，打开“添加杂色”对话框，设置“数量”为“400%”，单击选中“高斯分布”单选项，单击选中“单色”复选框，单击 确定 按钮。

（3）选择【滤镜】/【模糊】/【高斯模糊】菜单命令，打开“高斯模糊”对话框，设置“半径”为“2.0”，单击 确定 按钮。

（4）打开“通道”面板，选择“红”通道，选择【滤镜】/【风格化】/【浮雕效果】菜单命令，打开“浮雕效果”对话框，设置“角度”“高度”和“数量”分别为“180”“1”和“500%”，单击 确定 按钮。选择“绿”通道，选择【滤镜】/【风格化】/【浮雕效果】菜单命令，打开“浮雕效果”对话框，设置“角度”为“-90”，单击 确定 按钮。选择“蓝”通道，填充黑色。

（5）双击“背景”图层，将图层转化为普通图层，按【Ctrl+T】组合键进入自由变换，在图像上单击鼠标右键，在弹出的快捷菜单中选择“透视”命令。按住右下角的控制点不放向外拖动到宽度为600%，选择裁剪工具 裁剪图像。

（6）重复自由变换操作中的“透视”命令，将下面宽度拖到600%，再将高度拖到50%，选择裁剪工具 裁剪图像。

（7）打开“通道面板”，选择“红”通道，按【Q】键添加快速蒙版，选择渐变工具，选择从黑到白的渐变效果，从底部向中间拖动渐变。再次按【Q】键退出快速蒙版，这时自动生成选区，将选区填充“#909090”颜色。将文件命名为“水波纹.psd”，保存图像。

（8）打开“建筑.jpg”图像文件，选择矩形选框工具 框选整个建筑，按【Ctrl+J】组合键复制图层，修改图层名称为“倒影”，按【Ctrl+T】组合键进入自由变换操作，垂直翻转图像，将建筑底部对齐。选择裁剪工具，拖动下面的控制点，将图像完全显示出来。

（9）选择“倒影”图层，单击“锁定透明像素”按钮，锁定透明像素。选择【滤镜】/【扭曲】/【置换】菜单命令，设置“水平比例”和“垂直比例”分别为“25”和“50”，单击 确定 按钮打开“选择一个置换图”对话框，选择刚才制作的“水波纹.psd”图像文件。

（10）完成制作，保存文件。

8.3.2 制作真实云彩效果

1. 实训目标

本实训要求使用滤镜制作出真实的云彩效果。该任务主要涉及“渲染”滤镜组和“风格化”滤镜组的使用，本实训的前后效果对比如图8-44所示。

素材所在位置 素材文件\第8章\项目实训\建筑1.jpg
效果所在位置 效果文件\第8章\项目实训\云彩效果.psd、建筑云彩.psd

图8-44　制作真实云彩前后效果对比

2. 专业背景

设计时，往往需要大量的素材。但有时素材不容易找到，或者不方便下载，这时，可以利用滤镜制作一些简单的素材，既方便又快捷。

3. 操作思路

完成本实训需要先绘制蓝天背景，然后使用“分层云彩”滤镜绘制云彩，使用“凸出”滤镜将图像转化为带有三维立方体的效果，最后调整色彩及混合模式，操作思路如图8-45所示。

① 绘制云彩

② 将云彩应用到图像中

图8-45　制作真实云彩效果的操作思路

【步骤提示】

（1）新建一个大小为1 500像素×1 000像素，分辨率为72像素/英寸的图像文件。

（2）选择渐变工具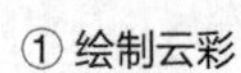，设置渐变颜色为“#87d0ff”和“#0089e1”，从下往上拖动渐变。

（3）新建一个图层，填充白色。选择【滤镜】/【渲染】/【分层云彩】菜单命令，按【Ctrl+F】组合键再执行一次“分层云彩”命令。

（4）将“图层1”复制一层，选择【滤镜】/【风格化】/【凸出】菜

微课视频

制作真实云彩效果

单命令，在打开的对话框中设置“大小”和“深度”分别为“2”和“30”，单击选中“随机”单选项，单击 确定 按钮。

（5）将“图层1”和“图层1 拷贝”图层的混合模式均设置为“滤色”。

（6）选择“图层1 拷贝”图层，选择【滤镜】/【模糊】/【高斯模糊】菜单命令，在打开的对话框中设置“半径”为“3.3”，单击 确定 按钮，并盖印图层。

（7）打开“建筑1.jpg”图像文件，使用快速选择工具将天空抠取出来，将盖印的云彩效果拖动到“建筑1.jpg”图像文件中。

（8）将选区羽化2像素，反选选区，删除选区里的内容，完成制作。

8.4 课后练习

本章主要介绍了滤镜的相关操作，对于本章的内容，读者应熟练掌握各种滤镜的操作方法，并使用滤镜实现不同的效果。

练习1：制作水波纹

本练习要求制作一个水波纹的效果，参考效果如图8-46所示。

效果所在位置 效果文件\第8章\课后练习\水波纹.psd

图8-46 绘制水波纹效果

操作要求如下。

- 新建一个图像文件，新建图层，填充黑色。
- 使用“镜头光晕”“水波”“波纹”滤镜制作波纹。
- 反相并去色波纹。
- 新建图层，填充绿色，将图层混合模式改为“叠加”。
- 选择波纹图层，调整曲线。
- 使用“液化”滤镜补全波纹形状。

微课视频

制作水波纹

- 新建图层，使用柔边画笔降低不透明度和流量，补全颜色。

练习2：制作风景油画

本练习要求将一幅风景画制作成油画效果，可打开本书提供的素材文件进行操作，参考效果如图8-47所示。

素材所在位置 素材文件\第8章\课后练习\风景.jpg
效果所在位置 效果文件\第8章\课后练习\风景油画.psd

图8-47 风景油画效果

操作要求如下。

- 打开“风景.jpg”素材文件，选择“油画”滤镜，设置参数。
- 将图层复制一层，选择“浮雕效果”滤镜，设置参数。将图层去色，把图层混合模式改为“叠加”。
- 盖印图层，选择“查找边缘”滤镜，将图层去色，把图层混合模式改为“叠加”。
- 调整画面的亮度和对比度。

8.5 技巧提升

1．使用“自适应广角”滤镜

“自适应广角”滤镜能调整图像的范围，使图像得到类似使用不同镜头拍摄的效果。Photoshop中的“自适应广角”滤镜能调整图像的透视、完整球面和鱼眼等。

2．使用“镜头校正”滤镜

“镜头校正”滤镜主要用于修复因拍摄不当或相机自身问题，而出现的图像扭曲等问题。在Photoshop CC中选择【滤镜】/【镜头校正】菜单命令，打开“镜头校正”对话框，在“自动校正”选项卡或“自定”选项卡中进行自定义校正设置。其中，几何扭曲用于校正镜头的失真；晕影用于校正由于镜头缺陷造成的图像边缘较暗的现象；变换用于校正图像在水

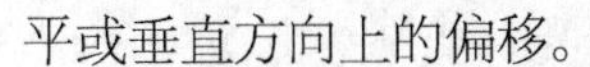
平或垂直方向上的偏移。

3．使用“液化”滤镜

“液化”滤镜主要用来实现图像的各种特殊效果。“液化”滤镜可以推、拉、旋转、反射、折叠和膨胀图像的任意区域。创建的扭曲可以是细微的，也可以是剧烈的。“液化”滤镜可应用于 8 位/通道或 16 位/通道图像。

4．使用“油画”滤镜

“油画”滤镜可以将普通的图像效果转换为手绘油画效果，通常用于制作风景画效果。选择【滤镜】/【油画】菜单命令，打开“油画”对话框，在其中设置“画笔”和“光照”参数即可。

5．“像素化”滤镜组

选择【滤镜】/【像素化】菜单命令，“像素化”滤镜组提供了7种模糊效果。

- **彩块化**。“彩块化”滤镜可以使图像中纯色或相似颜色凝结为彩色块，从而产生类似宝石刻画的效果。该滤镜没有参数设置对话框。
- **彩色半调**。“彩色半调”滤镜可模拟在图像每个通道上应用半调网屏的效果。
- **晶格化**。“晶格化”滤镜可以使图像中相近的像素集中到一像素的多角形网格中，从而使图像清晰化。在“晶格化”对话框中，“单元格大小”文本框用于设置多角形网格的大小。
- **点状化**。“点状化”滤镜可以在图像中随机产生彩色斑点，点与点间的空隙用背景色填充。在“点状化”对话框中，“单元格大小”文本框用于设置点状网格的大小。
- **马赛克**。“马赛克”滤镜可以把图像中具有相似色彩的像素统一合成为更大的方块，从而产生类似马赛克的效果。在“马赛克”对话框中，“单元格大小”文本框用于设置马赛克的大小。
- **碎片**。“碎片”滤镜可以将图像的像素复制4遍，然后将它们平均移位并降低不透明度，从而形成一种不聚焦的“四重视”效果。
- **铜板雕刻**。“铜版雕刻”滤镜可以在图像中随机分布各种不规则的线条和虫孔斑点，从而产生镂刻的版画效果。

6．“扭曲”滤镜组

选择【滤镜】/【扭曲】菜单命令，“扭曲”滤镜组提供了9种扭曲效果。

- **波浪**。使图像产生波浪扭曲效果。
- **波纹**。可以使图像产生类似水波纹的效果。
- **极坐标**。可将图像的坐标从平面坐标转换为极坐标或从极坐标转换为平面坐标。
- **挤压**。使图像的中心产生凸起或凹下的效果。
- **切变**。可以控制指定的点来弯曲图像。
- **球面化**。可以使选区中心的图像产生凸出或凹陷的球体效果，类似挤压滤镜的效果。
- **水波**。使图像产生同心圆状的波纹效果。
- **旋转扭曲**。使图像产生旋转扭曲的效果。
- **置换**。可以产生弯曲、碎裂的图像效果。“置换”滤镜比较特殊的是设置完毕后，还需要选择一个图像文件作为位移图，滤镜根据位移图上的颜色值移动图像像素。

7. “锐化”滤镜组

选择【滤镜】/【锐化】菜单命令，“锐化”滤镜组提供了6种锐化效果。

- **USM锐化。**“USM锐化”滤镜可以在图像边缘的两侧分别制作一条明线或暗线来调整边缘细节的对比度，将图像边缘轮廓锐化。
- **防抖。**“防抖”滤镜可以有效地降低因抖动产生的模糊，可用于处理没有拿稳相机拍摄而出现抖动模糊的图像。
- **进一步锐化。**“进一步锐化”滤镜可以增加像素之间的对比度，使图像变得清晰，但锐化效果比较微弱。该滤镜无参数设置对话框。
- **锐化。**“锐化”滤镜和“进一步锐化”滤镜相同，都是通过增强像素之间的对比度来增强图像的清晰度，其效果比“进一步锐化”滤镜明显。该滤镜也没有参数设置对话框。
- **锐化边缘。**“锐化边缘”滤镜可以锐化图像的边缘，并保留图像整体的平滑度。该滤镜无参数设置对话框。
- **智能锐化。**“智能锐化”滤镜的功能很强大，用户可以设置锐化算法、控制阴影和高光区域的锐化量。

8. 智能滤镜

智能滤镜能够调整画面中的滤镜效果，如对参数、滤镜的移除或隐藏等进行编辑，方便用户对滤镜的反复操作，以达到更协调的效果。使用智能滤镜前，需要将普通图层转换为智能对象。只要选择【滤镜】/【转换为智能滤镜】菜单命令，或在图层上单击鼠标右键，在弹出的快捷菜单中选择“转换为智能对象”命令，即可将图层转换为智能对象。此后，用户使用过的任何滤镜都会被存放在该智能滤镜中。此时在“图层”面板中的“智能滤镜”图层下方的滤镜效果上单击鼠标右键，在弹出的快捷菜单中选择“编辑智能滤镜混合选项”命令，在打开的“混合选项”对话框中可编辑滤镜的效果。

CHAPTER 9

第9章 使用蒙版和通道

情景导入

跟着老洪学习一段时间后，米拉发现Photoshop还有很多特殊功能自己不够了解，如蒙版和通道就应用得不够出色，于是她决定继续学习。

学习目标

- 掌握制作拼贴图像的方法，如创建快速蒙版、创建图层蒙版、创建剪贴蒙版等。
- 掌握使用通道抠取人物头发的方法，如创建Alpha通道、复制和删除通道等。
- 掌握使用通道制作女装海报的方法，如分离通道、合并通道、计算通道、存储和载入通道等。

案例展示

▲拼贴图像效果

▲女装海报

9.1 课堂案例：制作拼贴图像效果

老洪对米拉说："设计跟艺术是相通的，有时候也可以做做纯艺术的东西，提升自己的艺术审美能力。"于是米拉决定根据拼贴的原理制作一幅拼贴图像。本例完成后的参考效果如图9-1所示，下面具体讲解制作方法。

素材所在位置 素材文件\第9章\课堂案例\图像.jpg、网格线.psd
效果所在位置 效果文件\第9章\课堂案例\拼贴效果.psd

图9-1 图像拼贴的效果对比

9.1.1 创建蒙版

蒙版其实就是在图层上贴上一张隐藏的纸，从而控制图像的显示内容。蒙版的图像区域用于保护该区域不被操作。下面就在"图像.jpg"素材文件中创建图层蒙版和剪贴蒙版，并简单介绍其他蒙版的创建方法。

微课视频

创建快速蒙版

1. 创建快速蒙版

快速蒙版是一种临时蒙版，在正常情况下有选区的部分显示为白色，没有选区的部分显示为粉红色。下面打开"图像.jpg"素材文件，对桥创建快速蒙版，具体操作如下。

（1）选择【文件】/【打开】菜单命令，或按【Ctrl+O】组合键打开"图像.jpg"素材文件，如图9-2所示。

图9-2 打开素材文件

（2）单击工具箱底部的"以快速蒙版模式编辑"按钮（单击后该按钮将变成），系统自动创建快速蒙版。选择画笔工具，在图像中对桥进行涂抹，创建蒙版区域，如图9-3所示。

图9-3 创建蒙版区域

（3）继续对桥进行涂抹，在涂抹过程中随时调整画笔大小，完成后查看涂抹后的效果，如图9-4所示。

图9-4 桥涂抹后的效果

（4）单击工具箱中的"以标准模式编辑"按钮（单击后该按钮将变成），退出快速蒙版编辑状态，此时图像中的湖面将被选中。双击"背景"图层，打开"新建图层"对话框，单击确定按钮，将背景图层转换为普通图层，如图9-5所示。

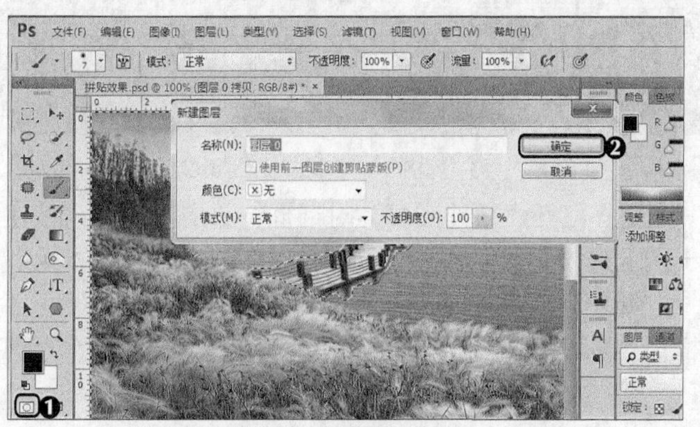

图9-5 退出快速蒙版

（5）按【Ctrl+Shift+I】组合键反选选区，选择修补工具，按住选区向右移动以去除桥，如图9-6所示。

图9-6 使用修补工具去除桥

2. 创建图层蒙版

图层蒙版与快速蒙版不同，使用它可以控制图像在图层蒙版不同区域内隐藏或显示的状态。下面在“图像.jpg”素材文件中创建图层蒙版，具体操作如下。

（1）打开“网格线.psd”图像文件，将其拖动到“图像.jpg”图像文件中，如图9-7所示。

图9-7 将“网格线”图像拖动至“图像”文件

（2）双击“背景”图层，打开“新建图层”对话框，单击确定按钮，新建图层，填充白色，并置于图层最下方。选择“图层0”，单击“图层”面板下方的“添加图层蒙版”按钮，为图层添加蒙版，如图9-8所示。

（3）选择矩形选框工具，沿着网格绘制选区，按住【Shift】键继续加选选区，如图9-9所示。

图9-8 添加蒙版

图9-9 绘制选区

（4）将前景色设置为黑色，按【Alt+Delete】组合键填充选区，遮盖图像，如图9-10所示。

图9-10 填充选区

蒙版的填充颜色

在蒙版上，只能使用黑、白两种颜色。填充黑色为遮盖图像，填充白色为显现图像。

3. 创建剪贴蒙版

剪贴蒙版用于通过使用下方图层的形状来限制上方图层的显示状态，达到一种剪贴画的效果，具体来说它是利用图层与图层之间的相互覆盖而产生的一种蒙版，创建剪贴蒙版的两个图层必须相邻，位于下方的图层起蒙版的作用，而位于上方的图层以下方的图层为蒙版，在视觉效果上显示为下方图层的形状和上方图层的内容。下面对剪贴蒙版的创建方法进行介绍。

（1）单击“图层”面板下方的“创建新的填充或调整图层”按钮，在打开的下拉列表中选择“色相/饱和度”选项，为图层添加色相调整图层。

（2）在打开的“属性”面板中单击按钮，创建剪贴蒙版，将其剪切到下方图层中，如图9-11所示。

（3）选择矩形选框工具，绘制选区，如图9-12所示。

图9-11 创建剪贴蒙版

图9-12 创建选区

9.1.2 调整色调

完成单个选区的创建后，可调整各个矩形框中的颜色，使整个图像更加美观，具体操作如下。

（1）单击“图层”面板下方的“创建新的填充或调整图层”按钮，在打开的下拉列表框中选择“色相/饱和度”选项，打开“属性”面板，在“属性”面板中设置“色相”和“饱和度”分别为“+83”和“+33”，白色区域会出现相应的颜色变化，如图9-13所示。

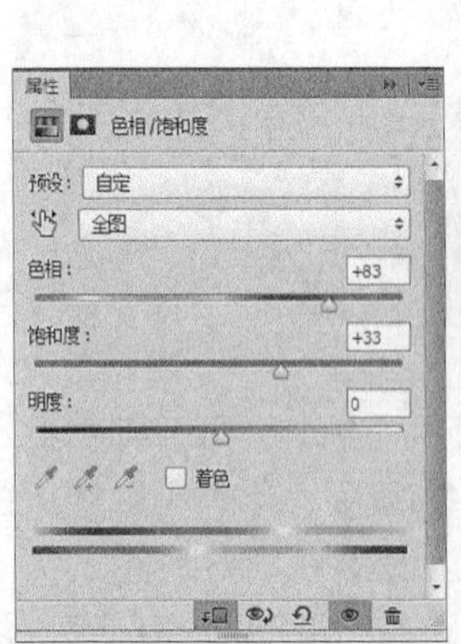

图9-13 调整色相和饱和度

剪贴蒙版的填充颜色

如果只是想更改某一部分的颜色，只需要在色相饱和度的图层蒙版中将该区域变为白色，不想更改的地方变为黑色即可，这样色相饱和度的调整图层只会作用于白色的区域。

（2）使用相同的方法，继续添加“色相/饱和度”剪贴蒙版，选择矩形选框工具，在图像中绘制选区，按【Ctrl+Delete】组合键填充选区，在“属性”面板中设置“色相”和“饱和度”分别为“+146”和“+27”，效果如图9-14所示。

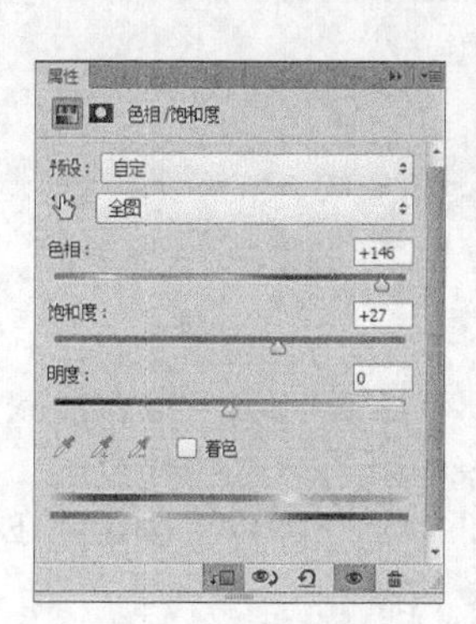

图9-14 调整色相和饱和度

（3）使用相同的方法继续添加“色相/饱和度”剪贴蒙版，选择矩形选框工具，在图像中绘制选区，按【Ctrl+Delete】组合键填充选区，在“属性”面板中设置“色相”和“饱和度”分别为“-48”和“+33”，如图9-15所示。

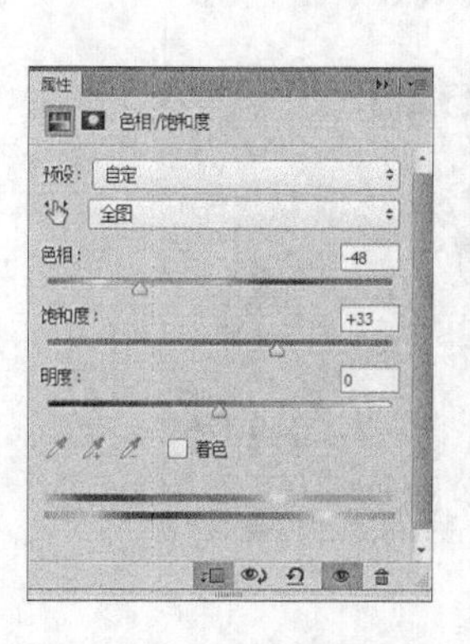

图9-15 调整色相和饱和度

（4）单击选中“图层0”的图层蒙版，选择矩形选框工具⬚，在图像中绘制选区，按【Ctrl+Delete】组合键填充选区，如图9-16所示。

图9-16 填充选区

（5）将文件命名为“拼贴图像.psd”并保存，完成制作。

9.2 课堂案例：使用通道抠取人物头发

米拉正在抠取一个人物素材，但是在抠取头发丝的时候效果不是很理想，她去请教老洪。老洪告诉她：“你可以使用通道来抠取这些复杂的图像”。米拉听了老洪的建议后，重新使用Photoshop的通道功能对头发丝进行抠取，发现不仅抠取方法简单，而且效果也不错。本例完成后的参考效果如图9-17所示，下面具体讲解制作方法。

素材所在位置 素材文件\第9章\课堂案例\头发.jpg
效果所在位置 效果文件\第9章\课堂案例\头发.psd

图9-17 抠取人物头发最终效果

9.2.1 认识“通道”面板

在默认情况下，“通道”面板、“图层”面板和“路径”面板在同一面板组中，可以直接单击“通道”选项卡，打开“通道”面板，如图9-18所示。

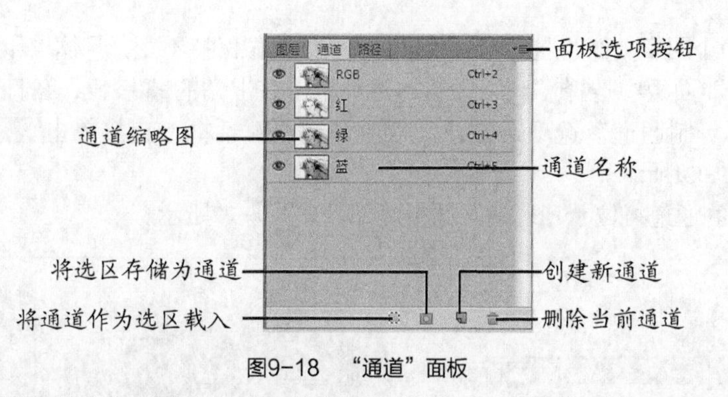

图9-18 “通道”面板

各选项的含义如下。

- **“将通道作为选区载入”按钮**。单击该按钮可以将当前通道中的图像内容转换为选区。选择【选择】/【载入选区】菜单命令和单击该按钮的效果一样。
- **“将选区存储为通道”按钮**。单击该按钮可以自动创建Alpha通道，并将图像中的选区保存。选择【选择】/【存储选区】菜单命令和单击该按钮的效果一样。
- **“创建新通道”按钮**。单击该按钮可以创建新的Alpha通道。
- **“删除当前通道”按钮**。单击该按钮可以删除选择的通道。
- **“面板选项”按钮**。单击该按钮可弹出通道的部分菜单命令。

9.2.2 创建Alpha通道

在“通道”面板中创建一个新的通道，称为Alpha通道。用户可以创建Alpha通道来保存和编辑图像选区，具体操作如下。

微课视频

创建 Alpha 通道

（1）打开“头发.jpg”素材文件，切换到“通道”面板。

（2）单击按钮，在打开的下拉列表框中选择“新建通道”选项。

（3）在打开的“新建通道”对话框中设置新通道的名称为“填充色”，单击确定按钮，如图9-19所示。

（4）此时可发现新建了一个名为“填充色”的Alpha通道，如图9-20所示。

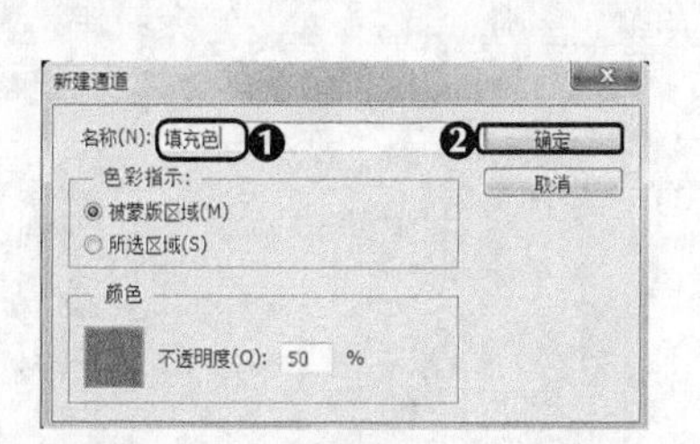

图9-19 “新建通道”对话框

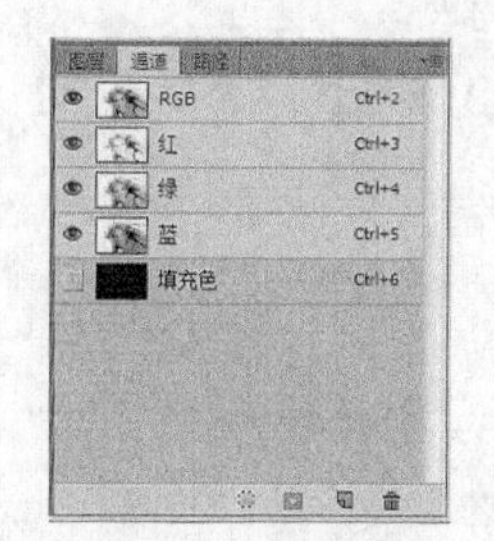

图9-20 新建的通道

9.2.3 复制和删除通道

复制通道

在应用通道编辑图像的过程中，复制通道和删除通道是常用的操作，下面分别进行介绍。

1. 复制通道

复制通道和复制图层的原理相同，是将一个通道中的图像信息复制后，粘贴到另一个图像文件的通道中，而原通道中的图像保持不变，具体操作如下。

（1）在“通道”面板中选择“蓝”通道，然后单击右上角的按钮，在打开的下拉列表框中选择“复制通道”选项，打开“复制通道”对话框，直接单击 确定 按钮即可，如图9-21所示。

（2）此时复制的通道将位于“通道”面板底部，如图9-22所示。

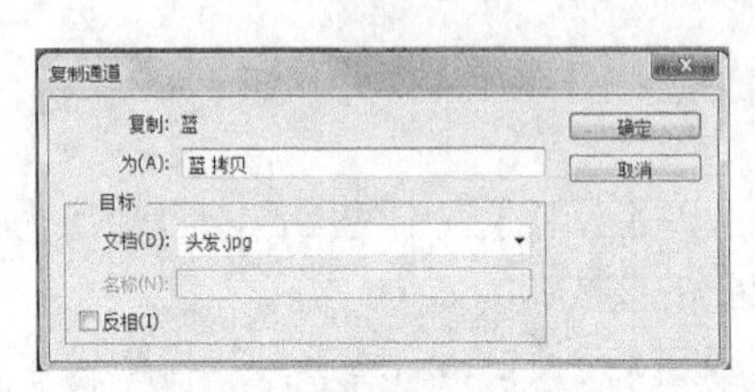

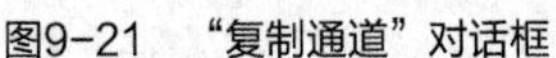
图9-21 “复制通道”对话框

图9-22 复制的通道效果

其他复制通道的方法

在通道上单击鼠标右键，在弹出的快捷菜单中选择“复制通道”命令；或选择通道，按住鼠标左键将其拖动到面板底部的“创建新通道”按钮上，当鼠标指针变成形状时释放鼠标，也可复制所选通道。

（3）选择【图像】/【调整】/【曲线】菜单命令，或按【Ctrl+M】组合键打开“曲线”对话框，在其中设置参数，如图9-23所示，单击 确定 按钮。

（4）选择【图像】/【调整】/【色阶】菜单命令，或按【Ctrl+L】组合键打开“色阶”对话框，在其中设置图9-24所示的参数，单击 确定 按钮。

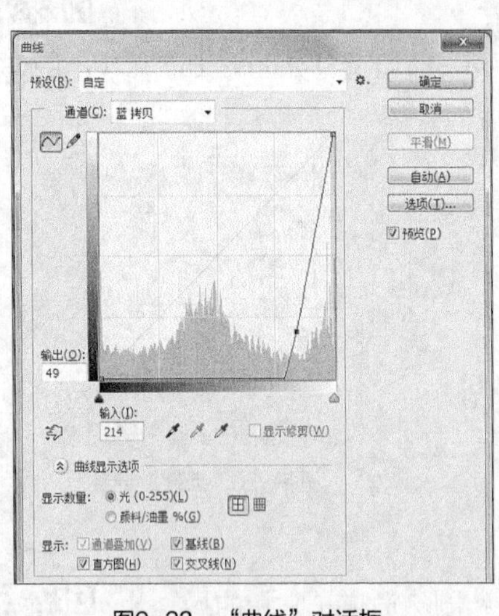

图9-23 “曲线”对话框

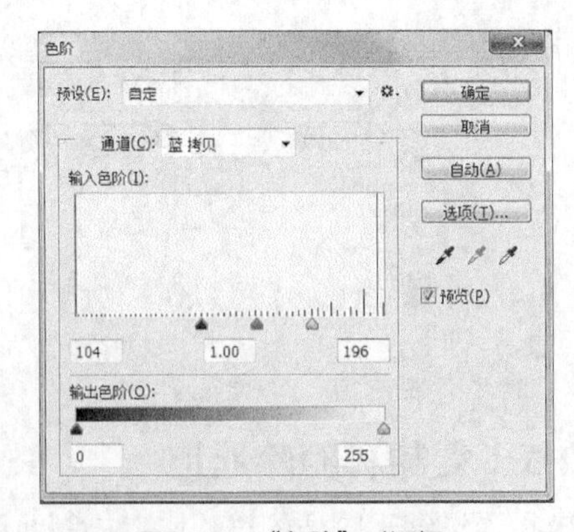

图9-24 “色阶”对话框

（5）在按【Ctrl】键的同时单击“蓝 拷贝”通道缩略图，载入选区，如图9-25所示。

（6）使用快速选择工具选取图像中需要的高光部分图像，效果如图9-26所示。

图9-25 载入选区

图9-26 选取需要的高光部分

（7）单击选中“RGB”通道后切换到“图层”面板，选择并复制“背景”图层，单击◉按钮隐藏“背景”图层，选择“背景 拷贝”图层，按【Delete】键删除不需要的部分，人物及头发即可被抠取出来，如图9-27所示。

（8）将抠好的人物拖入“文字.psd”文件中，调整大小和位置，如图9-28所示。

图9-27 抠取完成

图9-28 拖入素材

2. 删除通道

将多余的通道删除，可以减少系统资源的占用，提高运行速度。删除通道有以下3种方法。

微课视频

删除通道

- 选择需要删除的通道，在其上单击鼠标右键，在弹出的快捷菜单中选择“删除通道”命令。
- 选择需要删除的通道，单击“通道”面板右上角的☰按钮，在弹出的下拉列表框中选择“删除通道”选项。
- 选择需删除的通道，按住鼠标左键将其拖动到面板底部的“删除当前通道”按钮🗑上即可。

9.3 课堂案例：使用通道制作女装海报

米拉学习了通道的使用方法后，发现通道的功能非常强大，不但可以抠取复杂的图像，还可以调整图像的颜色。老洪告诉米拉：“利用通道来调整图像的色调可以处理一些特殊的图像颜色效果，这也是通道的一大特色功能”。米拉听后，决定尝试使用通道来调整一张图片的色彩，并制作一张海报。本例完成后的参考效果如图9-29所示，下面具体讲解制作方法。

素材所在位置 素材文件\第9章\课堂案例\模特.jpg、装饰.jpg、文字.jpg
效果所在位置 效果文件\第9章\课堂案例\女装海报.psd

图9-29 制作女装海报的最终效果

9.3.1 分离通道

若只需在单个通道中处理某一个通道中的图像，可将通道分离出来，在分离通道时，图像的颜色模式直接影响通道分离出的文件数，比如，RGB颜色模式的图像会分离成3个独立的灰度文件，CMYK颜色模式会分离出4个独立的文件。被分离出的文件分别保存了原文件各颜色通道的信息。下面将在“模特.jpg”图像文件中分离通道，并使用“曲线”调整通道的颜色，具体操作如下。

（1）打开“模特.jpg”图像文件，选择【窗口】/【通道】菜单命令，打开“通道”面板。

（2）单击“通道”控制面板右上角的按钮，在打开的下拉列表框中选择“新建专色通道”选项。

（3）在打开的“新建专色通道”对话框中单击“颜色”色块，在打开的“拾色器（专色）”对话框最下方的“#”文本框中输入“ffde02”，单击确定按钮，如图9-30所示。

（4）返回“新建专色通道”对话框，在“名称”文本框中输入“黄色”，单击确定按钮完成设置，此时“通道”面板的最下方将出现一个名为“黄色”的通道，如图9-31所示。

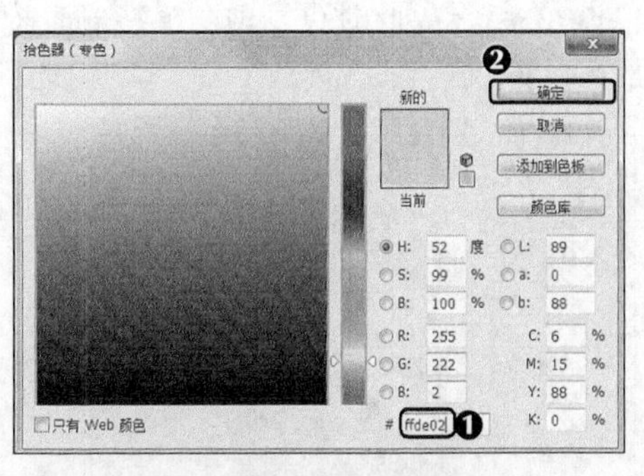

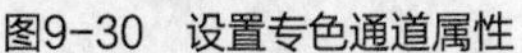
图9-30 设置专色通道属性

图9-31 完成新建

（5）打开“通道”面板，单击“通道”面板右上角的按钮，在打开的下拉列表中选择“分离通道”选项。

（6）此时图像将按颜色的不同对通道进行分离，且每个通道分别以单独的图像窗口显示，查看各个通道的显示效果，如图9-32所示。

（7）切换到“模特.jpg_红”图像窗口，选择【图像】/【调整】/【曲线】菜单命令，打开“曲线”对话框。

（8）在曲线上单击添加控制点，然后向下拖曳调整曲线弧度，这里直接在“输出”和“输入”文本框中输入“44”和“56”，单击 确定 按钮，如图9-33所示。

图9-32 查看各个通道的显示效果

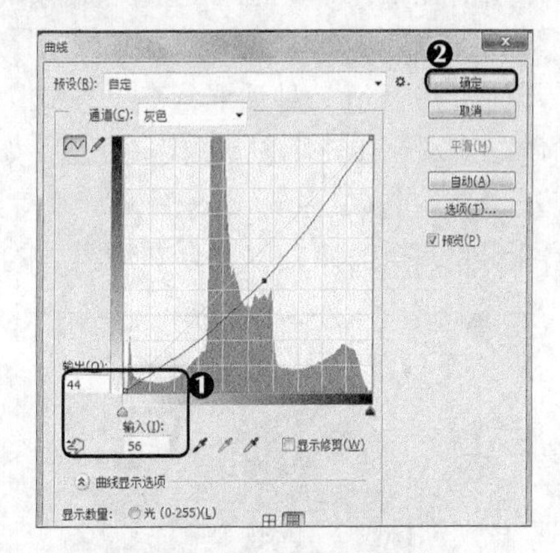

图9-33 设置曲线参数

行业提示

专色通道显示为白色的原因

新建的专色通道一般显示为白色，这是由于专色通道是印刷时使用的，所以在屏幕上显示时没有明显的颜色变化，但在实际印刷时会产生差异。

（9）此时可发现“模特.jpg_红”图像窗口中的图像越发白皙。将当前图像窗口切换到“模特.jpg_绿”图像窗口，选择【图像】/【调整】/【色阶】菜单命令，打开“色阶”对话框，在其中拖动滑块调整颜色，或在下方的文本框中分别输入“31”“1.00”和“240”，单击 确定 按钮，如图9-34所示。

（10）将当前图像窗口切换到“模特.jpg蓝”图像窗口，打开“曲线”对话框，在其中拖曳曲线调整颜色，单击 确定 按钮，如图9-35所示。此时可发现“模特.jpg_蓝”和“模特.jpg_绿”图像已发生变化，查看完成后的效果。

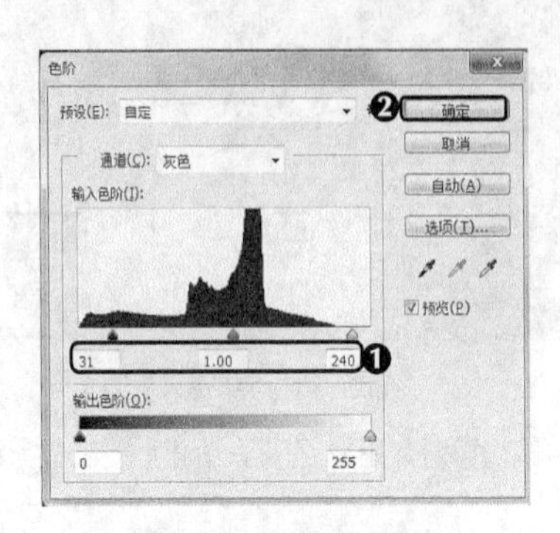

图9-34　设置色阶参数

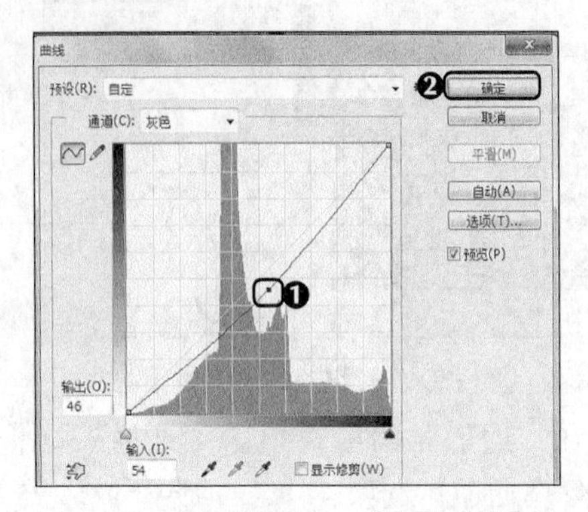

图9-35　设置“模特.jpg-蓝”的曲线参数

9.3.2　合并通道

分离通道以灰度模式显示，无法正常使用，需要使用时，可将分离的通道合并显示。下面在“模特.jpg”图像文件中对分离后调整颜色显示的通道进行合并操作，具体操作如下。

微课视频

合并通道

（1）打开当前图像窗口中的“通道”面板，在右上角单击 按钮，在打开的下拉列表框中选择“合并通道”选项。

（2）打开“合并通道”对话框，在“模式”下拉列表框中选择“RGB颜色”选项，单击 确定 按钮，如图9-36所示。

（3）打开“合并 RGB 通道”对话框，保持指定通道的默认设置，单击 确定 按钮。

（4）返回图像编辑窗口，发现合并通道后的图像效果已发生变化，如图9-37所示。

图9-36　选择合并通道颜色模式

图9-37　合并通道后的效果

9.3.3　计算通道

为了得到更加丰富的图像效果，可使用Photoshop中的通道运算功能对两个通道图像进行运算。下面在“模特.jpg”图像文件中使用“计算”命令强化图像中的色点，美化人物皮肤，具体操作如下。

（1）选择【图像】/【计算】菜单命令，打开“计算”对话框，在其中设置“混合”为“强光”，“结果”为“新建通道”，单击 确定 按钮，新建的通道自动命名为“Alpha1”通道，如图9-38所示。

（2）利用相同的方法执行两次“计算”命令，强化色点，得到Alpha2和Alpha3通道，在强化过程中随着计算的次数增多，对应的人物颜色也随之加深，如图9-39所示。

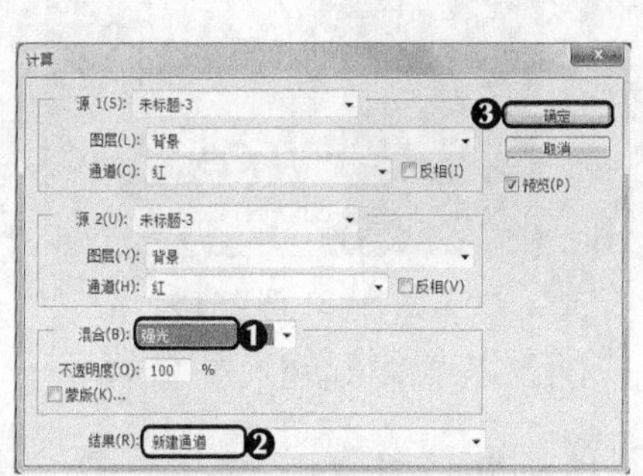

图9-38 设置计算参数

图9-39 继续计算通道

（3）单击“通道”面板底部的“将通道作为选区载入”按钮，载入选区，此时人物的画面中将出现蚂蚁状的选区，如图9-40所示。

（4）按【Ctrl+2】组合键返回彩色图像编辑状态，按【Ctrl+Shift+I】组合键反选选区，然后按【Ctrl+H】组合键快速隐藏选区，以便更好地观察图像变化，如图9-41所示。

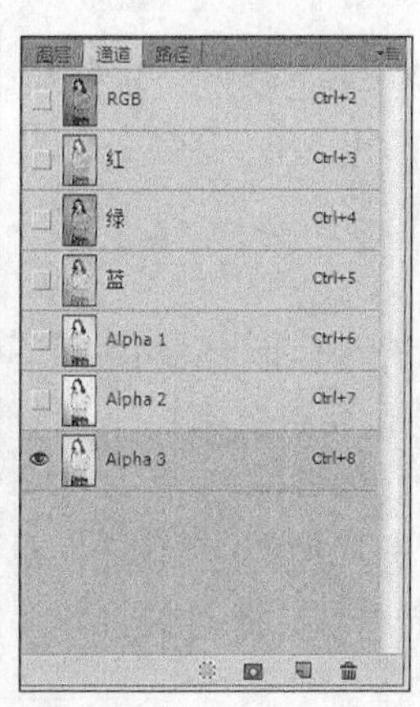

图9-40 载入选区

图9-41 观察图像变化效果

（5）打开“调整”面板，在其上单击“曲线”按钮，创建曲线调整图层，如图9-42所示。

（6）在打开的“属性”面板中单击曲线，创建控制点，向上拖动控制点调整亮度，然后在曲线下方单击插入控制点，向下拖动调整暗部，如图9-43所示。

图9-42　创建曲线调整图层

图9-43　调整曲线

（7）返回图像编辑窗口，可以查看完成后的效果，并将其以“模特.psd”为名保存。

多学一招

返回彩色图像编辑状态的其他方法

在“通道”面板中单击“RGB”通道，可返回彩色图像编辑状态，若只单击“RGB”通道前的按钮，将显示彩色图像，但图像仍然处于单通道编辑状态。

9.3.4　存储和载入通道

使用存储和载入通道可将多个选区存储在不同通道上，当需要编辑选区时，载入存储的通道选区可以方便地编辑图像中的多个选区。下面打开“装饰.jpg”图像文件，将其存储到通道，并通过载入通道的方法在背景中使用。

1. 存储通道

在图像抠取完成后，有时暂时不需要使用选区，而Photoshop不能直接存储选区，此时，就可以使用通道将选区先存储起来。下面打开“装饰.jpg”素材文件，将装饰物存储为通道，具体操作如下。

微课视频

存储通道

（1）打开“装饰.jpg”素材文件，在工具箱中选择魔棒工具，单击黑色区域，按【Ctrl+Shift+I】组合键反选选区，此时装饰物呈被选中状态，如图9-44所示。

（2）单击“通道”选项卡，打开“通道”面板，单击“通道”控制面板下方的“将选区储存为通道”按钮，即可将装饰物存储为通道，此时存储的通道以“Alpha 1”为名显示在“通道”面板中，在其上双击使其呈可编辑状态，并输入“装饰”，如图9-45所示。

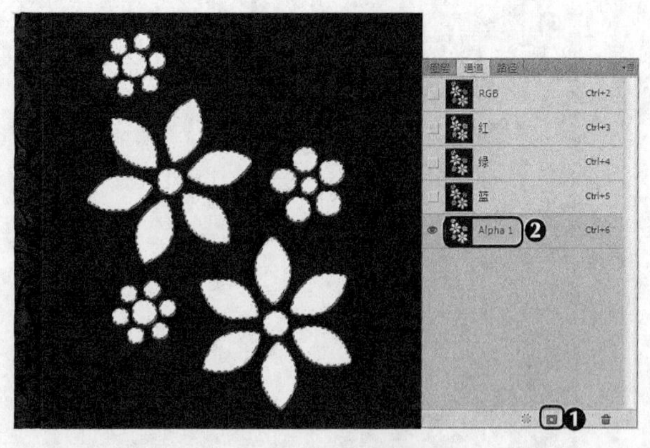

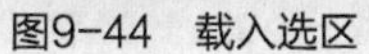

图9-44　载入选区　　图9-45　储存通道

2．载入通道

通道储存后，需要时可将储存后的通道载入需要的图层中。下面在前面制作好的“模特.psd”图像文件中载入通道，然后添加说明性文字，具体操作如下。

（1）打开“模特.psd”图像文件，将当前图像窗口切换到“装饰.psd”图像窗口，打开“通道”面板，选择“装饰”通道，单击“将通道作为选区载入”按钮，此时对应的装饰素材将以选区的形式显示，如图9-46所示。

（2）拖动选区到“模特.psd”图像文件中，并调整其位置，设置载入选区图层的不透明度为“40%”，查看完成后的效果，如图9-47所示。

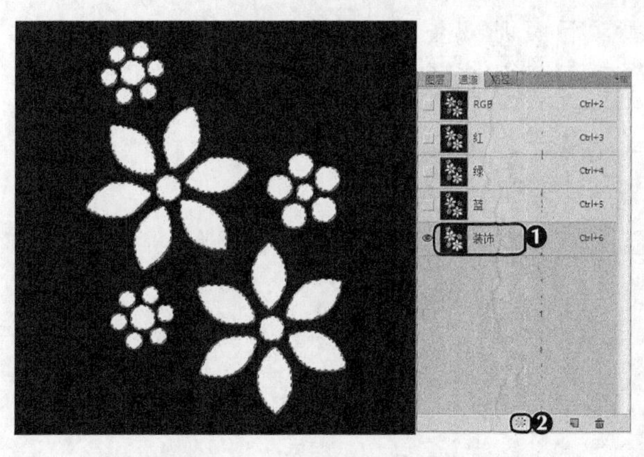

图9-46　将通道作为选区载入

图9-47　拖动选区

（3）将“图层1”复制一层，水平翻转后缩小，放置到左下方，将不透明度更改为“20%”，如图9-48所示。

（4）打开“文字.psd”图像文件，将文字拖动到“模特.psd”图像窗口中，调整文字大小和显示位置，并查看编辑后的效果，完成后将其以“女装海报.psd”为名保存，如图9-49所示。

图9-48 复制图层

图9-49 添加文字并查看完成后的效果

9.4 项目实训

9.4.1 制作橘子夹心蛋效果

1. 实训目标

本实训是对鸡蛋进行合成，使其与橙子融为一体。本实训的前后对比效果如图9-50所示。

素材所在位置 素材文件\第9章\项目实训\鸡蛋.png、橘子.jpg
效果所在位置 效果文件\第9章\项目实训\橘子夹心蛋.psd

图9-50 合成橘子夹心蛋前后对比效果

2. 专业背景

合成是Photoshop的代表功能之一，在图像设计中，很多工作都需要用到合成功能，如合成海报图片、合成特效等。尤其是特效，仅靠拍摄是无法实现的，此时就需要使用照片的合成技术，如房屋倾倒、星际战场、世界末日等效果都要依靠合成技术来实现。

合成是一项需要综合运用Photoshop多项功能的操作，同时还需设计师有创意。本例主要是对水果进行基本的合成，使合成后的画面呈现

微课视频

制作橘子夹心蛋效果

出美感。

3. 操作思路

完成本实训主要包括打开素材及编辑选区使橙子和鸡蛋融合等操作，操作思路如图9-51所示。

① 打开素材

② 载入素材

③ 完成编辑

图9-51 合成橘子夹心蛋的操作思路

【步骤提示】

（1）打开“橘子.jpg”“鸡蛋.png”图像文件。

（2）调整鸡蛋素材大小，添加图层蒙版。

（3）使用柔边画笔，将鸡蛋壳擦除。

9.4.2 制作彩色瞳孔特效

1. 实训目标

本实训为图片中模特的眼睛制作特效，使整个瞳孔变成彩色。本实训的前后对比效果如图9-52所示。

素材所在位置 素材文件\第9章\项目实训\眼睛.jpg

效果所在位置 效果文件\第9章\项目实训\制作彩色瞳孔.psd

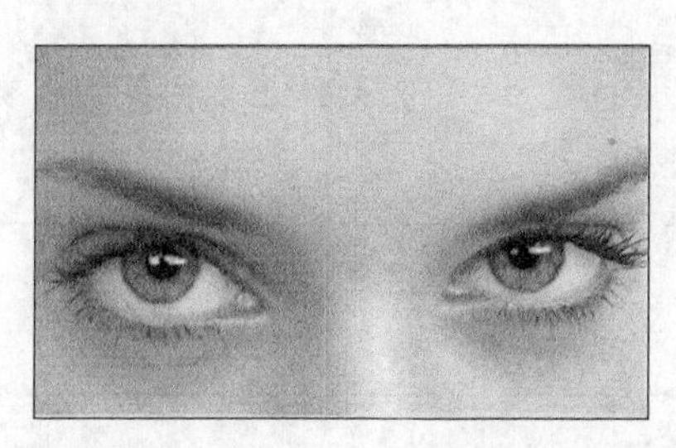

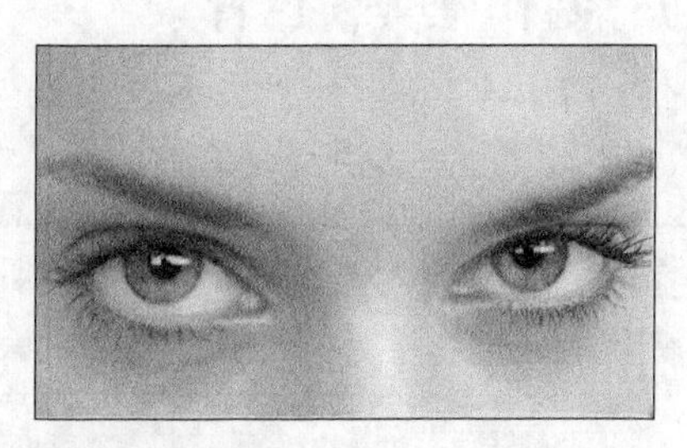

图9-52 制作彩色瞳孔前后对比效果

2. 专业背景

人像美化是Photoshop中使用非常频繁的功能。一般来说，人像美容、人物美妆、人物艺术特效等都可以通过Photoshop来完成。本例中的彩色瞳孔主要是使用蒙版、渐变工具和橡皮擦工具等来完成。

3. 操作思路

完成本实训主要包括打开素材、绘制正圆、填充渐变、创建蒙版、擦除颜色等步骤，操作思路如图9-53所示。

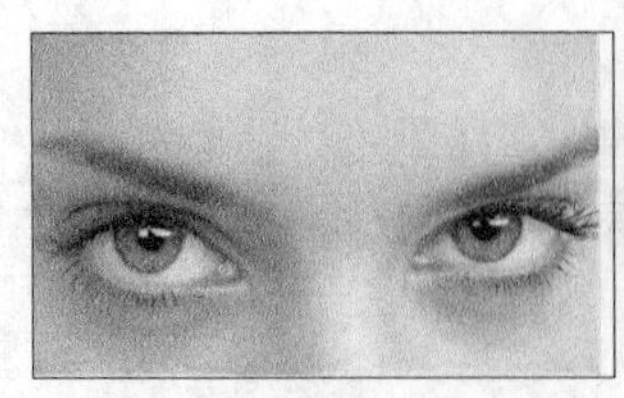
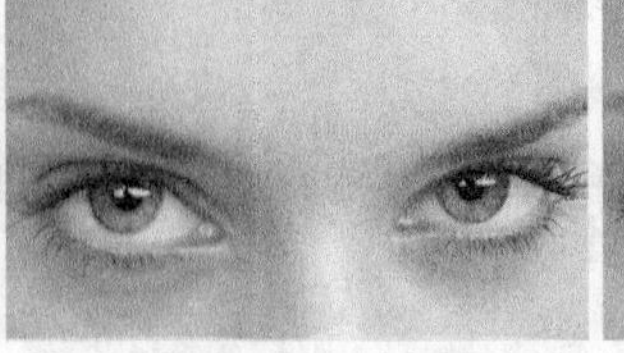
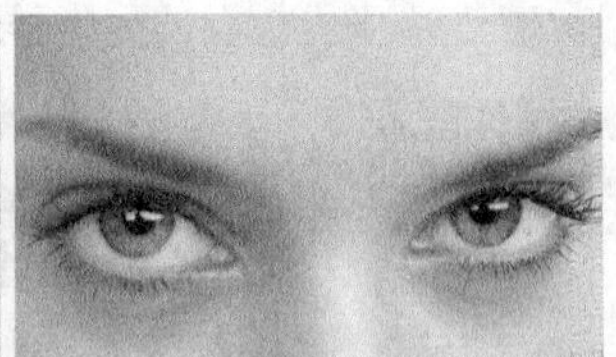

① 打开素材　　② 绘制瞳孔并填充渐变　　③ 擦除颜色

图9-53　绘制彩色瞳孔的操作思路

【步骤提示】

（1）打开“眼睛.jpg”图像文件，选择椭圆工具，按住【Shift】键不放，从眼球中心拖动鼠标绘制一个正圆，在工具属性栏中设置填充为“渐变填充”，填充颜色为“色谱”。

（2）在填充另一个瞳孔颜色时，单击“填充”面板里的“反向渐变颜色”按钮，使瞳孔颜色相反。

（3）更改瞳孔图层的混合模式为“颜色”。

（4）单击图层面板下方的“添加图层蒙版”按钮添加蒙版。

（5）选择画笔工具，设置画笔类型为“柔边圆”，设置前景色为“黑色”，把瞳孔之外的颜色擦除，然后降低不透明度，继续擦除睫毛上的颜色。

（6）将瞳孔图层的“不透明度”更改为“60%”，保存文件，完成制作。

9.5　课后练习

本章主要介绍了蒙版和通道的相关操作，如创建蒙版、创建Alpha通道、复制和删除通道、分离通道、合并通道等。对于本章的内容，读者重点在于掌握蒙版和通道在设计中的广泛应用，为后面综合案例的制作打下基础。

练习1：制作唯美粉色背景

本练习要求制作唯美粉色背景，要求背景与羽毛融合。可打开本书提供的素材文件进行操作，前后效果对比如图9-54所示。

素材所在位置　素材文件\第9章\课后练习\羽毛.jpg、粉色背景.jpg
效果所在位置　效果文件\第9章\课后练习\唯美粉色背景.psd

图9-54　唯美粉色背景效果对比

操作要求如下。

- 打开“羽毛.jpg”素材文件，将图层复制一层，隐藏“背景”图层。
- 打开“通道”面板，将“蓝”通道复制一层，调整曲线和色阶，使羽毛更白，背景更黑。
- 载入通道选区，选择“RGB”通道，按【Ctrl+Shift+I】组合键反选选区，按【Delete】键删除背景。

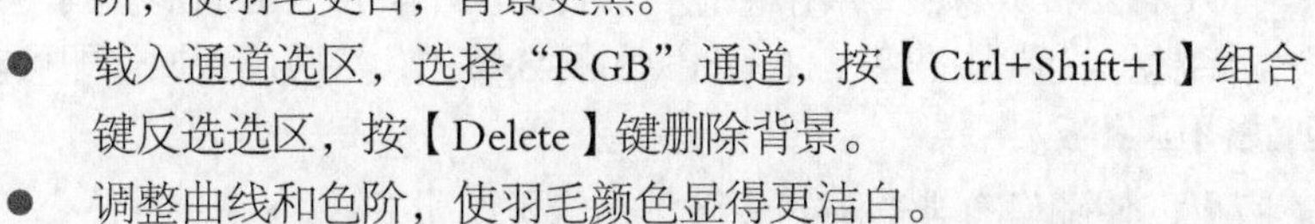

- 调整曲线和色阶，使羽毛颜色显得更洁白。
- 打开“粉色背景.jpg”素材文件，将抠好的羽毛素材拖入文件中，复制几层，调整大小、位置和透明度。

练习2：制作瓶中风景效果

本练习制作瓶中风景效果，可打开本书提供的素材文件进行操作，参考效果如图9-55所示。

素材所在位置 素材文件\第9章\课后练习\风景.jpg、瓶子.png
效果所在位置 效果文件\第9章\课后练习\瓶中风景.psd

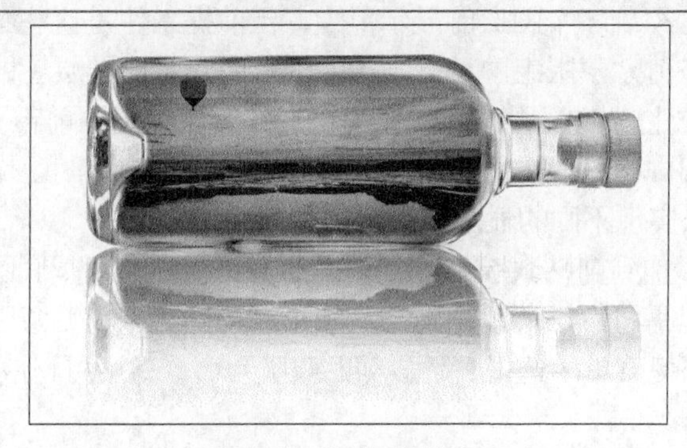

图9-55 瓶中风景效果

操作要求如下。

- 新建文件，填充背景色为白色。
- 置入“瓶子.png”和“风景.jpg”图像文件，调整“风景.jpg”的大小和位置，将混合模式更改为“正片叠底”。
- 为“风景”图层添加图层蒙版，将不需要的部分擦除。
- 将除“背景”图层外的图层群组，为组添加图层蒙版，填充渐变，制作投影。

9.6 技巧提升

1. 使用“应用图像”命令合成通道

为了得到更加丰富的图像效果，可使用Photoshop中的通道运算功能对2个通道图像进行运算。通道运算的方法为：打开两张需要进行通道运算的图像，切换到任意一个图像窗口，选择【图像】/【应用图像】菜单命令，在打开的对话框中设置源、混合等选项，单击确定按钮。完成后，即可看到通道合成的效果。

另外，“源”下拉列表框中默认为当前文件，但也可选择其他文件与当前图像混合，而此处选择的图像文件必须打开，并且是与当前文件具有相同尺寸和分辨率的图像。

“应用图像”菜单命令还可以同时对两个不同图像中的通道进行运算，以得到更丰富的图像效果。其方法是：打开需要合成颜色的两幅图像，选择【图像】/【应用图像】菜单命令，打开“应用图像”对话框，设置源图像、目标图像和混合模式，然后确认操作即可。

2. 从透明区域创建图层蒙版

从透明区域创建蒙版可以使图像有半透明的效果，具体操作如下。

（1）打开素材文件，在“背景”图层上双击，将其转换为普通图层。选择【图层】/【图层蒙版】/【从透明区域】菜单命令，创建图层蒙版。

（2）设置前景色为“黑色”，在工具箱中选择渐变工具，在工具属性栏中设置渐变为“前景色到透明渐变”，渐变样式为“线性渐变”。将鼠标指针移动到图像窗口中，从左到右拖动鼠标，使图像右侧产生透明渐变效果。

（3）打开需要添加的素材文件，将其拖动到当前图像文件中，然后将“图层1”置于“图层0”的下方，适当调整其位置和大小，查看完成后的效果。

3. 添加或移除剪贴蒙版组

剪贴蒙版能够同时控制多个图层的显示范围，但前提条件是这些图层必须上下相邻，成为一个剪贴蒙版组。在剪贴蒙版组中，最下层的图层叫作基底图层（即剪贴蒙版），其名称由下画线标识；位于它上方的图层叫作内容图层，其图层缩览图前带有图标，表示指向基底图层。在剪贴蒙版组中，基底图层表示的区域就是蒙版中的透明区域，因此，只要移动基底图层的位置，就可以实现不同的显示效果。

若要将其他图层添加到剪贴蒙版组中，只需要将图层拖动到基底图层上即可，若要将图层移出剪贴蒙版组，只需将图层移动到剪贴蒙版组以外。若在剪贴蒙版组的中间图层上单击鼠标右键，在弹出的快捷菜单中选择“释放剪贴蒙版”命令，则可释放所有的剪贴蒙版。

4. 删除蒙版

如果不需要使用蒙版，可将其删除，下面介绍各种蒙版的删除方法。

- **删除图层蒙版**。在“图层”面板中的图层蒙版缩览图上单击鼠标右键，在弹出的快捷菜单中选择“删除图层蒙版”命令，或选择【图层】/【图层蒙版】/【删除】菜单命令删除即可。
- **删除剪贴蒙版**。在“图层”面板中选择需要删除的剪贴蒙版，直接按【Delete】键即可。
- **删除矢量蒙版**。在“图层”面板的矢量蒙版缩览图上单击鼠标右键，在弹出的快捷菜单中选择“删除矢量蒙版”命令或选择【图层】/【矢量蒙版】/【删除】菜单命令即可删除。

CHAPTER 10

第10章 综合案例

情景导入

经过不懈努力，米拉对平面设计已经有了较清晰的认识，可以使用Photoshop独立设计各种作品。

学习目标

- 掌握制作情人节电商海报Banner的方法，如电商Banner的概念和设计方法等。
- 掌握设计男士衣服商品详情页的方法，如详情页的内容和绘制方法等。
- 掌握调出暖色调人像的方法，如修饰人像和调整色彩的方法等。

案例展示

▲制作情人节电商海报Banner

▲调出暖色调人像

10.1 课堂案例：情人节电商Banner

米拉学习了Photoshop软件的相关设计知识后，已经成为了一名优秀的设计师，经老洪推荐，现任公司设计师一职。刚上任不久，就接到一位老客户的订单，要求为该公司制作一张情人节电商海报Banner。米拉了解了Banner的相关资料后，便开始进行初始设计。

制作本课堂案例时，首先绘制Banner背景，结合钢笔工具和渐变工具进行绘制，再添加相关的文字和细节，以得到更好的效果，如图10-1所示。通过本例的制作，读者可以熟练掌握钢笔工具、渐变工具、文本工具的使用，以及图像的移动、复制等操作方法和技巧。下面具体讲解制作方法。

素材所在位置 素材文件\第10章\课堂案例\情人节电商海报\
效果所在位置 效果文件\第10章\课堂案例\情人节电商海报Banner.psd

图10-1 情人节电商海报Banner最终效果

10.1.1 Banner的概念

Banner既可以作为网站页面的横幅广告，也可以作为游行活动时用的旗帜，还可以是报纸或杂志上的大标题。Banner主要体现店铺中心意旨，形象鲜明地表达最主要的情感思想或宣传内容。

10.1.2 绘制Banner背景

首先新建图像文件，然后使用钢笔工具和渐变工具等绘制背景，具体操作步骤如下。

（1）新建大小为1 920像素×650像素，分辨率为72像素/英寸，名为“情人节电商海报Banner”的图像文件，设置填充颜色为“#fcced5”，按【Alt+Delete】组合键填充颜色。

（2）新建图层，设置前景色为白色，选择画笔工具，设置画笔样式为“柔边圆”，在图像上涂抹，将图层“不透明度”更改为“40%”，如图10-2所示。

（3）新建图层，载入“云朵笔刷.abr”笔刷，选择1012号画笔样式，在图像编辑区中单击两次，绘制两朵云，如图10-3所示。

图10-2 涂抹画面

图10-3 绘制云朵

（4）打开“礼物盒.png”素材文件，将礼物盒拖动到图像文件中，调整图像大小，并放到左下角位置，如图10-4所示。

图10-4 拖入礼物盒素材

（5）将礼物盒复制一层，按住【Ctrl】键不放，单击图层缩略图载入选区，并填充黑色，然后将图层置于“礼物盒”图层下方，按【→】和【↓】键向右和向下移动图像，使其产生投影效果。选择【滤镜】/【模糊】/【高斯模糊】菜单命令，设置“半径”为“5.7”，单击 确定 按钮，再将图层的“不透明度”更改为“20%”，如图10-5所示。

图10-5 制作阴影

（6）打开“花瓣.png”素材文件，将花瓣拖动到图像文件中，调整大小和位置，如图10-6所示。

图10-6 拖入花瓣素材

（7）新建图层，使用钢笔工具绘制图10-7所示的形状，按【Ctrl+Enter】组合键将路径转化为选区，填充从下到上的线性渐变，并设置渐变颜色为“#fcccd5”到“#fcd6dd”。

图10-7 绘制形状并填充颜色

（8）使用相同的方法，绘制图10-8所示的两个形状，填充从下到上的线性渐变，设置渐变颜色分别为“#f9deda”到“#fbe8e6”和“#f9dcb8”到“#fcebd7”。

（9）按住【Shift】键不放选中除“背景”图层外的所有图层，按【Ctrl+G】组合键编组，将组名更改为“地面”，如图10-9所示。

图10-8 继续绘制形状

图10-9 图层编组

（10）新建图层，选择钢笔工具，绘制图10-10所示的形状，填充从上到下的渐变，设置渐变颜色为“#fddae0”到“#fddee3”，双击图层，打开“图层样式”对话框，单击选中“投影”复选框，设置混合模式为“叠加”，“不透明度”为“40%”，“角度”为“53”，“距离”和“大小”分别为“5”和“46”，单击确定按钮。

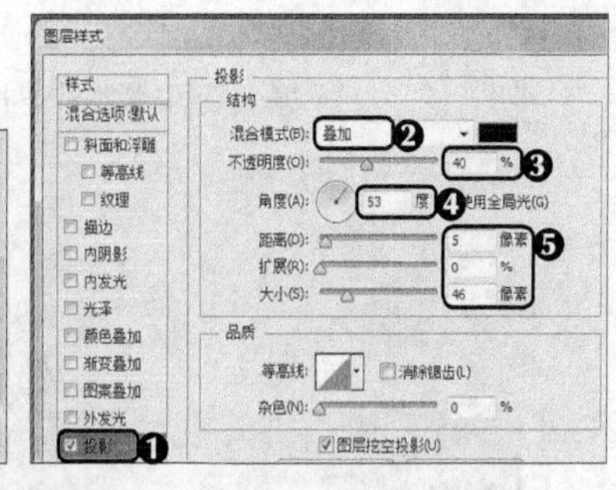

图10-10 绘制形状并设置图层样式

（11）继续新建4个图层，使用钢笔工具 绘制图10-11所示的形状，填充从上到下的渐变，其中，“图层 9”的渐变色为“f9d4db”到“#fce7ea”，“图层 10”的渐变色为“#f9d6dd”到“#fce6ea”，“图层 11”的填充色为“#fff0f3”，“图层 12”的渐变色为“#fdeeef”到“#fef5f5”。

图10-11 继续绘制形状并填充渐变色

（12）右键单击“图层 8”，在弹出的快捷菜单中选择“拷贝图层样式”命令，在按住【Shift】键的同时选择“图层 9”~“图层 11”，单击鼠标右键，在弹出的快捷菜单中选择“粘贴图层样式”命令。在按住【Shift】键同时选择“图层 8”~“图层 11”，按【Ctrl+G】组合键群组图层，将组名更改为“顶部”，如图10-12所示。

图10-12 拷贝粘贴图层样式并群组图层

10.1.3 添加文字

对海报添加文字，设置不同的字符大小，并对文字添加图层样式，具体操作步骤如下。

（1）选择横排文字工具 T，分别输入“爱”“的”“表”“白”4个字，设置字体为“华康海报体W12”，填充颜色为“#f1484e”，

设置“爱”的字体大小为“250”，“的”的字体大小为“120”，“表”的字体大小为“200”，“白”的字体大小为“150”，调整各个文字的位置，如图10-13所示。

图10-13　输入字体

（2）双击“爱”图层，打开“图层样式”对话框，单击选中“斜面和浮雕”复选框，设置“大小”为“46”，“阴影模式”的颜色为“#f1484e”，单击选中“投影”复选框，设置混合模式的颜色为“#ff9c87”，单击 确定 按钮，如图10-14所示。

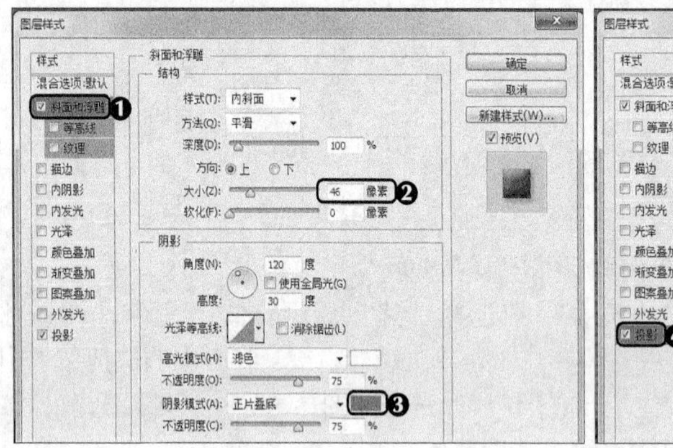

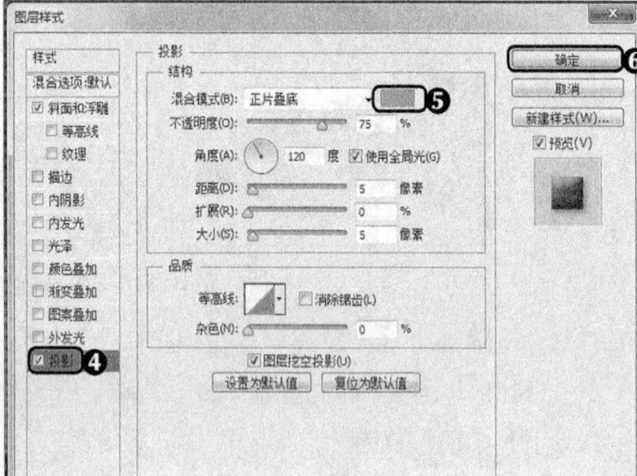

图10-14　设置图层样式

（3）右键单击“爱”图层，在弹出的快捷菜单中选择“拷贝图层样式”命令，在按住【Shift】键的同时选择“的”“表”和“白”图层，单击鼠标右键，在弹出的快捷菜单中选择“粘贴图层样式”命令，粘贴图层样式，如图10-15所示。

图10-15　拷贝并粘贴图层样式

（4）输入“2.14”文字，设置字体为“Informal Roman”，字体大小为“90”，填充颜色为白色，继续输入文字“Valentine's Day　Loving expression”，设置字体为“Vivaldi”，字体大小为“38”，填充颜色为“白色”，复制“爱”图层的图层样式，粘贴到“2.14”图层和英文图层上，如图10-16所示。

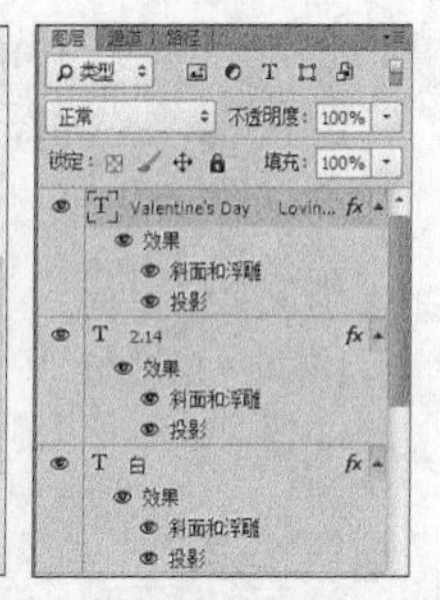

图10-16　输入文字并拷贝粘贴图层样式

（5）继续输入“全场单笔满199减20　满299减50”文字，设置填充颜色为“白色”，输入“活动时间：2月14日”文字，并设置其“填充颜色”为“#f04143”，字体为“黑体”，大小为“25”，如图10-17所示。

图10-17　输入文字并设置样式

（6）选择矩形工具，设置“填充颜色”为“#f75f64”，在“全场单笔满199减20 满299减50”文字下方绘制一个450像素×40像素的矩形，在其上单击鼠标右键，在弹出的快捷菜单中选择“栅格化图层”命令。单击“图层”面板下方的“添加图层蒙版”按钮，为图层添加图层蒙版，设置前景色为黑色，使用钢笔工具在矩形两端绘制三角形，按【Ctrl+Enter】组合键将路径转化为选区，再按【Alt+Delete】组合键填充前景色，得到图10-18所示的图形。将所有文字图层和“矩形1”图层同时选中，按【Ctrl+G】组合键群组，将组名更改为“文字”。

图10-18　绘制图形并将图层群组

10.1.4　添加装饰

完成图像和文字的输入后，还需要添加装饰素材，并对细节进行整理，使整个图像效果更加美观，具体操作步骤如下。

（1）打开“嘴唇.png”和“爱心.png”素材文件，将嘴唇和爱心拖动到图像文件中，调整大小，将嘴唇放置在“表”文字右上方，爱心放置在“白”文字右上方，复制“爱心”图层，调整大小和角度，放置在“Valentine's Day”和“Loving expression”文字中间，如图10-19所示。

图10-19　添加素材

（2）打开“纸叠心.png”素材文件，将素材拖入图像文件中，调整大小和位置，复制图层，按住【Ctrl】键单击图层缩略图，载入选区，并填充白色，按【→】和【↓】键调整图像位置，将复制后的图层置于原图层下方，同时选中两个图层，单击鼠标右键，在弹出的快捷菜单中选择“合并图层”命令，双击该图层，打开“图层样式”对话框，单击选中“投影”复选框，设置“不透明度”为“15%”，“角度”为“-40”，“距离”“扩展”和“大小”分别为“12”“8”和“16”，单击 确定 按钮，如图10-20所示。

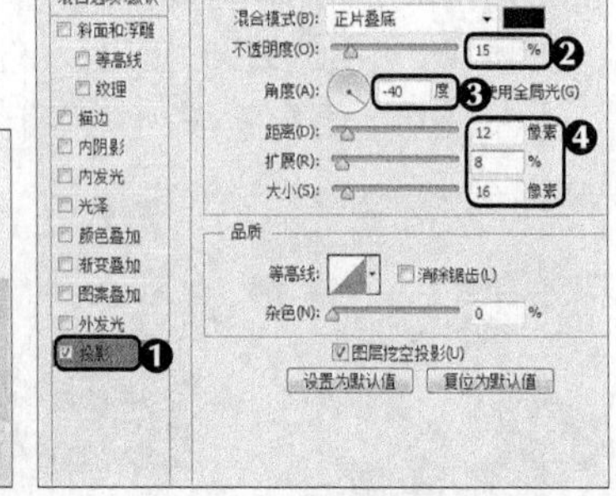

图10-20　拖入素材并设置图层样式

（3）将“花瓣1.png”素材文件拖动到图像文件中，调整大小和位置，复制图层，选择【滤镜】/【模糊】/【高斯模糊】菜单命令，打开“高斯模糊”对话框，设置“半径”为“6.0”，单击 确定 按钮，然后将两个图层合并，如图10-21所示。

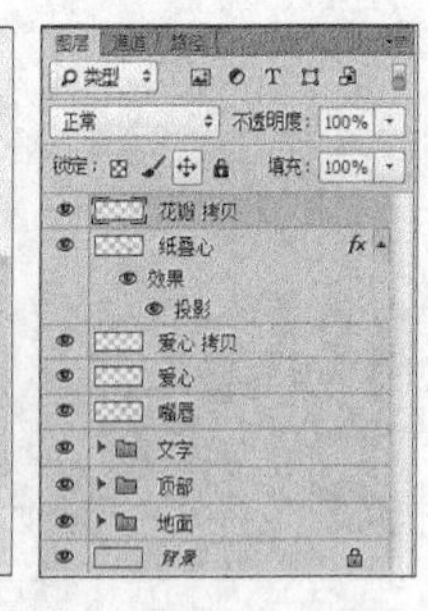

图10-21 置入素材并设置高斯模糊

（4）选择“花瓣”图层，按4次【Ctrl+J】组合键，复制4个图层，然后分别调整每个图层的大小和位置，如图10-22所示。

图10-22 复制图层

（5）打开“丝带.png”素材文件，将丝带放置在图像左上方位置，双击图层，打开“图层样式”对话框，单击选中“投影”复选框，设置颜色为“#cb969a”，“不透明度”为“23%”，“角度”为“-40”，“距离”和“大小”分别为“14”和“13”，单击 确定 按钮，如图10-23所示。

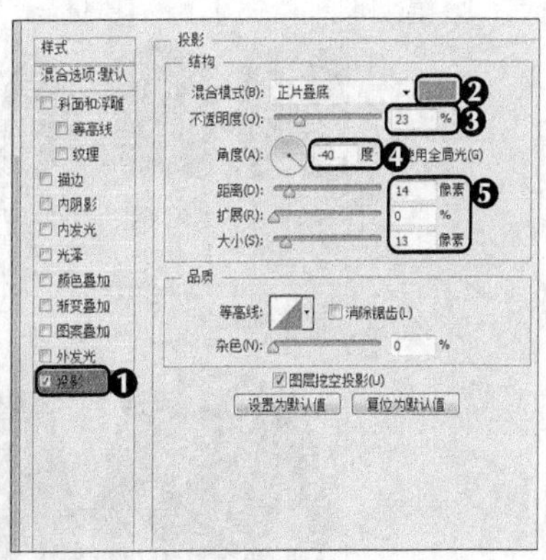

图10-23 拖入素材并设置图层样式

（6）复制“丝带”图层，并将复制的丝带移动到图像右下角，将未群组的所有图层选中，按【Ctrl+G】组合键群组图层，将组名更改为“装饰”。按【Ctrl+S】组合键保存图像，完成制作，如图10-24所示。

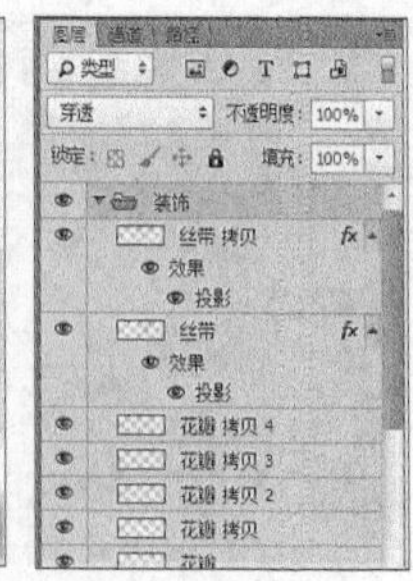

图10-24　复制并群组图层

10.2　课堂案例：设计男士衣服商品详情页

商品详情页用于详细介绍商品，包括商品的材料、工艺以及特色等。商品详情页能让顾客更好地了解商品本身，以及是否符合顾客的需求，因此商品详情页要尽可能地将商品特色展示出来。下面以男士衬衫为例，介绍商品详情页的设计方法，效果如图10-25所示。

素材所在位置　素材文件\第10章\课堂案例\男士衣服商品详情页\
效果所在位置　效果文件\第10章\课堂案例\男士衣服商品详情页.psd

图10-25　男士衣服商品详情页分段效果图

10.2.1　制作顶部介绍页面

顶部介绍页面一般以商品广告语为主，辅以店铺特色商品作为点缀。制作顶部介绍页面的具体操作步骤如下。

（1）新建一个大小为750像素×4 700像素，分辨率为72像素/英寸，名为“男士衣服商品详情页”的图像文件。

（2）新建图层，选择矩形选框工具在图像的顶部绘制矩形，设置渐变颜色为从“#68686a”到“#333a40”，对选区填充线性渐变，选择【滤镜】/【杂色】/【添加杂色】菜单命令，打开“添加杂色”对话框，设置“数量”为“3%”，单击选中“平均分布”单选项，单击选中“单色”复选框，单击确定按钮，效果如图10-26所示。

图10-26　绘制选区

（3）将“衬衫1.png”“衬衫2.png”素材文件拖动到图像文件中，调整位置和大小，按【Shift】键的同时选中两个图层，单击鼠标右键，在弹出的快捷菜单中选择“创建剪贴蒙版”菜单命令，效果如图10-27所示。

图10-27　添加衬衫图像

（4）选择横排文字工具T，输入“时尚更有型”文字，设置字体为“华康俪金黑W8”，字体大小为“57点”，字体颜色为“#e3e3e3”。双击图层，打开“图层样式”对话框，单击选中“内阴影”复选框，设置“不透明度”为“44%”，“距离”和“大小”分别为“1”和“2”，单击确定按钮，效果如图10-28所示。

图10-28　输入文字并设置图层样式

（5）继续输入文字“2018夏季新款　多彩Polo衫　男士休闲短T”，设置字体为“幼圆”，字体大小为“17点”，字体颜色为“#e3e3e3”，如图10-29所示。

图10-29　继续输入文字

（6）新建图层，使用钢笔工具绘制图10-30所示的形状，设置“填充”颜色为“#a1a1a1”，复制图层，将图层置于原图层下方，使其形成阴影效果，完成后更改“填充”颜色为“#40474f”，如图10-30所示。

图10-30　绘制形状

（7）在形状上面输入文字“限时抢购”，设置字体为“幼圆”，字体大小为“13点”，字体颜色为“白色”，如图10-31所示。

图10-31　输入文字并设置样式

（8）选中除“背景”图层外的所有图层，按【Ctrl+G】组合键群组图层，并命名为“顶部”。

10.2.2　制作商品详情

接下来介绍商品详情页其他区域的制作方法，包括商品参数、商品亮点、商品细节等，具体操作步骤如下。

（1）选择矩形选框工具绘制矩形，填充颜色为“#55585a”，选择横排文字工具，在工具属性栏中设置字体为“华康俪金黑W8”，字体大小为“17点”，字体颜色为“#747070”，长按【-】键，绘制虚线边，再将图层复制一层，效果如图10-32所示。

图10-32 绘制条形装饰

（2）输入文字“商品参数”，设置字体为“方正粗宋简体”，字体大小为“20点”，字体颜色为“白色。再输入其他参数文字，设置“字体”为“幼圆”，字体大小为“17点”，字体颜色为“黑色”，完成后的效果如图10-33所示。

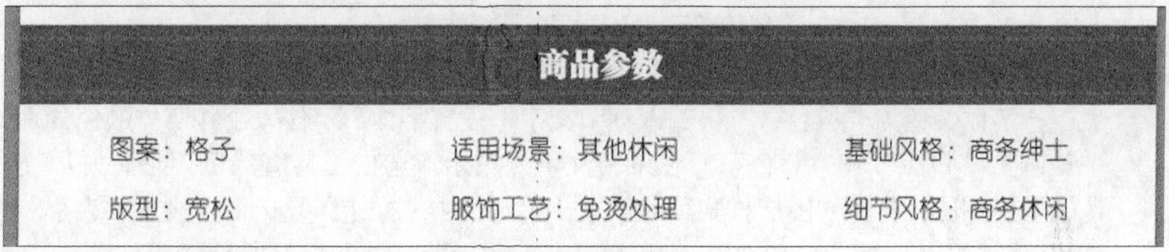

商品参数

图案：格子	适用场景：其他休闲	基础风格：商务绅士
版型：宽松	服饰工艺：免烫处理	细节风格：商务休闲

图10-33 输入商品参数文字

（3）将“矩形条”“虚线边”和“商品参数”图层同时选中，按【Ctrl+G】组合键群组，命名为“条”。

（4）将“条”图层组复制一层，向下拖动，将“商品参数”文字更改为“商品实拍”。

（5）输入文字“产品亮点”，设置字体为“幼圆”，字体大小为“25点”，字体颜色为“黑色”，如图10-34所示。

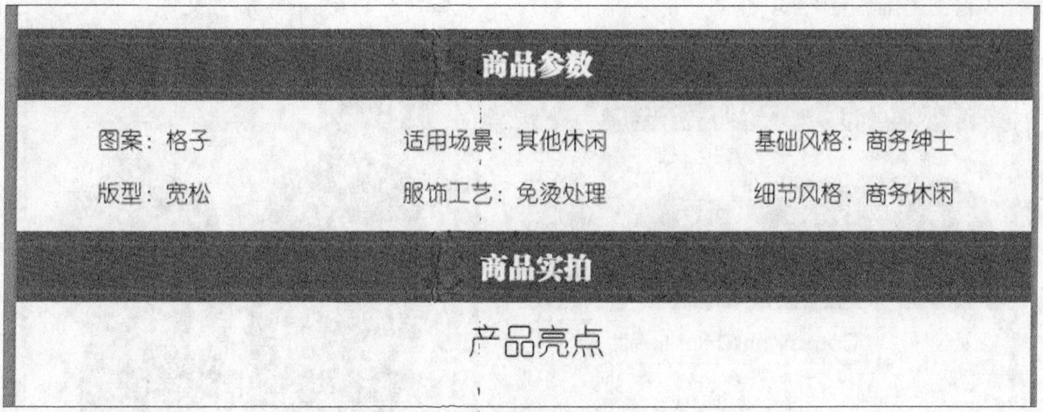

商品参数

图案：格子	适用场景：其他休闲	基础风格：商务绅士
版型：宽松	服饰工艺：免烫处理	细节风格：商务休闲

商品实拍

产品亮点

图10-34 输入商品实拍文字

（6）新建图层，使用矩形选框工具绘制矩形，填充黑色，双击图层，打开“图层样式”对话框，单击选中“投影”复选框，设置“不透明度”为“30%”，“距离”和“大小”均为“3”，完成后单击确定按钮。按住【Alt】键不放向下拖动矩形框，将矩形框复制3个，依次排开，将“衬衫3.jpg”～“衬衫6.jpg”素材文件分别拖入图像文件中，并分别创建剪贴蒙版，如图10-35所示。

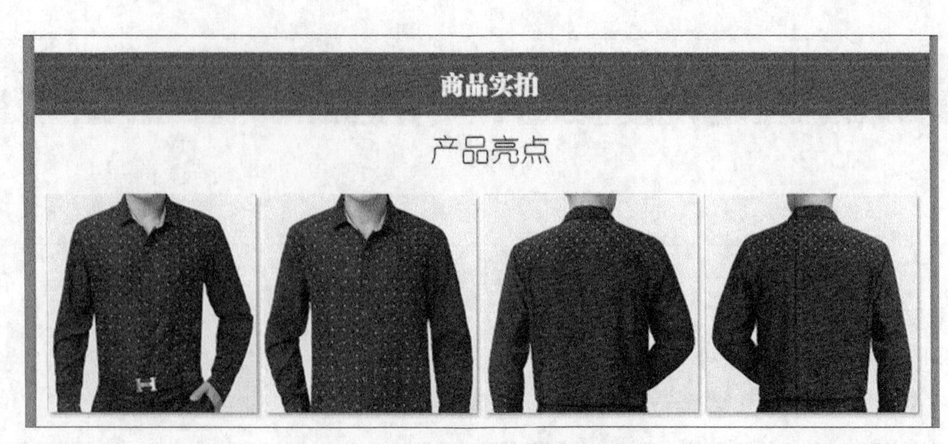

图10-35　添加图片并创建剪贴蒙版

（7）输入“Commodity Highlights”文字，设置字体为“方正细圆简体”，字体大小为“36点”，字体颜色为“黑色”。再输入细节文字，设置字体、字体大小和字体颜色分别为“幼圆”“17点”和“黑色”。在细节文字外用矩形选框工具绘制矩形，并填充白色，双击图层，打开“图层样式”对话框，单击选中“描边”复选框，设置“大小”为“1”，“颜色”为“#585858”，单击确定按钮，如图10-36所示。

（8）新建图层，使用矩形选框工具绘制一个正方形，设置“填充”颜色为“#585858”，输入文字“1”，设置字体为“微软雅黑”，字体大小为“50点”，字体颜色为“白色”。

（9）继续输入文字“优质健康”，设置字体为“方正粗宋简体”，字体大小为“34点”，字体颜色为“黑色。再输入其他说明文字，设置字体为“幼圆”，字体大小为“17点”，字体颜色为“黑色”。

（10）继续绘制矩形，填充黑色，将“衬衫7.jpg”和“衬衫8.jpg”素材文件置入图像文件中，创建剪贴蒙版，调整大小和位置，如图10-37所示。

图10-36　输入文字并设置样式

图10-37　制作亮点1的内容

（11）将矩形、数字“1”“优质健康”和说明文字复制一层，把数字“1”更改为数字“2”，将“优质健康”更改为“经典百搭”，将说明文字更改为亮点2的说明文字。

（12）将衬衫图层复制一层，打开“衬衫9.jpg”“衬衫10.jpg”图像文件，将“衬衫7”和“衬衫8”替换为“衬衫9”和“衬衫10”，如图10-38所示。

（13）继续复制矩形、数字“1”“优质健康”和说明文字图层，将数字“1”更改为数字

"3"，将"优质健康"更改为"简约时尚"，将说明文字更改为亮点3的说明文字。

（14）把衬衫图层复制一层，打开"衬衫11.jpg""衬衫12.jpg"图像文件，将"衬衫7"和"衬衫8"替换为"衬衫11"和"衬衫12"，如图10-39所示。

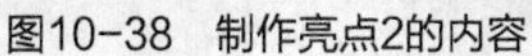
图10-38　制作亮点2的内容

图10-39　制作亮点3的内容

（15）复制"条"图层组，向下拖动，将"商品参数"更改为"商品细节"。

（16）按住【Shift】键，使用椭圆选框工具绘制正圆，填充白色，打开"图层样式"对话框，单击选中"描边"复选框，设置"大小"为"3像素"，颜色为"#585858"，单击确定按钮。按【Ctrl+J】组合键复制出一个正圆，并调整好大小和位置。

（17）打开"衬衫13.jpg"～"衬衫15.jpg"图像文件，并拖动到图像文件中，调整大小和位置，分别为3个正圆创建剪贴蒙版。

（18）输入"细节1"的说明文字，设置字体为"幼圆"，字体大小为"17点"，字体颜色为"黑色"，如图10-40所示。

（19）打开"衬衫16.jpg"～"衬衫18.jpg"图像文件，复制3个正圆及剪贴蒙版，调整正圆的位置及大小，将剪贴蒙版的内容分别更换为"衬衫16""衬衫17"和"衬衫18"。

（20）复制"细节1"的说明文字，将文字内容更改为"细节2"的说明文字，如图10-41所示。

图10-40　制作细节1的内容

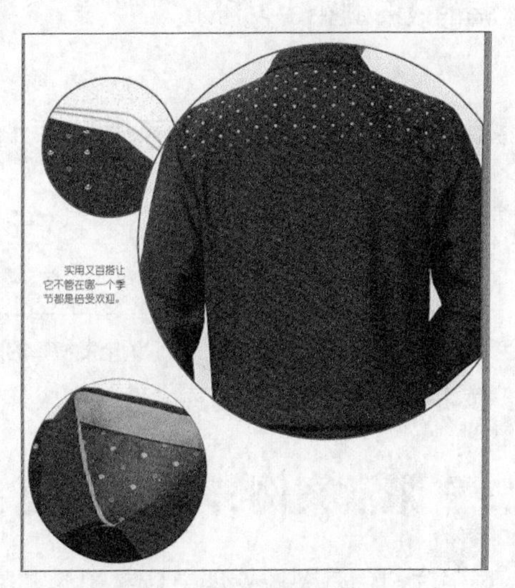

图10-41　制作细节2的内容

10.2.3　制作店铺保障

最后一个页面一般为“店铺保障”页面，用于向顾客说明店铺的性质、信誉和快递等，具体操作步骤如下。

微课视频

绘制店铺保障

（1）将“条”图层组复制一层，拖动到合适位置，将“商品参数”更改为“店铺保障”。

（2）选择圆角矩形工具，在工具属性栏中将渐变颜色设置为“#e7e7e7”到“#ffffff”，角度为“90度”，半径为“5像素”，在店铺保障文字的下方绘制一个5.5厘米×5.5厘米的圆角矩形，打开“图层样式”对话框，单击选中“描边”复选框，设置“大小”为“1”，颜色为“#c9c9c9”。

（3）将圆角矩形复制3个，依次排列。使用钢笔工具绘制一个“盾”的形状，将该形状转化为选区，并填充“#565458”颜色，将“盾”与第1个圆角矩形居中对齐。输入“正品保障”文字，设置字体为“方正粗宋简体”，字体大小为“25点”，字体颜色为“#585858”，如图10-42所示。

（4）继续使用钢笔工具绘制一个飞机形状，将该形状转化为选区，并填充“#565458”颜色，将“飞机”与第二个圆角矩形居中对齐。复制“正品保障”文字图层，将文字内容更改为“顺丰包邮”，如图10-43所示。

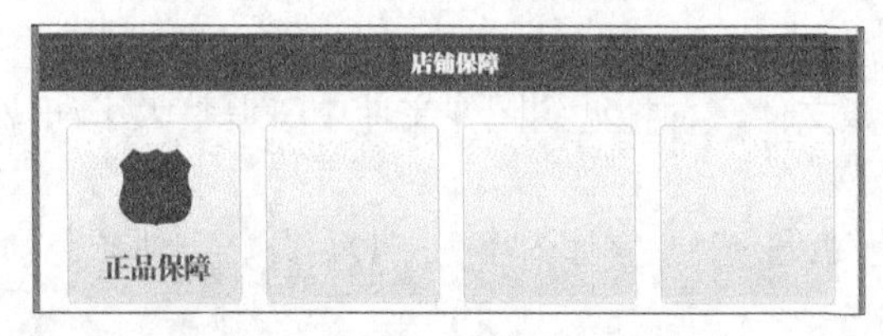

图10-42　制作“正品保障”的内容

图10-43　制作“顺丰包邮”的内容

（5）使用相同的方法制作“七天退换”和“闪电发货”的内容，如图10-44所示。

（6）在图像的下方输入“温馨提示”文字内容，设置字体为“幼圆”，字体大小为“17点”，字体颜色为“黑色”，将“温馨提示：”部分的颜色更改为“#ff0000”，完成后的效果如图10-45所示。

图10-44　制作“七天退换”和“闪电发货”的内容

图10-45　输入文字

（7）按【Ctrl+S】组合键保存文件，完成详情页的制作。

10.3　课堂案例：调出暖色调人像效果

对照片调色是图像处理中最常用的调整方法，无论是风景还是人像，都会先做调整处理，再进行其他处理。本案例完成后的效果如图10-46所示。通过本案例的制作，读者可以熟练掌握添加滤镜和调色等操作。

素材所在位置 素材文件\第10章\课堂案例\人像.jpg
效果所在位置 效果文件\第10章\课堂案例\暖色调人像.psd

图10-46 调整暖色调人像效果前后对比效果

10.3.1 去除人像瑕疵

在进行人像处理前，首先需要修整人像，如处理头发、去除瑕疵和调整肌肤等，具体操作步骤如下。

（1）打开素材“人物.jpg”图像文件，按【Ctrl+J】组合键复制一层，选择【滤镜】/【液化】菜单命令，对人物脸部进行液化调整，使人物的脸更瘦，也使整个图像更加美观，如图10-47所示。

图10-47 对人物进行液化调整前后的对比效果

（2）使用污点修复画笔工具修复人物脸上的瑕疵和一些细头发，使脸部更加光滑、美观，如图10-48所示。

图10-48　修复小瑕疵前后的对比效果

（3）按【Ctrl+Shift+Alt+E】组合键盖印可见图层，按【Ctrl+J】组合键复制两个盖印的图层，将中间图层的名称更改为“00”，隐藏上面一个图层。

（4）选择【滤镜】/【模糊】/【高斯模糊】菜单命令，打开“高斯模糊”对话框，设置“半径”为“6.4”，单击 确定 按钮。

（5）显示上面一个图层，选择【图像】/【应用图像】菜单命令，打开“应用图像”对话框，选择“图层”为“00”，设置“混合”为“减去”，“缩放”为“2”，“补偿值”为“128”，单击 确定 按钮，返回“图层”面板，设置图层混合模式为“线性光”，如图10-49所示。

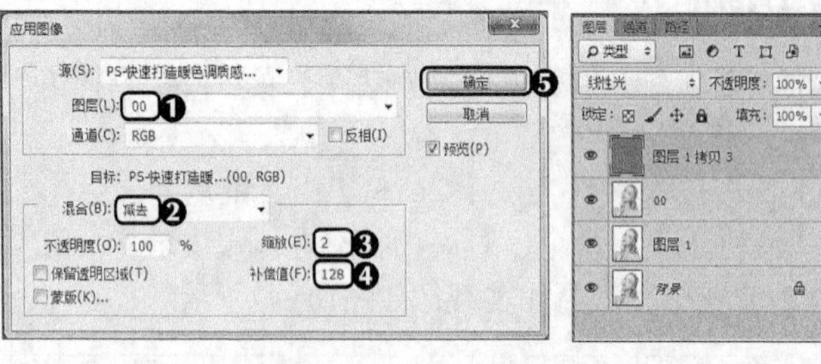

图10-49　设置参数

（6）选择仿制图章工具，涂抹不需要的发丝，使头发看起来更加柔顺，如图10-50所示。

图10-50　柔顺发丝

（7）按【Ctrl+Shift+Alt+E】组合键盖印图层，按【Ctrl+I】组合键反相，并将图层混合模式改为“线性光”，选择【滤镜】/【其他】/【高反差保留】菜单命令，打开“高反差保留”对话框，设置“半径”为“3”，单击 确定 按钮，如图10-51所示。

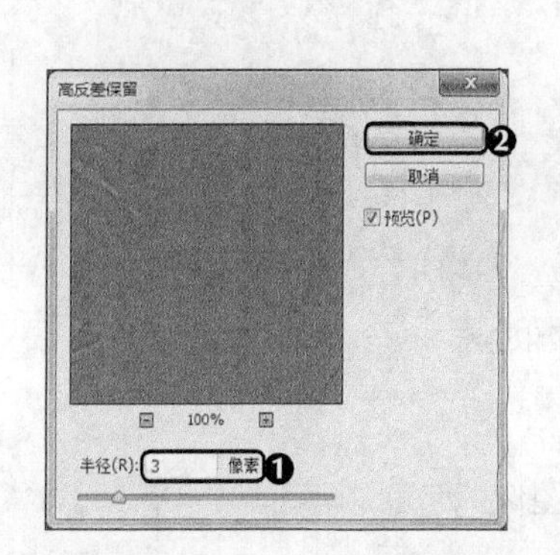

图10-51　添加“高反差保留”滤镜

（8）选择【滤镜】/【模糊】/【高斯模糊】菜单命令，打开“高斯模糊”对话框，设置“半径”为“3”，单击 确定 按钮，如图10-52所示。

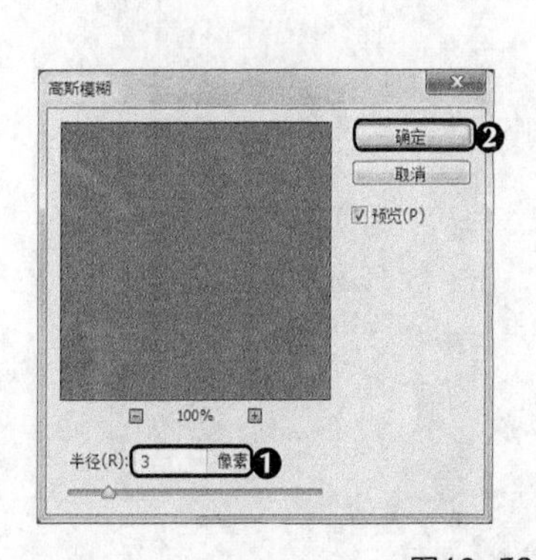

图10-52　添加“高斯模糊”滤镜

（9）按住【Alt】键不放，单击“图层”面板下方的“添加图层蒙版”按钮，添加一个黑色蒙版，将前景色更改为白色，选择画笔工具，设置“流量”和“不透明度”均为“100%”，涂抹人物皮肤，使肤色过渡均匀且柔和，如图10-53所示。

图10-53　使肤色柔和过渡

10.3.2　调整人像色彩

接下来通过调整曲线、色彩平衡等命令，调整图像的色彩，达到需要的暖色调效果，具体操作步骤如下。

（1）按【Ctrl+Shift+Alt+E】组合键盖印图层，打开“曲线”属性面板，在“图层”下拉列表框中选择“蓝”通道，将右上角的曲线往下压一点，为图像添加蓝色调效果，如图10-54所示。

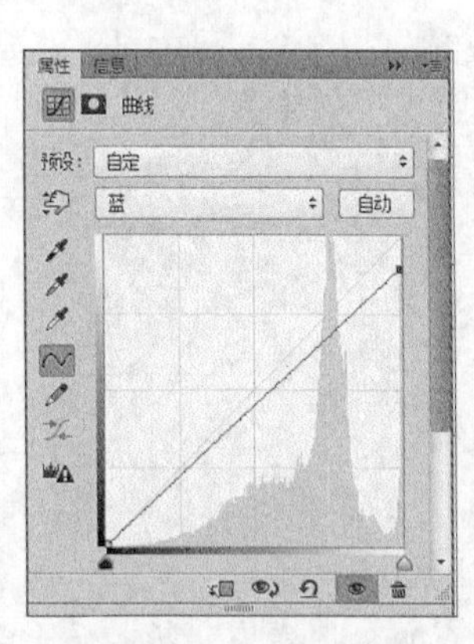

图10-54　调整“曲线”

（2）打开“曲线”属性面板，在曲线的中间添加一点，向下拖动控制点，使整个图像色调变暗，如图10-55所示。

（3）打开“色阶”属性面板，设置色阶参数分别为“0”“1.00”“230”，将高光部分调亮，如图10-56所示。

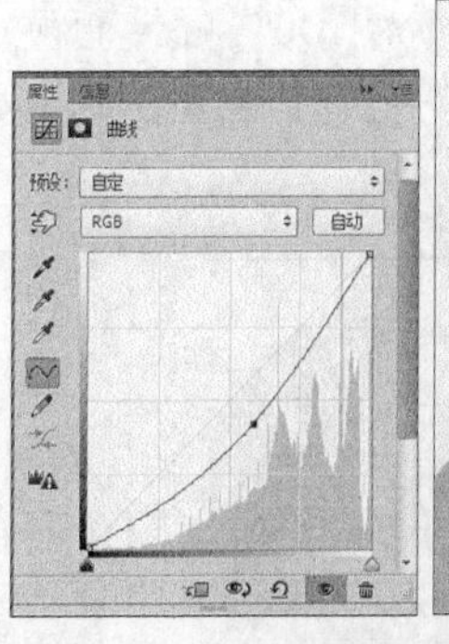

图10-55 调暗色调

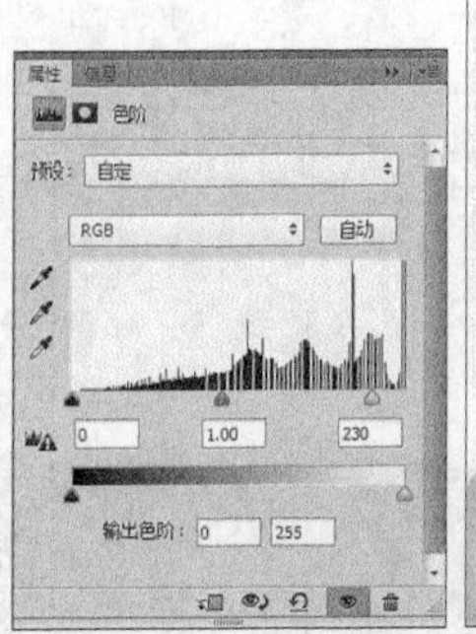

图10-56 调整“色阶”

（4）新建图层，填充颜色“#808080”，将图层混合模式更改为“柔光”，将前景色设置为白色，背景色设置为黑色，选择画笔工具，在工具属性栏中设置“不透明度”为“15%”，“流量”为“19%”。随时切换前景色和背景色，在人物眼睛、颧骨、鼻子、人中和皮肤等处涂抹，添加高光和阴影，使人物面部更加立体，如图10-57所示。

图10-57 光影处理前后的效果对比

（5）选择【滤镜】/【模糊】/【高斯模糊】，打开“高斯模糊”对话框，设置“半径”为“6”，单击 确定 按钮，返回“图层”面板，将“不透明度”更改为“80%”。

（6）盖印图层，打开“色彩平衡”属性面板，在“色调”下拉列表框中选择“阴影”选项，将参数设置为“-13”“0”“+12”；选择“中间调”选项，将参数设置为“+6”“0”“-3”，选择“高光”选项，将参数设置为“0”“0”“-1”，如图10-58所示。

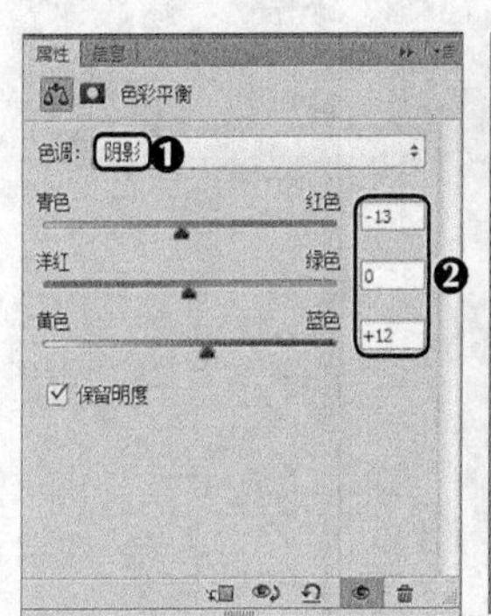

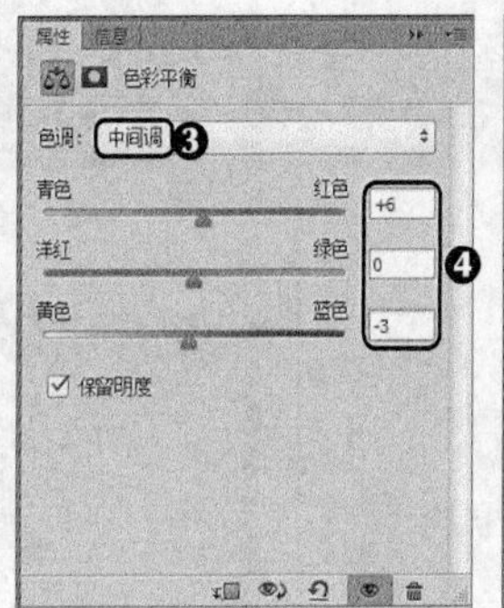

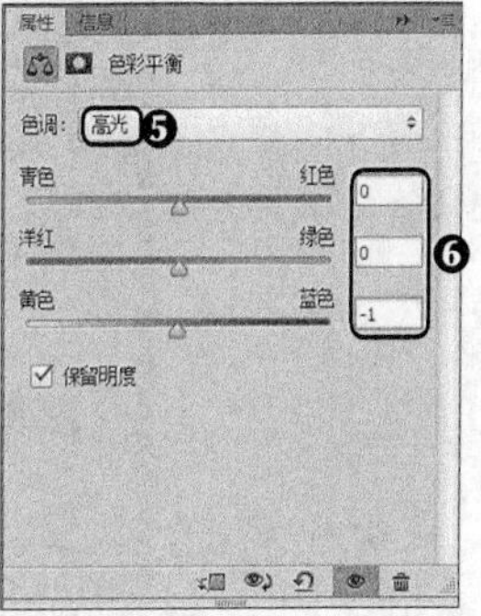

图10-58 调整“色彩平衡”

（7）盖印图层，使用套索工具，将两只眼睛框选出来，打开“亮度/对比度”属性面板，设置“亮度”和“对比度”分别为“11”和“27”，打开“图层”面板，将不透明度更改为“80%”，最终效果如图10-59所示。

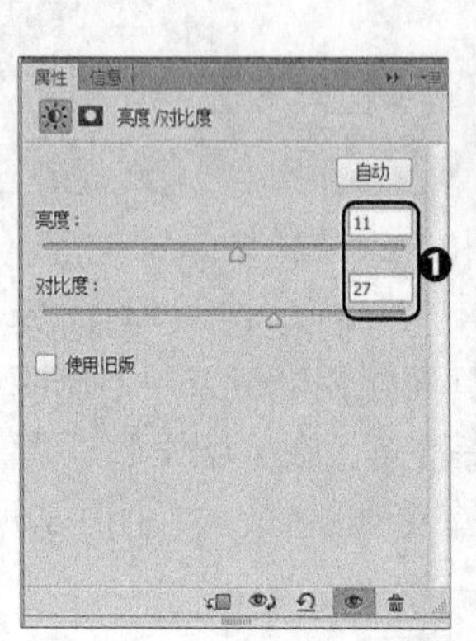

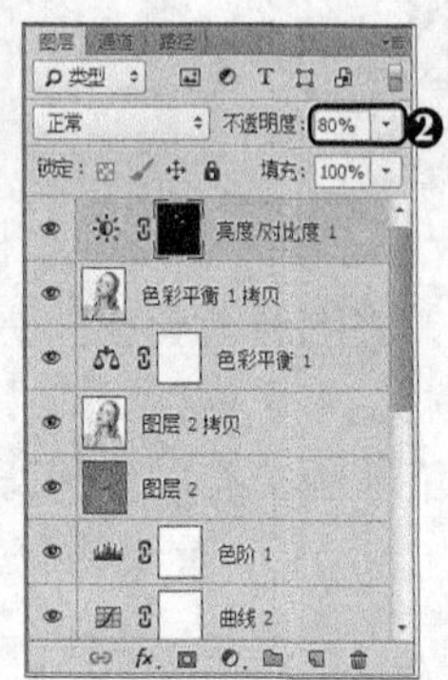

图10-59　调整亮度/对比度并查看完成后的效果

10.4　项目实训

10.4.1　制作美食手机App界面

1．实训目标

本实训制作一款美食手机App的界面，需要综合运用多项Photoshop功能。本实训制作完成后的效果如图10-60所示。

素材所在位置　素材文件\第10章\项目实训\美食App\
效果所在位置　效果文件\第10章\项目实训\美食手机App界面.psd

图10-60　美食手机App界面

2. 专业背景

随着手机等移动设备的普及和发展，手机App的需求日益增加。手机App界面设计是对App内容的整体设计，要求视觉效果良好，且提供良好的操作体验。App界面一般是字体、颜色、布局、形状、动画等元素的设计与组合，同时还应注意细节的精美化和设计的个性化。本例的App界面以舒适、实用为基本设计理念。

3. 操作思路

完成本实训主要包括设计登录界面、搜索界面、详情界面和个人信息界面等操作，操作思路如图10-61所示。

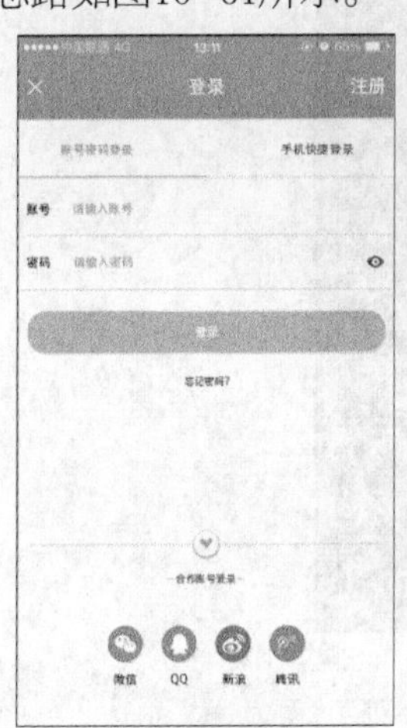

① 登录界面

② 搜索界面

③ 详情界面

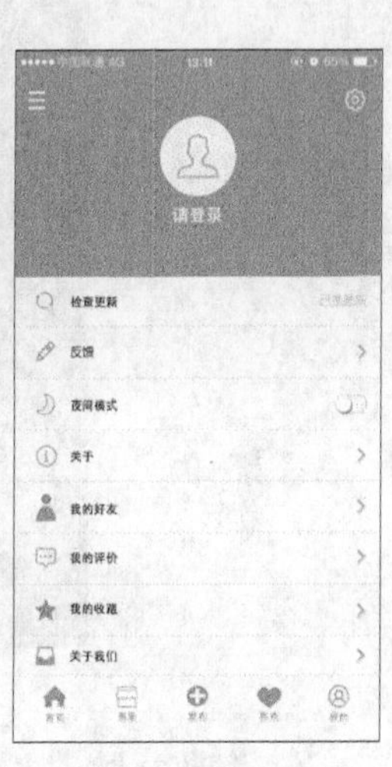

④ 个人信息界面

图10-61 设计美食手机App界面的操作思路

【步骤提示】

（1）新建文件，绘制矩形，填充颜色“#ef903c”，输入文字。

（2）绘制信号、时间和电量等图标，群组这些图层。

（3）输入其他文字，绘制图形，并将合作账号图标素材导入文件中，调整大小和位置，完成登录界面的制作。

（4）绘制搜索界面，复制“信号”图层组，导入美食图片素材和“名店抢购”等素材文件，调整大小和位置。

（5）绘制“首页”“商家”“发布”“喜欢”及“我的”图表，并输入相应文字，填充“#a0a0a0”颜色，群组图层。

（6）将“首页”及对应文字颜色更改为“#ef903c”，完成搜索界面的制作。

（7）使用相同的方法导入图片素材，调整位置和大小，将“商家”及对应文字颜色更改为“#ef903c”，完成详情页面的绘制。

（8）最后绘制个人信息界面，使用钢笔工具和形状工具组绘制形状，并输入相应文字，将“我的”及相应文字的颜色更改为“#ef903c”，保存文件，完成制作。

10.4.2 手提袋包装设计

1. 实训目标

本实训为一家糖果商店设计一款专门的手提袋，要求手提袋简洁大方，便于顾客记忆和识别。本实训制作完成后的效果如图10-62所示。

素材所在位置 素材文件\第10章\项目实训\手提袋包装\
效果所在位置 效果文件\第10章\项目实训\手提袋包装.psd、包装袋侧面.psd、包装袋正面.psd

图10-62 手提袋包装设计效果

2. 专业背景

手提袋非常常见。手提袋的功能作用、外观内容等，根据使用环境和使用情况的不同而存在很大的差异。从具体形式来划分，可分为广告性手提袋、礼品性手提袋、装饰性手提袋、知识型手提袋、纪念型手提袋、简易型手提袋、仿古型手提袋等。手提袋的制作材料主要包括纸张、塑料、无纺布等。本例设计的手提袋为纸质手提袋，主要用于糖果商店包装商品。

微课视频

手提袋包装设计

3. 操作思路

完成本实训主要包括设计手提袋主体、对包装袋进行变形和添加图层样式3步操作，操作思路如图10-63所示。

① 设计包装袋主体

② 对包装袋进行变形

③ 添加图层样式

图10-63 手提袋包装设计的操作思路

【步骤提示】

（1）新建"宽度"为"36厘米"，"高度"为"35厘米"，"分辨率"为"150像素/英寸"的图像文件，打开"侧面背景.jpg"和"正面背景.jpg"素材文件，使用移动工具将其拖曳到当前图像窗口中，调整大小和位置。

（2）在正面背景中输入文本，并设置文本格式，再将文本复制到侧面背景中。

（3）按【Ctrl+T】组合键进入自由变换，单击鼠标右键，在弹出的快捷菜单中选择"变形"命令，将2个背景分别变形。

（4）为手提袋绘制绳子和绳孔，设置斜面和浮雕、投影等图层样式。

（5）将所有图层群组，复制一层，垂直翻转，拖动到图形下方，添加图层蒙版，选择从黑到白的渐变，绘制渐变，制作阴影，完成手提袋包装的制作。

10.5 课后练习

本章结合3个案例综合讲解了如何使用Photoshop进行图像设计与制作，对于本章知识，读者需要掌握利用所学的Photoshop图像处理知识来设计图像。在设计过程中，要通过画面、文字等元素表现设计者的设计理念。

练习1：制作今昔对比照

本练习要求制作今昔对比照。在制作时可打开本书提供的素材文件进行操作，参考效果如图10-64所示。

素材所在位置 素材文件\第10章\课后练习\今昔对比照\
效果所在位置 效果文件\第10章\课后练习\今昔对比照.psd

图10-64 今昔对比照效果

操作要求如下。

- 打开“照片.jpg”素材文件，将“手素材.jpg”素材文件拖入图像文件中，调整大小和位置。
- 使用矩形选框工具□框选矩形，按【Ctrl+J】组合键复制一层，按【Ctrl+Shift+U】组合键去色，使用“曲线”命令调整色调。
- 分别添加“照片滤镜”“高斯模糊”“胶片颗粒”滤镜。
- 载入矩形选区，填充黑色，添加“分层云彩”滤镜，将图层混合模式更改为“柔光”，向下创建剪贴蒙版。
- 选中图层，按【Ctrl+E】组合键盖印图层，调整“曲线”，按【Ctrl+T】组合键选择“变形”命令，将照片调整出弧度。
- 双击矩形照片图层，添加“描边”效果。
- 使用钢笔工具在手指下方绘制阴影，填充颜色，添加“高斯模糊”滤镜。
- 置入“纹理.png”素材文件，调整大小和位置，在矩形照片上方创建剪贴蒙版，将混合模式更改为“滤色”，调整“亮度/对比度”。

练习2：制作口红促销主图

本练习要求为销售口红的淘宝网店制作一张“双十二”促销主图。可打开本书提供的素材文件进行操作，参考效果如图10-65所示。

素材所在位置 素材文件\第10章\课后练习\口红促销\
效果所在位置 效果文件\第10章\课后练习\口红促销主图.psd

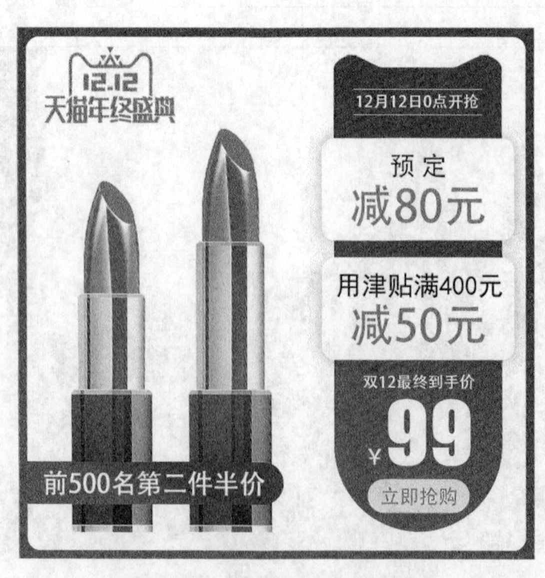

图10-65 “口红促销主图”效果

操作要求如下。

- 新建大小为800像素×800像素的图像文件，填充颜色为“#bb02fe”到“#5201e6”的渐变效果，并保存渐变色。
- 使用圆角矩形工具▢绘制圆角矩形并填充白色。
- 拖入素材，调整大小和位置。
- 绘制不同的形状，填充保存好的渐变色、黄色和白色。
- 添加文本，完成排版。

练习3：制作感恩节海报

本练习要求制作感恩节海报。可打开本书提供的素材文件进行操作，参考效果如图10-66所示。

素材所在位置 素材文件\第10章\课后练习\感恩节海报\
效果所在位置 效果文件\第10章\课后练习\感恩节海报.psd

图10-66 “感恩节海报”效果

操作要求如下。

- 新建文件，填充“#dc4573”颜色。
- 新建图层，使用椭圆工具◯绘制圆形，填充白色。使用矩形工具▭绘制矩形，填充“#fae3ea”颜色，调整角度，排列至合适位置。
- 将矩形复制多个，排列至圆形上方合适的位置，将所有矩形

创建剪贴蒙版至圆形上，选中所有矩形图层和圆图层，群组图层。为圆图层添加“投影”效果。

- 将“感恩节.png”素材文件拖入图像文件中，调整大小并排列至圆形上方合适的位置。
- 使用横排文字工具T，输入辅助文字，调整文字大小和颜色，排列至图像合适位置。
- 继续输入关联文字，设置字体为“思源黑体”，文本颜色为“白色”，调整大小，根据主次层级排列至合适位置。
- 在“背景”图层上方新建图层，使用画笔工具在图像顶部绘制图形，填充颜色“#fadae3”，并添加“投影”图层样式。
- 使用相同方法在底部绘制形状，填充颜色“#fadae3”，添加“投影”效果。
- 使用形状工具组和钢笔工具绘制装饰图形，填充“#efa7b9”颜色，排列至合适位置，将装饰图形相关图层群组。为图层组添加“投影”效果。